Henri MOREAU

L'Amateur
d'Oiseaux de Volière

ESPÈCES INDIGÈNES ET EXOTIQUES
CARACTÈRES, MŒURS ET HABITUDES
REPRODUCTION EN CAGE
ET EN VOLIÈRE
NOURRITURE, CHASSE, CAPTIVITÉ
MALADIES

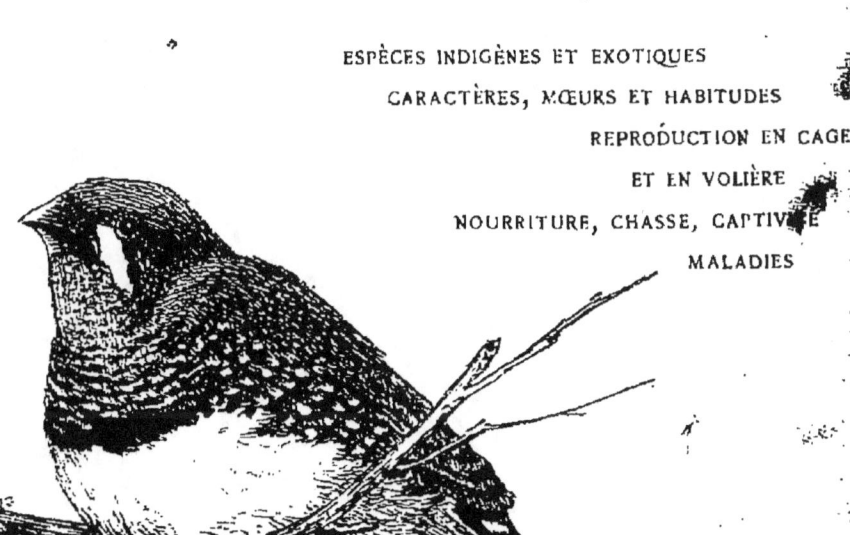

PARIS

J.-B. BAILLIÈRE ET FILS
19, rue Hautefeuille
—
1892

BIBLIOTHÈQUE DES CONNAISSANCES UTILES

L'AMATEUR
D'OISEAUX DE VOLIÈRE

LIBRAIRIE J.-B. BAILLIÈRE ET FILS

LA VIE DES OISEAUX
SCÈNES D'APRÈS NATURE
Par le baron d'HAMONVILLE

1890. 1 volume in-16 de 400 pages, avec 18 planches. . . . 3 fr. 50
(Bibliothèque scientifique contemporaine)

Chap. I-IV, Rapaces. — Ch. V-XI, Passereaux. — Ch. XII, Pigeons. — Ch. XIII, Gallinacés. — Ch. XIV, Autruches. — Ch. XV-XVIII, Échassiers. — Ch. XIX-XXIII, Palmipèdes.

LA PLUME DES OISEAUX
Par LACROIX-DANLIARD

1891. 1 vol. in-18 jésus de 360 pages, avec figures. . . . . . 4 fr.
(Bibliothèque des connaissances utiles).

Histoire naturelle, Habitat, Mœurs et chasse des différents oiseaux dont la plume est utilisée. Domestication, acclimatation et protection des espèces. Structure de la plume, forme, coloration. Préparation et mise en œuvre (usages guerriers, jouets, parure, habillement). Usage de la plume pour l'ornementation du mobilier, des édifices, pour le ménage, etc. La plume à écrire.

LES OISEAUX
Par A.-E. BREHM
Édition française par Z. GERBE.

Mœurs, chasses, combats, domesticité, acclimatation, usages et produits
2 vol. gr. in-8 de chacun 800 p. à 2 col. avec 500 fig. et 40 pl. 22 fr.

ORNITHOLOGIE EUROPÉENNE
CATALOGUE DESCRIPTIF, ANALYTIQUE ET RAISONNÉ DES OISEAUX OBSERVÉS EN EUROPE
Par C.-D. DEGLAND et Z. GERBE
2ᵉ édition entièrement refondue

2 vol. in-8 de 600 pages chacun. . . . . 24 fr.

Le premier volume comprend les *Oiseaux de proie* et les *Passereaux*. Le second, les *Gallinacés*, les *Échassiers*, les *Palmipèdes*.

LES OISEAUX
Par G. CUVIER

1 vol. in-8, avec 72 planches contenant 464 figures
Figures noires. . . . 30 fr. | Figures coloriées. . . . 50 fr.

NOUVEAU RECUEIL
DE PLANCHES COLORIÉES D'OISEAUX
Par C.-J. TEMMINCK et LAUGIER

5 vol. gr. in-folio avec 600 planches grav. et coloriées. . . . 1000 fr.
— *Le même*, avec 600 planches in-4 fig. coloriées. . . . . . . 750 fr.

ICONOGRAPHIE DES PERROQUETS
Par SOUANCÉ

1 vol. in-folio avec 43 pl. coloriées, 100 fr. *Le même*, in-4. . . 70 fr.

LYON. — IMPRIMERIE PITRAT AÎNÉ, RUE GENTIL, 4

HENRI MOREAU

L'AMATEUR
D'OISEAUX DE VOLIÈRE

Avec 51 Figures dessinées d'après nature

ESPÈCES INDIGÈNES ET EXOTIQUES
CARACTÈRES
MŒURS ET HABITUDES
MANIÈRE DE LES FAIRE REPRODUIRE
EN CAGE ET EN VOLIÈRE
NOURRITURE
CHASSE — CAPTIVITÉ

PARIS
LIBRAIRIE J.-B. BAILLIÈRE et FILS
19, RUE HAUTEFEUILLE, PRÈS DU BOULEVARD SAINT-GERMAIN
—
1891

Tous droits réservés

PRÉFACE

Depuis une trentaine d'années le goût des oiseaux s'est étendu à toutes les classes de la société. Cette attraction n'est plus aujourd'hui le plaisir exclusif de quelques personnes. Le nombre des amateurs est devenu considérable et leur ambition ne se borne pas à tenir en cage quelques Passereaux de prix. La plupart cherchent à les faire reproduire. Leur en faciliter l'essai, en mettant sous leurs yeux le résultat de l'expérience et de l'observation, tel est le but de cet ouvrage.

Ce n'est point seulement en France que cette passion s'est développée. Elle a pris en Belgique, en Angleterre et en Allemagne, notamment, des proportions considérables. On jugera de l'importance de ce mouvement, quand nous aurons dit qu'on apporte annuellement en Europe plus de 800.000 têtes d'oiseaux étrangers, sans faire entrer dans ce chiffre celui des marchands de seconde main. Marseille, Bordeaux, le Havre, Londres, Anvers et Hambourg sont les principaux ports où sont dirigés ces envois pour être répartis ensuite dans les grandes villes de France et de l'étranger. Il est certaines maisons qui reçoivent à elles seules plus de 50.000 sujets et jusqu'à 6000 paires de la même espèce.

De la manière dont l'oiseau se comporte en cage ou en volière, on peut en inférer ses habitudes et ses mœurs en liberté. S'il niche, par exemple, on est fixé sur la couleur des œufs, sur leur forme et leur nombre ainsi que sur la durée de l'incubation. On suit chez les jeunes oiseaux la transformation du plumage, le mode de développement et la durée de l'existence. C'est à l'aide de ces observations que les naturalistes complètent les renseignements empruntés à la Nature dans sa libre manifestation.

En 1795, Bechstein publiait, à Gotha, un livre sur les Oiseaux de volière[1]. Plus tard, Vieillot, l'illustre naturaliste français, consigna dans son *Histoire des oiseaux chanteurs de la zone torride*, des préceptes importants sur l'acclimatement et les soins que réclament les Passereaux exotiques et particulièrement les Fringillidés. De nos jours, Brehm, l'auteur des *Merveilles de la Nature*[2] n'a pas craint, au milieu de la coordination de son grand ouvrage, de consacrer des instants à la composition d'un manuel pour les marchands et les amateurs[3]. A son exemple, les frères Muller[4] et le Dr Russ, propagateurs ardents, de l'élevage des oiseaux exotiques ont écrit sur ce sujet de nombreux ouvrages pleins de renseignements précieux[5]. Nous croyons donc être

---

[1] Bechstein, *Histoire naturelle des Oiseaux de chambre, ou instruction pour connaître, élever, conserver et guérir toutes les espèces d'Oiseaux que l'on aime à garder dans la chambre*, traduit en français à Genève, 1825.

[2] Brehm, *Les Oiseaux*, mœurs, chasse, combats, captivité, domesticité, acclimatation, usages et produits, édition française, revue par Z. Gerbe, Paris, J.-B. Baillière et fils.

[3] *Gefangene Vogel*. Ein Handbuch und Lehrbuch für Liebhaber und Pfleger einheimisch und fremländisch. Käfigvögel. Leipzig, 1871-1876, 2 vol. in-8.

[4] Adolf. u. Karl Müller, *Gefangenleben der besten einheimischen Singvögel*, Leipzig, 1871, C. F. Winter, in-8, p. 180.

[5] Karl Russ., *Handbuch für Vogelliebhaber, Züchter und Händler* Hanover, 1870-1873, 2 vol. in-8. Le premier volume a été traduit par Faucheux dans l'*Acclimatation*, journal des éleveurs. Un tirage à part sous le titre de : *Monographie des Oiseaux en chambre exotiques*, a paru il y a plusieurs années. 1 vol in-8, 240 pages, Emile Deyrolle. — *Die fremdländischen Vögel, ihre Naturgeschichte, Pflege und Zucht*, Hannover, 1875-1877, in-8, avec pl. coloriées.

agréable aux amateurs de notre pays en leur présentant un résumé des connaissances actuelles sur un certain nombre de Fringillidés. Ce livre est l'œuvre d'un amateur, qui a cherché, par la description la plus exacte possible, à rendre la physionomie et le plumage des principaux oiseaux de volière, à retracer avec ses observations personnelles leur genre de vie, et quand elles lui ont fait défaut, à réunir sur ce sujet les renseignements les plus récents. Le lecteur trouvera donc dans ces pages des détails complets, autant que faire se peut, sur l'habitat, les mœurs, la reproduction, le caractère, les qualités et la nourriture de chaque Passereau.

Le livre de Brehm, que j'ai souvent cité dans le cours de ce *Guide*, m'a fourni plusieurs des figures qui accompagnent le texte. Je dois les autres à l'habile et dévouée collaboration de M. Fernand Bigot.

Pour la facilité des rapports commerciaux, nous avons donné, en tête de l'histoire de quelques oiseaux, le pas au nom populaire sur la désignation scientifique, l'expérience nous ayant appris que beaucoup de marchands et nombre d'amateurs ne connaissent que l'appellation usitée dans le commerce. Avec le nom latin on pourra correspondre directement avec les oiseliers étrangers sans crainte d'erreur.

Juin 1891.

Henri MOREAU.

L'AMATEUR
D'OISEAUX DE VOLIÈRE

INTRODUCTION

Des douze mille espèces d'oiseaux connues dans l'état actuel de la science, quatre à cinq cents à peine peuplent nos volières. Nul doute qu'un plus grand nombre ne soit appelé à y figurer, à mesure que leurs mœurs et leur vie, mieux étudiées, permettront de leur donner des soins et une nourriture appropriés à leur genre d'existence. Déjà on apporte en Europe certains oiseaux regardés jusqu'à ce jour comme réfractaires à la captivité. Des poudres de viande, mêlées à des préparations composées avec intelligence, ont rendu possible leur conservation, et même leur reproduction. On peut donc espérer voir, dans un avenir plus ou moins prochain, nos collections s'enrichir de sujets les plus délicats et les plus rares.

La distribution géographique des oiseaux n'est pas répartie d'une manière égale sur la surface du globe. L'Amérique est la plus riche en espèces ; après elle viennent l'Asie, l'Afrique, l'Océanie, et enfin l'Europe. Chaque zone a ses familles particulières. Aucune n'est propre au continent européen. On retrouve dans les autres les types de nos oiseaux.

C'est en Amérique où la variété le dispute véritablement à

l'éclat des couleurs. On trouve là : l'Oiseau-Mouche, le Colibri, les Guit-Guits, les Souimangas, les Callistes, les Cottingas, le Rossignol bleu, le Pape, le Ministre, les Tangaras, les Cardinaux, les Paroares, etc.

L'Asie nous envoie les Paddas, le Rossignol du Japon, les Bulbuls, le Merle Shama, le Serin à front orange, le Maïa, les Munics, la Tourterelle zébrée, la Colombe poignardée, la Perruche Alexanda, etc.

Nous demandons à l'Afrique les Perroquets, les Veuves, les Tisserins, les Bengalis, les Amadines, les Astrilds, le Diamant-Aurore, les Merles métalliques, les Euplectes et les Foudis, etc.

Nous recevons de l'Océanie le Phœphile, le Mirabilis, le Modeste, les Loris, le Phaéton, les Donacoles, le Moineau-Mandarin, les Perruches ondulées, le Mélopsiste et le Nymphique.

L'Europe nous offre le Rossignol, les Fauvettes, le Loriot, la Huppe, les Grives, le Merle noir, le Bouvreuil, le Chardonneret, le Tarin, le Cabaret et les Alouettes.

L'habitat des oiseaux est très varié et dépend du genre de vie de chaque espèce ; mais généralement leur existence se passe dans un même rayon. Les uns affectionnent les cours d'eau ; d'autres se plaisent sur les pentes boisées ; beaucoup recherchent les terrains couverts de buissons ou de forêts ; mais le plus grand nombre se tient dans les endroits où les coteaux alternent avec les plaines, les prairies avec les champs de culture. En un mot, partout où la nourriture est abondante. Quand elle fait défaut, ils quittent temporairement leur canton, pour y revenir lorsque la cause qui les a fait partir a cessé.

L'humeur sociale se rencontre plus chez les granivores que chez les oiseaux qui vivent exclusivement d'insectes. Il est rare, en effet, de rencontrer un insectivore doux de caractère. Son régime, moins varié, et par conséquent la difficulté de subsister, le porte à éloigner du domaine où il s'est établi tout voisin dont le genre de vie le rapproche du sien. Aussi apporte-t-il en volière cet instinct de la lutte pour la vie qui le rend querelleur et méchant.

Les unions des oiseaux se font, les unes, pour la durée de la vie, les autres, pour le temps limité à la reproduction ; mais quel qu'en soit le terme, les deux époux se montrent une très grande fidélité. Il faut des circonstances exceptionnelles pour les amener à enfreindre les lois conjugales. Ce sentiment paraît plus prononcé chez le mâle que chez la femelle. La nature, en parant le premier, de couleurs plus vives et en lui accordant presque exclusivement le charme de la voix, l'a exposé à mille dangers. Aussi, pour protéger l'espèce, en a-t-elle multiplié le nombre. C'est sans doute à ce défaut d'équilibre qui rend, du côté du mâle, le mariage difficile, qu'il faut attribuer, comme toute chose qui coûte à acquérir, le chagrin qu'il témoigne de la perte de sa compagne. De là sans doute aussi les querelles violentes, de mâle à mâle, à l'époque des amours, même en captivité, en absence de femelles.

Une fois assorti, le couple travaille de concert à la confection du nid. C'est le mâle qui, d'ordinaire, s'occupe de l'ouvrage extérieur, pendant que la femelle se réserve l'aménagement intérieur. Dans quelques espèces, chez les Tisserins, par exemple, le nid est presque exclusivement l'œuvre du mâle ; dans d'autres, au contraire, il laisse ce soin à sa compagne ; mais l'un et l'autre se partagent la tâche de l'éducation avec la plus grande sollicitude. Au premier âge, ils nourrissent leurs petits d'insectes, de substances les plus tendres, et peu à peu les habituent à une alimentation moins succulente. Quand la famille est élevée, de nombreuses espèces se réunissent en bandes et restent ainsi unies jusqu'à l'époque de l'appariement.

Les oiseaux migrateurs partent chaque année à époque fixe, par troupe ou isolément. La route du retour est la même que celle du départ. Ces voyages s'effectuent, les uns durant la nuit, dans un vol élevé; les autres, en plein jour, par étapes, ou de buisson en buisson; mais quelque longue et quelque éloignée que soit l'absence, dit M. Gerbe, on doit assigner à l'oiseau pour patrie le lieu où il se reproduit; ici c'est le nid qui détermine la demeure [1]. Chaque départ coûte la vie à des milliers d'émigrants. A ce moment, embusqués sur leur passage, de nombreux chasseurs tuent les uns à coups de fusil, et capturent les autres à l'aide de filets. Aujourd'hui même, ces modes de destruction ne suffisent plus. On a recours à la science. Chacun sait, par exemple, que les Hirondelles se réunissent pendant quelques jours sur le rivage avant de franchir la Méditerranée. On dresse alors des poteaux au bord de la mer, reliés entre eux par des fils de fer, et, quand les malheureuses viennent s'y reposer, on fait passer un fort courant électrique qui les tue par centaines.

Les naturalistes ont donné divers motifs de ces migrations, mais quelle qu'en soit la cause, la nourriture ne paraît pas être la raison déterminante. S'il en était ainsi, l'oiseau en cage n'éprouverait pas, à l'approche de ce moment, et durant plusieurs années de suite, cette fièvre si connue des amateurs qui leur enlève bon nombre de pensionnaires. Les oiseaux d'un hémisphère, transportés dans un autre, nous en fournissent une seconde preuve. Ainsi, le Ministre et le Pape de la Louisiane, à plus de mille lieues de leur patrie, subissent l'influence de la loi qui les pousse à changer de région. A ce moment ils se montrent agités et, durant les nuits, ils deviennent pour leurs compagnons de captivité des trouble-repos.

La mue, pour l'oiseau en captivité, est une époque critique. Quand il est bien soigné, le renouvellement de son plumage se fait sans accident. Son régime alimentaire, au contraire, laisse-t-il à désirer, la mue s'arrête, l'oiseau devient malade et meurt. Il est donc important de redoubler

---

[1] Gerbe, *Revue zoologique*, 1854, 2ᵉ série, t. VI.

de soins à ce moment. Elle ne s'opère pas de la même manière chez tous les oiseaux. Partielle chez les uns, elle ne s'effectue que sur les plumes du corps; totale chez d'autres, au contraire, elle est si rapide, que pendant un certain temps, ils sont incapables de voler. Dans certaines espèces, la chute des pennes des ailes et de la queue n'a lieu qu'à une seconde mue, et souvent même ces mêmes plumes ne tombent que deux par deux, et ne sont renouvelées qu'après plusieurs années.

« Quant aux changements de couleur, que plusieurs naturalistes ont voulu nier, dit Brehm, c'est un fait inexpliqué, mais dont on ne saurait douter. Les jeunes Pyrargues, par exemple, ont un plumage foncé uniforme, tandis que les adultes ont la queue et la tête blanches ; et cependant, ni les pennes caudales, ni les pennes de la tête ne tombent à la mue, elles ne font que changer de couleur. Les plumes de la queue, ou rectrices, sur lesquelles l'observation est facile, présentent d'abord des points blancs qui se multiplient, s'agrandissent, se confondent finalement les uns avec les autres, et la plume tout entière devient blanche [1]. »

La science sait peu de chose ou a des données bien incertaines sur l'âge que peuvent atteindre les oiseaux. Il paraît être, toutefois, proportionné à leur taille et au temps réclamé pour leur développement. En s'en rapportant aux constatations faites sur les oiseaux captifs, on est amené à croire que la longévité en liberté est assez considérable.

En retour du plaisir qu'ils nous procurent, nous devons donner aux oiseaux tout le bien-être en notre pouvoir, leur faire oublier la perte de la liberté par des soins constants et une cage aussi spacieuse que possible. Bien vite ils nous témoigneront leur reconnaissance par leur familiarité, et, par leur chant, le plaisir de se sentir bien traités.

[1] Brehm, *Les Oiseaux:* mœurs, chasses, combats, captivité, domesticité, acclimatation, etc., édition française, revue par Z. Gerbe, Paris, J.-B. Baillière et fils.

Réunir dans une même cage les espèces les plus diverses, pour jouir, d'un seul coup d'œil, de la variété des couleurs unie à celle des formes, est le rêve de tous les amateurs ; malheureusement la réalité ne répond pas toujours à l'attente. En dehors de l'incompatibilité d'humeur, il y a une question de propreté difficile à obtenir du nombre dans un espace restreint. Tel oiseau, dont on admire l'éclat du plumage, porte sur sa robe les traces d'incongruité d'un voisin peu poli. Tel autre, amateur du bain, s'en voit chassé par un plus fort et laisse ternir son vêtement qui attirait le regard. Mais à ces inconvénients s'en joint un beaucoup plus sérieux, je veux parler de la direction du régime. Beaucoup d'oiseaux, gros mangeurs, demandent à être réglés, si l'on ne veut les voir mourir d'apoplexie ou de la goutte ; certains autres, de complexion délicate, réclament une nourriture spéciale. Comment concilier ces exigences dans la même cage ? La séparation est donc la sauvegarde de la santé et de la beauté du plumage.

De la volière et de son installation. — Plus la volière est aménagée avec confort, plus elle multiplie les chances de réussite dans les essais de reproduction. C'est en procurant aux oiseaux les illusions de la liberté qu'on les amène à céder aux sentiments de la nature, et rien ne prête mieux à cette apparence que l'installation de rochers, de cascades, de pelouses et de plantations.

La meilleure exposition est une orientation sud-est. Ainsi placés, les oiseaux reçoivent, à leur réveil, les premiers rayons du soleil levant, sans être exposés, en été, aux chaleurs accablantes des fins de journées. On construira donc, opposé au nord et faisant face au levant et au midi, un mur de 2 mètres à 2^m,50 de hauteur. Sa longueur dépendra de la proportion qu'on voudra donner à la volière. Sur chaque extrémité, pour servir d'habitation d'hiver, on élèvera, en retour, adossés à ce mur, deux petits pavillons vitrés, avec toiture en zinc, ou mieux encore, en chaume, et séparés par la plus grande distance possible. L'espace ainsi laissé libre entre ces deux ailes sera couvert d'une toile métallique, que supportera une armature en fer. Pavillons, armature, devront reposer sur un soubassement en briques ou en pierres de 30 centimètres de profondeur au moins, afin de protéger les oiseaux contre les entreprises des rongeurs de toute taille. Pour la même raison, on aura soin d'adopter une toile métallique à mailles très serrées. On couvrira d'une toiture en zinc ou en voliges la partie confinant au mur, afin de procurer aux oiseaux un abri contre le soleil et la pluie. Divisée par moitié, cette enceinte servira de séjour d'été, d'un côté, aux oiseaux d'une certaine taille et, de l'autre, aux oiseaux plus faibles. Chaque compartiment devra communiquer avec son pavillon, par une porte intérieure, qui restera ouverte du 30 avril au 1er octobre. Les habitants auront le choix des nuits passées au grand air ou à couvert. L'accès des pavillons aura lieu extérieurement par une double porte, précaution utile contre les évasions.

Quant à l'installation intérieure, comme elle dépend du goût et de la manière de voir de l'amateur, nous nous contenterons d'exposer la façon dont elle pourrait être comprise. Vers le mur servant de fond à la volière, on pourrait dresser, par exemple, des rochers artificiels, dans lesquels on ménagerait des retraites, où les oiseaux trouveraient à la fois un refuge contre la chaleur ou l'abaissement de la température et des demeures pour nicher. L'eau amenée du dehors jaillirait des rochers et retomberait en cascade dans une vasque en ciment, devant laquelle s'étalerait une pelouse ornée de quelques arbustes à feuillage persistant et des touffes de roseaux. A défaut d'eau jaillissante, de petites excavations pratiquées dans les rochers tiendraient lieu d'abreuvoirs, dans lesquels les oiseaux viendraient se désaltérer et se baigner. Chaque matin, l'eau serait épongée et remplacée par de la fraîche. Plus simplement, au milieu d'une petite pelouse, agrémentée d'arbustes, on pourrait, avec un gâchage de ciment, simuler une rivière avec méandres et différence de niveau à l'aide de pierres placées en travers ou groupées en rochers. Enfin, un simple bassin en zinc, proportionné au nombre des volatiles peut suffire, sans oublier, toutefois, d'y placer une brique ou une pierre à fleur d'eau, pour permettre aux oiseaux qu'effraierait la profondeur du vase, d'entrer dans l'eau et de s'y asperger.

En absence d'arbustes, on installera dans les angles de la volière des branches de pin ou de sapin coupées au printemps avant le mouvement de la sève, pour qu'elles se maintiennent vertes une grande partie de l'année. On y suppléera, si on veut, par des touffes de genêts ou de houx fixées au mur et formant buissons. Des nids de toute forme, ouverts ou fermés, des boulins, des caisses avec des troncs, suspendus en divers endroits et à différentes hauteurs, offriront aux habitants un choix varié de berceaux pour se reproduire. Dans un coin, de la bourre, du foin, de la mousse, de la filasse, du coton, du chiendent, des fibres de coco, des barbes d'asperges fourniront à ceux qui voudront composer leur nid eux-mêmes, les matériaux nécessaires. Au moment des couvées, toute autre personne que celle qui les soigne d'habitude doit s'abstenir d'entrer dans la volière. Un rien leur porte ombrage et leur fait abandonner leurs œufs.

Pour les amateurs qui s'adonnent à l'élevage des Perruches et qui leur consacrent des volières spéciales, il est bon de les prévenir d'avoir la précaution de garnir le haut de ces volières de toiles posées de manière qu'elles puissent se replier et s'étendre à volonté ; car, ceux qui ont étudié ces oiseaux savent que, sous l'empire de rêves, ils se réveillent souvent, les nuits, tout en frayeur et donnent de la tête contre le toit. Le matin, on trouve les pauvres perruches rampant sur le sol, ne se tenant plus et succombant à un épanchement cérébral. Avec ces toiles on préviendra cet accident.

15 à 16 degrés d'une chaleur constante forment durant la saison d'hiver une excellente température tant pour les oiseaux exotiques que pour les oiseaux indigènes.

Pour les partisans de l'acclimatement et de la reproduction en plein air, voici la description d'une volière, qui paraît très bien comprise [1].

« J'avais entouré d'une toile métallique, clouée sur des poteaux légers en bois de chêne, dit l'auteur anonyme de ces lignes, un massif composé d'arbrisseaux ; j'avais choisi cet emplacement à l'abri des vents froids ; au milieu était placée une cabane en paillasson épais, soutenue par des poteaux disposés circulairement ; du côté du midi, j'avais ménagé une porte, revêtue spécialement de paillassons et fermant hermétiquement. Un toit de chaume au sommet duquel j'avais ménagé une lanterne pour éclairer l'intérieur ; sous le toit qui débordait d'environ 10 centimètres sur les parois de la cabane, j'avais pratiqué une ouverture circulaire de 20 centimètres environ ; cette ouverture était garnie d'une tresse en paille, afin que les oiseaux puissent y percher plus facilement. Cette espèce de ruche était garnie intérieurement de perchoirs, de mangeoires, etc., comme une véritable volière. Lorsque j'avais des oiseaux nouveaux, je commençais par les lâcher dans l'intérieur de la ruche ; le premier jour peu d'oiseaux trouvaient l'ouverture pratiquée sous le toit, mais, petit à petit, suivant l'exemple des plus anciens, ils s'y hasardaient, et au bout de quelques jours, ils sortaient et rentraient pour y prendre leur nourriture. En été, peu d'oiseaux rentraient dans la cabane pour y passer la nuit ; ils se perchaient sur les arbustes. En hiver, presque tous rentraient dans la cabane ; quelques-uns restaient perchés à l'extérieur, cherchant une feuille sèche pour s'abriter, ou bien s'allaient coucher dans les cavités des rochers que j'avais fait construire dans la volière. Un cer-

[1] *L'Acclimatation*, du 29 décembre 1878.

tain nombre d'entre eux construisaient des nids de mousse et s'y réfugiaient plusieurs ensemble ; un grand nombre d'espèces imitaient cet exemple et ne rentraient plus dans la ruche, quoiqu'il fit une chaleur de 8 à 10 degrés. Le matin, tous mes oiseaux sortaient bravant les plus fortes gelées, et rentraient aussitôt qu'ils sentaient le froid les pénétrer. Plusieurs sont restés au dehors de la cabane pendant tout l'hiver et j'en ai vu essayer de casser la glace pour se baigner. »

De la chambre d'oiseaux. — Pour n'avoir point à construire de volière et s'épargner une dépense souvent considérable, bon nombre d'amateurs consacrent à leurs oiseaux une pièce de leur habitation et obtiennent, au point de vue de la reproduction, des résultats non moins remarquables que dans une volière. Cette chambre doit regarder le midi et être éclairée par une large baie grillée, qui permettra à l'air d'y circuler librement. Les murs en seront enduits de stuc et peints en vert tendre ou en bleu pâle. Sur un carrelage cimenté on répandra 2 à 5 centimètres de sable fin. Pour le protéger contre la dispersion des graines et l'eau des baignades, les augets et les abreuvoirs seront déposés sur de larges plateaux en zinc avec rebords. Cette précaution entretiendra la propreté en même temps qu'elle facilitera le nettoyage journalier. Au milieu de la pièce on dressera un arbre mort à branches nombreuses ou rapportées. Dans les angles, quelques caisses d'arbustes verts donneront aux oiseaux l'illusion de la verdure. A défaut d'arbustes vivaces, des branches de pin, de houx ou de genêts présenteront le même coup d'œil. D'ailleurs, la chambre peut se prêter aussi bien que la volière a bien des genres d'ornementation. C'est au goût de l'amateur à en imaginer le décor. Ici, plus que partout ailleurs une propreté constante doit régner. De temps à autre un lavage à l'eau phéniquée l'entretiendra avec fruit.

Comme dans la volière, des bûches creuses, des nids de

toute forme et de toute dimension, appendus aux murs, devront offrir aux habitants des refuges ou des installations pour y établir leurs nids, en même temps que dans un coin ils devront trouver tous les matériaux nécessaires pour les garnir ou les faire de toutes pièces.

De la cage et des soins de propreté. — La forme de la cage dépend du goût, ses dimensions de la place dont on dispose, conditions difficiles souvent à concilier avec le bien-être des oiseaux. Depuis quelques années, les fabricants de serres et de volières donnent à certaines cages de luxe l'aspect de véritables petits monuments : châteaux flanqués de tourelles, maisons avec fenêtres et cheminées ; mais si l'œil s'accommode de la forme, l'expérience y trouve beaucoup à redire. En effet, que demande l'oiseau ? Le plus de lumière, d'air et d'espace possible. Or, dans ces constructions, le jour est souvent masqué par un toit en zinc, simplement troué à l'emporte-pièce, l'air gêné par l'ornementation, et l'espace sacrifié à des tourelles ou à des fioritures de ce genre.

De tous les modèles, les moins gracieux, sans doute, mais le plus pratique est une forme rectangulaire, ou un genre chalet en bois et en fil de fer, comme on en trouve chez tous les marchands. Ces cages sont claires ; l'air y circule librement. Quant à la grandeur, elle doit être proportionnée au nombre des habitants ; mais l'amateur soucieux du bien-être de ses pensionnaires ne doit pas perdre de vue qu'il dépend, en grande partie, de la dimension de l'habitation. Pour conserver à ses membres la force et la vigueur, l'oiseau a besoin de voleter. S'il est logé à l'étroit il saute, et ne donne plus alors à son corps l'exercice nécessaire. Peupler de plus de six à huit passereaux une cage de 45 à 50 centimètres de longueur sur 30 centimètres de largeur et 60 centimètres de hauteur est contraire à cette exigence. Il faut éviter dans l'aménagement le trop grand nombre de perchoirs ; le moins possible est le meilleur. La quantité est une source de malpropreté. Ils doivent être assez gros, pour que l'oiseau puisse s'y maintenir, ne soit point forcé de les envelopper complètement de sa patte. Une tension continue des muscles amène des crampes ou des maladies nerveuses.

Afin de faciliter le nettoyage de la cage, le plancher doit être mobile. On le couvre de sable fin qu'on renouvelle, sinon chaque matin, du moins deux à trois fois par semaine. Le jour où on ne le remplace pas, on retire à l'aide d'un petit rateau à dents serrées, les détritus et les excréments pour procurer à l'habitation toute la propreté désirable. Les lois de l'hygiène s'appliquent aussi bien aux animaux qu'à l'espèce humaine. Un lavage journalier à l'éponge doit précéder le pansage. De temps à autre, même, quand la cage est grande et bien peuplée, un lessivage à l'eau chaude et mieux encore à l'eau phéniquée est une précaution de salubrité nécessaire pour détruire tout germe de maladie contagieuse. Des portes placées à différente hauteur doivent faciliter cette opération.

L'entretien des mangeoires et des godets n'exige pas moins de soins minutieux. Les vases en verre ou en terre vernissée sont préférables aux augets en bois ou en zinc. Chaque jour en purgeant la nourriture des impuretés produites par l'écalage des graines, il faut laver les récipients, afin d'enlever toute odeur ou mauvais goût.

Une autre source de santé est le *bain;* mais ici se présente une difficulté. En maintenant constamment à la disposition des oiseaux un bassin d'eau, il arrive, et l'été surtout, que les ablutions répétées détrempent le sable de la cage et que, sous l'action de l'humidité, les détritus provenant de la verdure mêlées aux excréments produisent des exhalaisons désagréables. Pour parer à cet inconvénient, certains amateurs habituent leurs oiseaux à se laver à des heures fixes, le matin, par exemple, avant de replacer le plancher de la cage et les différents godets garnis de graines fraîches. C'est priver, il faut l'avouer, à l'époque des grandes chaleurs, ces charmants petits êtres d'un plaisir qu'ils aiment à renouveler plusieurs fois le jour. Le moyen de leur procurer cette jouissance et d'en atténuer le désagrément, est d'employer des baignoires extérieures, encadrées de verre sur quatre faces, à l'exception de la cinquième, qui communique, par une porte à coulisse, avec l'intérieur de la cage. Tous les fabricants connaissent ce système que je crois inutile de décrire.

L'abreuvoir doit également attirer l'attention. L'eau se corrompt très vite. Cette décomposition due à la fermentation des graines et de la verdure, que l'oiseau y dépose avec son bec est encore activée par une haute température. En été, par les fortes chaleurs, l'eau a donc besoin d'être renouvelée au moins une fois par jour, si surtout, elle sert au bain et à la boisson à la fois. Un manque de précaution à cet égard peut déterminer le typhus, qui enlève, en moins de vingt-quatre heures, tous les habitants d'une même cage.

De l'achat et des envois. — « Dans l'achat des Passereaux *rares*, dit Russ, il faut apporter les mêmes règles d'examen que celui de tout autre oiseau. Voici les signes de santé qu'il importe de constater lorsqu'on fait l'acquisition d'*exotiques* chez des marchands :

« Tout oiseau doit être fort et gai ; sa vivacité naturelle ; le plumage bien adapté au corps, lisse et brillant, surtout exempt de souillure sous le ventre ; l'œil limpide et vif, sans mélancolie ni atonie. Les narines doivent être ni sales, ni visqueuses et l'os de la poitrine, ou bréchet, non saillant. C'est un mauvais symptôme lorsque perché il reste morne et sans mouvement, les plumes gonflées et hérissées. Au repos, il ne doit avoir ni la respiration courte, ni faire entendre, par intermittence, des sons bruyants. Cette dernière particularité est habituellement le prodrome d'une affection de poitrine. Des plumes froissées, le manque de queue ou de propreté, si l'oiseau présente bien tous les caractères de santé énumérés, sont sans importance, et fût-il presque entièrement déplumé, qu'il ne faudrait pas hésiter à l'acheter. Des conditions meilleures et des soins particuliers lui rendront, en peu de temps, un beau plumage. Si l'on traite avec un éleveur, il faut avoir soin de s'assurer que l'oiseau est bien conformé sous tous les rapports; que les plumes sont fournies ; que le bec ou les pattes n'ont aucun défaut ; que le vol, en particulier, est sûr et que le passereau jouit de l'apparence de la gaîté et de la vigueur. »

En tenant compte de ces indications, lorsqu'on peut faire ses acquisitions soi-même, on a quelque chance, avec un peu de coup d'œil, de faire un choix heureux. Malheureusement, la plupart du temps, on est obligé de recourir à la correspondance et de s'en rapporter à la conscience des marchands. Parmi eux, quelques-uns sont honnêtes; mais beaucoup laissent les scrupules de côté. Ils résistent difficilement à la tentation de se défaire d'un oiseau malade, oubliant qu'on dupe rarement deux fois, et pour un gain passager, ils sacrifient souvent les intérêts de l'avenir. Dût-on payer un peu plus cher, il ne faut pas craindre de s'adresser à des maisons, dont la probité commerciale est notoirement connue. De ce nombre est celle de M. Fanton établie à Versailles, 14, rue de la Picardie, dont nous n'avons eu qu'à nous louer toutes les fois que nous nous sommes adressé à elle. Elle possède, à toute époque de l'année, une riche collection d'oiseaux, et lorsque les variétés qu'on désire lui manquent, elle se charge de les faire venir. Parmi les marchands consciencieux, il faut également citer M. Vaccani, quai de Gesvres, 16, à Paris.

Le premier soin à prendre à l'arrivée est de mettre les oiseaux dans une cage avec de l'eau, ni chaude, ni trop froide et de renouveler la nourriture. Il importe également de ne pas les faire passer brusquement de l'air froid à une température élevée. Un changement trop brusque peut devenir mortel. Ici, se place une observation importante. On sait que la chaleur active la mue et la coloration, et qu'un oiseau se vend d'autant plus cher qu'il devance de plus loin ses compagnons, en couleurs. Pour obtenir ce résultat, les marchands tiennent ceux de leurs Passereaux, dont ils espèrent tirer un bon prix, dans des pièces chauffées, et, en particulier, sur les rayons supérieurs, où le calorique accumulé porte la température à 27 ou 28 degrés. Il est facile de comprendre que la santé d'un oiseau tiré brusquement d'une pareille fournaise et transporté dans un milieu froid ne résiste pas, quatre-vingt-dix-neuf fois sur cent, à un semblable procédé. Réclamez donc des oiseaux habitués à l'air des appartements, c'est-à-dire à une atmosphère ne dépassant pas 10 à 12 degrés au-dessus de zéro. Une modification trop radicale dans le régime peut avoir également des conséquences fâcheuses. Passer sans transition de la disette à l'abondance est non moins dangereux que de tomber du superflu dans l'indigence. Pendant un certain temps, les œufs de fourmis, les vers de farine, l'échaudé et les graines ramollies devront être distribués avec mesure.

Tout nouvel arrivé réclame la tranquillité. Si c'est en hiver, on lui procurera une température de 15 à 16 degrés. Bon nombre d'oiseaux, tels que les Amadines, les Moineaux du Japon, les Mandarins, les Nonnettes, etc., se remettent promptement, quand on a le soin de mettre des nids à leur disposition pour y passer la nuit et s'y reposer dans le jour. Avant de lâcher en volière tout nouveau pensionnaire, il est utile de lui faire faire connaissance avec sa nouvelle demeure, afin d'éviter l'affolement, dont il est pris en se voyant au milieu de compagnons qu'il ne connaît pas, et, qui bien souvent lui font la chasse par jalousie de voir un commensal de plus s'installer à l'auget. Il n'est pas rare d'assister à la mort d'un malheureux, qui, dans sa frayeur, donne tête baissée contre le grillage de sa prison. En suspendant la cage à l'une des parois intérieures, il prendra possession par avance de sa future habitation, et le moment venu, il saura où se réfugier et trouver les mangeoires.

Si l'on avait une expédition à faire il faudrait loger les

oiseaux dans une petite cage rectangulaire, à cloisons pleines sur toutes les faces, à l'exception d'un côté garni de fil de fer, qui distribuera l'air et la lumière. Un seul barreau traversera la cage, à chaque extrémité duquel on adaptera deux godets, l'un, pour la pâtée ou les graines, et l'autre, pour recevoir une éponge imbibée d'eau destinée à la boisson de la route. Afin de préserver les graines de toute souillure, on évitera de répandre le grain sur le plancher du cageot, comme le font ordinairement les marchands.

De l'acclimatement. — Quand l'homme ou l'animal passe d'un milieu, où il a grandi et vécu, dans un autre de conditions différentes de température et d'atmosphère, son organisme subit un sorte de crise. S'il est de constitution robuste, il triomphe; il succombe, au contraire, si sa complexion est délicate. L'oiseau n'échappe pas à cette loi. Il la subit avec d'autant plus d'intensité que le climat d'Europe, sous lequel il doit vivre désormais, ressemble moins aux contrées qu'il a habitées. Si, à ces diverses causes d'affaiblissement, on ajoute un changement de régime, on comprend dans quelle situation fâcheuse il se trouve pour résister à l'action débilitante d'une autre atmosphère. Souvent, à tous ces principes morbides s'ajoute encore le travail de la mue, toujours pénible en tout temps, rendu plus difficile par une température de plusieurs degrés au-dessous de celle du pays d'origine. Il faut donc, par des soins d'hygiène, atténuer, autant que possible, ces influences pernicieuses. Une exposition méridionale rendra moins sensible le changement de patrie. A l'arrivée, les courants d'air, un abaissement subit de température, un froid humide, les mauvaises odeurs, peuvent être des causes d'indispositions graves, souvent mortelles. L'aération des appartements, faite de trop bonne heure ou prolongée trop longtemps, a des conséquences également funestes. Si une fenêtre ouverte produit bien des fois, chez l'homme, un malaise, des frissons ou un refroidissement, à plus forte raison l'oiseau des tropiques doit-il être sensible à un abaissement du thermomètre. On doit donc, pendant le temps nécessaire à cette exigence de salubrité, faire passer la cage, si c'est possible, dans une autre pièce, ou la protéger d'une façon quelconque.

Avant de lâcher en volière les nouveaux arrivés, il importe de les laisser se remettre des fatigues du voyage durant trois ou quatre semaines. S'ils sont insectivores, sans changer trop brusquement leur régime, ce qui produirait l'effet contraire, on leur rendra la vigueur avec quelques vers de farine, des œufs de fourmis et une pâtée mieux assortie à leur nature que celle qui les a fait vivre pendant la route. S'ils sont granivores, aux graines qui constituent leur ordinaire, on ajoutera quelques vers de farine coupés en morceaux, des larves de fourmis, de l'échaudé ou du biscuit.

On ignore généralement par quelles séries d'épreuves passent les malheureux Passereaux qui nous arrivent de l'Afrique, par exemple. Une fois pris, les nègres les emprisonnent dans des corbeilles de roseaux, les transportent souvent de l'intérieur vers la côte ou dans les ports, après un voyage de plusieurs semaines. Là, sur les vapeurs on les entasse par centaines dans des caisses nullement aménagées pour cela, et qui ne reçoivent le jour que par un seul côté grillagé. S'ils sont logés dans la cale, à côté de la machine, ils ont à supporter la chaleur, la mauvaise odeur des graisses et du charbon, ainsi que la privation de la lumière. Les met-on dehors, sur le pont, ils subissent les variations de la température, et souvent son inclémence en changeant de latitude. Le plus souvent, au lieu de déposer leur manger dans des augets, on le disperse sur le plancher, où il est souillé et détérioré par leurs excréments. S'ils veulent boire, ils sont contraints de presser une éponge imbibée d'eau qu'on se contente de tenir à leur disposition. Hélas! ce n'est là qu'une partie de leurs misères. Embarqués avec les graines des tropiques auxquels ils sont habitués depuis leur naissance, ils supportent tant bien que mal le voyage; mais la plupart du temps ces graines s'avarient, se détériorent. Alors les infortunés perdent l'appétit, tombent malades et meurent !... Tel est le sort réservé à des milliers d'oiseaux, qu'un peu de soins et de précautions auraient fait vivre.

De la reproduction. — Tous les oiseaux en général sont susceptibles de se reproduire en captivité, pourvu qu'ils soient placés dans des conditions de milieu qui éveillent en eux les sentiments de la nature. Les résultats obtenus de nos jours avec des espèces délicates, ne laissent aucun doute à cet égard. Ce n'est donc qu'une question d'observations, de patience et de soins.

L'élevage se fait de différentes manières ; mais de tous les modes employés, la serre et la volière tiennent le premier rang. Avec la température voisine de celle de leur pays d'origine, elles permettent de procurer aux oiseaux exotiques l'espace et la verdure qu'exclut l'exiguïté de la cage. Il en est de même de la chambre, qui, à l'aide de caisses d'arbustes, de branches de pins, de houx ou de genêts, se prête à une installation analogue. Quoique moins propice, la cage ne doit pas être proscrite. Elle fournit l'occasion d'étudier de plus près les mœurs des petits oiseaux dans ce qu'ils ont de plus intime.

Voici la description d'une cage d'élevage imaginée par M. Leroy[1]. Ce système a produit des résultats merveilleux. Nous en conseillons l'emploi à nos lecteurs, persuadés que l'expérience leur fera partager notre avis. Ils obtiendront ainsi la reproduction d'oiseaux de toute taille.

« Je me sers, dit cet éleveur distingué, de caisses mesurant de 70 à 80 centimètres de hauteur sur 50 de largeur et autant de profondeur. Le couvercle de la caisse est remplacé par un fin grillage, à mailles de 12 à 15 millimètres, et les côtés sont munis d'ouvertures fermant au moyen de trappes.

« Chaque caisse ne doit contenir plus d'un couple à l'é-

---

[1] *L'Acclimatation*, du 20 février 1880.

poque où l'on veut faire travailler les oiseaux ; l'inobservation de cette condition se traduirait par des œufs cassés.

« Dans un des angles du fond, en hauteur et sous le plafond, nous adaptons une branche de thuya ou de sapin, fourchue, à trois rameaux réunis entre eux à leur sommet, de manière à former une sorte d'excavation destinée à recevoir le nid.

« Le reste du mobilier est peu de chose : des perchoirs disposés à hauteur suffisante, un petit vase à bords peu élevés, contenant l'eau du bain, un canari contenant l'eau de boisson, et une augette que l'on remplit de nourriture ; ces trois objets disposés sur un lit de gravier fin de 4 à 5 centimètres d'épaisseur. »

Un autre procédé, plus coûteux, il est vrai, mais non moins sûr pour les espèces rares, est la construction de petites volières vitrées, de 1 mètre sur toutes les faces, précédées d'un espace grillagé d'égale dimension et agrémenté d'un ou deux genevriers nains. Un petit bassin, ou mieux encore, un jet d'eau au milieu de l'espace grillagé, complètera agréablement l'aménagement.

Ce n'est point assez de tenir les oiseaux sous un climat artificiel, il faut encore, pour les décider à s'unir d'une manière effective, leur donner des matériaux propres à leur nid et une nourriture convenable à leur jeune famille. Cette question de la nourriture est une des plus délicates de l'élevage ; car, à de rares exceptions près, tous les oiseaux élèvent leurs petits, du moins dans le premier âge, avec des insectes. La difficulté de leur procurer ceux de leur goût, et en quantité suffisante, est un écueil sérieux. Dans la monographie consacrée à chaque oiseau, nous avons essayé d'indiquer, autant que possible, la manière d'y suppléer et les soins réclamés par chacun.

Pour se reproduire, les oiseaux exigent avant tout le calme et l'isolement. Il importe donc, au moment des amours, de séparer les couples, à moins que la volière ou la chambre ne soit assez vaste pour permettre à plusieurs paires de se livrer à l'expansion de leurs sentiments sans se gêner et se quereller. Enfermer dans une cage un couple au milieu d'autres oiseaux, ou simplement deux couples ensemble, serait aller au-devant d'un échec. Durant les couvées, la température ne devra jamais être inférieure à 18° centigrades et dépasser 24°.

Des pâtées et de leur préparation. — Les pâtées ont pour but, de remplacer, autant que possible, la nourriture animalisée qui constitue, à l'état libre, le régime des insectivores. La viande et l'œuf sont les seules substances assez riches en valeur nutritive pour suppléer à son absence. Ce sont donc les deux éléments qui forment le fond de toutes les pâtées, plus ou moins compliquées, que chaque amateur compose à sa façon et suivant son expérience.

Au Jardin d'Acclimatation de Paris, on nourrit tous les insectivores, de quelque taille qu'ils soient, avec un mélange fait de deux parties de mie de pain blanc finement émiettée, préalablement humectée et pressée à la main pour en exprimer l'eau, de trois parties de cœur de bœuf haché menu, et d'une partie de chènevis broyé. Il y entre également un peu de farine de maïs, mais elle n'est là que pour donner de la consistance à la pâtée et en enlever l'excès d'humidité.

A l'étranger, quelques jardins zoologiques varient cette pâtée de la manière suivante : une partie de larves de fourmis sèches, deux de carotte râpée, quatre de maigre de viande ou de cœur de bœuf haché menu, six de lait concentré, cinq de pain blanc moulu, une de mouron ou de salade, et une de chènevis broyé, le tout soigneusement travaillé.

Les marchands d'oiseaux traitent plus simplement leurs Becs-Fins. Ils se contentent de leur donner un mélange de deux parties de pain blanc moulu, deux de chou, de mouron ou autre verdure, haché fin, mêlé d'un peu de carotte râpée et d'une partie de chènevis écrasé. La composition doit être fraîche au toucher, sans humidité. Cette alimentation est insuffisante si elle n'est accompagnée de vers de farine coupés en morceaux, ou d'œufs de fourmis secs incorporés à cette préparation.

Une excellente nourriture pour les Mésanges est un composé de trois parties de pain blanc moulu, une partie de chènevis broyé, une d'amandes douces pilées, le tout passé au tamis avec addition d'une partie de poudre de viande, d'œufs de fourmis ou de vers de farine coupés en morceaux.

M. le marquis de Brisay donne la composition suivante comme supérieure à toutes celles connues [1] :

« Faites cuire ensemble œufs et pommes de terre, une demi-heure d'ébullition. Épluchez, écrasez ensemble avec la fourchette avant refroidissement, le mélange se faisant mieux ainsi. Incorporez quantité égale de pain au lait parfaitement expurgé de son liquide. Saupoudrez d'une cuillerée de la poudre Duquesne; mélangez bien le tout, qui doit former une masse onctueuse et solide. On peut ajouter, *ad libitum*, une pincée de grains de raisins de Corinthe.

« Tous les insectivores, frugivores, larvivores et baccivores, de quelque taille ou provenance qu'ils soient, qu'on ne peut entretenir au régime des graines, se contentent exclusivement de cette nourriture, qui leur donne longue vie et beau plumage ».

A propos de la poudre de M. Duquesne, pharmacien à Pont-Audemer (Eure), dont il est ici question, le témoignage unanime d'un nombre considérable d'amateurs, m'engage à parler de ces préparations. Ces pâtées, à base de cœur de bœuf desséché, pulvérisé, de larves de fourmis et d'œufs durs desséchés, se recommandent par leur valeur nutritive. A l'aide de cette nourriture, tous les insectivores, quelque délicats qu'ils soient, tels que Rossignols, Fauvettes, Loriots, Rouges-Queues, Troglodytes, Hirondelles même, se maintiennent en parfaite santé. Elles s'emploient humectées d'eau

---

[1] Marquis de Brisay, *Aviculture : Passereaux*.

ou de lait. Elles offrent encore l'avantage de pouvoir entrer en composition dans les pâtées qu'on désire fabriquer soi-même, et d'y apporter un élément substantiel de premier ordre.

M. Duquesne tient en outre à la disposition des amateurs des éphémères sèches, des nymphes de fourmis, des jaunes d'œufs granulés et du cœur de bœuf desséché.

Enfin, nous terminerons l'énumération de ces diverses préparations par l'indication de celles plus particulièrement employées pour les Souimangas, les Gui-Guits, les Manakins, etc.

Amandes douces pilées, biscuits écrasés avec addition de sucre, le tout par égales parties, en ajoutant de la poudre de viande, ou encore :

Échaudés et biscuits écrasés, amandes douces pilées, raisins de Corinthe ou de Malaga hachés, additionnés de sucre. Et comme supplément nécessaire, une bonne poire ou une bonne pomme en parfaite maturité, ou encore une orange de première qualité faite à point, quelques mouches et des vers de farine.

La composition suivante est également en usage dans plusieurs jardins publics étrangers pour les frugivores :

Fruits frais (pommes ou poires) coupés en petits morceaux, une partie ; fruits secs (figues, raisins et dattes), également coupés menu, une partie ; mie de pain blanc et œufs, une partie ; riz cuit, trois parties. Par surabondance, quelques baies de sureau ou de sorbier sauvage conservées.

Toutes ces pâtées sont sujettes à s'aigrir promptement à l'époque des chaleurs. Il importe donc, pour la santé des oiseaux, d'avoir grand soin de les renouveler à la moindre apparence de décomposition ou de fermentation.

Des graines. — Les oiseaux en captivité se portent d'autant mieux que leur nourriture a plus de rapport avec celle de leur vie à l'état libre. On comprend donc de quelle importance est la question ; mais pour appliquer à chacun le régime approprié à son tempérament, il faudrait être au courant de son genre de vie, de ses goûts et de ses habitudes, connaissance fort incomplète pour la plupart des espèces, et l'étude en fût-elle plus avancée ou mieux établie, que la difficulté n'en resterait pas moins grande. Comment en effet, se procurer, pour les oiseaux étrangers, les graines et les insectes propres aux pays exotiques, où la flore varie ses productions à l'infini et la nature ses créations organiques à profusion ? Heureusement que, sous l'empire de la nécessité et de l'exemple, ces charmants volatiles arrivent à modifier leurs goûts, à adopter nos graines et les pâtées que nous nous ingénions à leur composer.

Les graines exercent sur la santé des oiseaux la même influence que les aliments chez l'homme. Le choix doit donc en être fait avec soin, tant sous le rapport de la qualité que de la valeur.

L'expérience a démontré que le *chènevis* était nuisible à beaucoup d'oiseaux. Cette graine, très nourrissante, est recherchée avidement par tous ou presque tous; mais son usage immodéré amène la pléthore et, comme conséquence, l'apoplexie ou la mort par gras-fondure. Les oiseliers et beaucoup d'amateurs le proscrivent totalement du régime alimentaire de leurs oiseaux, en ne faisant d'exception que pour les Perruches et les Perroquets. Sans être aussi exclusif, on peut, sans danger, en borner la distribution à quelques graines à titre de friandise. En aucun cas il ne doit être donné en épis, alors qu'il est encore à l'état laiteux; il contient à ce moment des principes narcotiques nuisibles.

Le *millet* est, de toutes les graines, une des plus saines et mangée avec plaisir par le plus grand nombre. On reconnait sa qualité à son éclat et à la grosseur du grain. Il en existe de deux espèces : le *millet blanc* et le *millet* dit *de Bordeaux*. A leur arrivée, quelques oiseaux paraissent préférer ce dernier, qui rappelle, par son grain plus petit, celui de leur pays. Dans le commerce, on vend l'un et l'autre en grain et en panicules. Les oiseaux s'en montrent très friands sous cette dernière forme ; il est donc bon d'en tenir constamment quelques branches à leur disposition.

A côté du millet se place l'*alpiste*. Comme lui, il vient par panicules, mais le grain est plus allongé. Il paraît être la nourriture préférée des Papes d'Amérique et d'Australie, ainsi que des Ministres et des Diamants à ceinture.

Les oiseaux à bec fort : Cardinaux, Paroares, Bouvreuils, Perruches et Perroquets, recherchent les graines de *soleil*, autrement dit *tournesol*. Il en existe deux ou trois variétés. Les semences à grain noir semblent plus pleines et les meilleures. Quand le grain est débarrassé de son enveloppe, il fait le régal des Chardonnerets, des Mésanges et de plusieurs oiseaux exotiques. Il suffit pour cela de le concasser en passant dessus une bouteille en guise de cylindre.

Avec son écorce, l'avoine plaît à peu d'oiseaux ; mais il en est différemment quand elle est mondée. Ainsi préparée, elle convient aux Ortolans, aux Bruants, aux Pinsons, aux Gros-Becs, aux Bouvreuils et aux Papes de prairies.

Le *riz*, dont l'usage est utile à la santé des Paddas, des Papes de prairies et à certains oiseaux de l'Inde, a pour eux une saveur particulière lorsqu'il est encore en épi, à l'état laiteux ; mais ce moment est de courte durée, et le trouver, même en balle, est fort difficile. Pour parer à cet inconvénient, on fait macérer, pendant la nuit, dans de l'eau ou, mieux encore, dans du lait, du riz décortiqué qu'on sèche, le matin, entre deux linges avant de le servir aux oiseaux.

Les graines de *navette* et de *colza* demandent également à être ramollies dans l'eau ou dans du lait et séchées de même. Afin d'éviter la fermentation, on ne met tremper que la quantité nécessaire pour une journée. A l'exception des oiseaux indigènes, les espèces étrangères en font peu ou point de cas. Il en est de même du *chardon* que réclame la santé des Chardonnerets.

L'*œillette*, au contraire, plaît aux Astrilds, aux Fauvettes et aux Rossignols du Japon.

Pour les oiseaux exotiques, la *graine de lin* a peu de valeur; mais elle est du goût de la Linotte, du Chardonneret, du Bouvreuil, du Serin, etc.

Qu'ils soient indigènes ou exotiques, les granivores affectionnent la graine de chicorée sauvage, de laitue, ainsi que toutes les semences de graminées. A ces graines de toutes sortes ils ajoutent, pour la plupart, de la verdure. Tous ou presque tous aiment le *mouron*, la *laitue*, la *mâche*, le *cresson*, le *séneçon*, le *plantin*, le *tabouret*, la *chicorée sauvage*, qu'on cultive à l'entrée de l'hiver, dans les caves, et qu'on mange à Paris sous le nom de *barbe de capucin*.

Les poires, les pommes, les cerises, les raisins, les bananes, les figues fraîches, les oranges apportent de la variété dans l'alimentation des granivores et un élément nécessaire à la nourriture des Tangaras, des Callistes, des Guit-Guits et des Manakins.

Des larves et des insectes. — A défaut du nombre et de la variété, l'éleveur et l'amateur trouvent, dans quelques insectes, une ressource précieuse pour l'élevage et la conservation des insectivores. En première ligne se place le ver de farine, larve d'un petit insecte noir, désigné en entomologie sous le nom de *ténébrion de la farine*[1], qui dépose ses œufs sur les toiles à sac, sur les vieilles laines et dans les fentes des planchers où la chaleur les fait éclore. La possibilité de se procurer le ténébrion à l'état de larve durant toute l'année rend un véritable service aux personnes qui recherchent les oiseaux à bec fin. Autrefois, beaucoup d'amateurs se donnaient la peine de cultiver le ver de farine; mais aujourd'hui, avec la facilité des envois, on laisse ce soin aux maisons spéciales. Voici, du reste, la manière de procéder :

Au commencement d'avril ou de mai, on remplit à moitié,

---

[1] Voy. Montillot, *Les Insectes nuisibles*, p. 105.

de son de froment, un pot de terre verni, plus large que profond, ou bien une caisse de bois garnie de zinc. Sur ce son on place des croûtes de pain et, par dessus, des chiffons de laine blanche, saupoudrés de farine de froment, des bandes de papier et de vieux bouchons troués. On jette dans le pot quelques poignées de ténébrions ou, à défaut, un millier ou deux de vers de farine, selon la capacité du récipient. Sur des feuilles de papier on répand de la carotte ou de la betterave râpée, destinée à désaltérer les larves qui, faute d'eau ou d'aliments aqueux, ne se conserveraient pas. Il faut avoir soin de renouveler les racines de jour à autre. Quelques personnes mouillent les chiffons, mais ce système est défectueux à cause de la fermentation qui en résulte. Le mieux est de déposer, dans un coin de la caisse, lorsqu'on fait l'élevage en grand, un vase plat rempli d'un centilitre d'eau. Sur ce vase on fait passer une bande d'étoffe, dont les deux bouts viennent reposer sur le son et servent d'échelles aux vers qui désirent s'abreuver. Couvrir le pot ou la caisse d'un couvercle troué, de façon à donner aux larves l'air nécessaire sans qu'elles puissent s'échapper, est une précaution indispensable, si l'on ne veut voir son appartement envahi par les ténébrions. Le vase ainsi préparé sera mis dans un endroit sec et chaud, sans être remué pendant deux ou trois mois. Il naîtra ainsi des générations sans fin, à la condition de renouveler, de loin en loin, le son et les chiffons, et de maintenir, dans cette culture, la plus grande propreté.

Les larves de fourmis, connues vulgairement sous le nom d'*œufs de fourmis*, offrent également une nourriture recherchée par la plupart des oiseaux et en particulier par les insectivores. Malheureusement, l'éclosion, qui se fait de mai à fin juillet, met pour peu de temps cette ressource à la disposition des éleveurs. Ces œufs demandent à être recueillis par un temps sec; si la fourmilière a été mouillée, ils aigrissent et deviennent nuisibles. Ramassés, au contraire, par une température convenable, et placés au frais et à l'abri de l'humidité, ils se conservent pendant une quinzaine de jours. L'absence de chaleur en retarde la transformation. Pour les débarrasser des brins d'herbe et des buchettes dont ils sont encombrés, on étale en plein soleil, entouré sur ses bords de branches de feuillage, un drap sur lequel on les éparpille à l'aide d'une pelle. Les fourmis, pour soustraire leurs larves à l'ardeur du soleil, se hâtent de les porter sous l'abri qui leur est offert. De cette façon, les œufs se trouvent dégagés de tous corps étrangers et des fourmis elle-mêmes. On les utilise à l'état de conserve, en les soumettant à une sorte de cuisson, soit au four, soit à la chaleur de l'eau bouillante, placés au-dessus d'un vase en ébullition. Pour qu'ils ne s'attachent pas et ne se dessèchent pas trop, il faut avoir la précaution de les remuer pendant l'opération. Ils entrent, ainsi préparés, dans la composition des pâtées, en les faisant revenir dans un peu d'eau ou de lait.

A partir de mai jusqu'à fin septembre, les prés et les champs fournissent de nombreuses espèces de sauterelles. A l'exception de celles écloses dans les prairies tourbeuses, toutes sont mangées avec plaisir par beaucoup d'oiseaux. Les sauterelles de couleur grise ou légèrement verte paraissent avoir leur préférence. Le matin et le soir sont les moments favorables pour cette chasse. Engourdies par la rosée ou la fraîcheur, elles se laissent plus facilement prendre. Séchées au four et réduites en poudre, au fur et à mesure des besoins, elles trouvent aussi leur emploi dans les mélanges.

On se sert de même des abeilles asphyxiées à l'aide du soufre, pour s'emparer de leur miel, après leur avoir fait subir sur un tamis un lavage à grande eau, afin de faire disparaitre l'odeur dont elles sont imprégnées. En Italie et dans le midi de la France, où l'on cultive les vers à soie, en emploie le cocon passé au four et réduit en poudre.

La mouche des appartements rend les mêmes services, soit qu'on la donne vivante, soit qu'on la soumette aux procédés de dessiccation dont je viens de parler.

Dans les maisons envahies par les blattes, on a sous la main une ressource qu'il ne faut pas négliger.

A l'exception des chenilles velues, qui sont vénéneuses, les chenilles lisses, les papillons et leurs œufs sont des mets délicats.

Enfin, le hanneton est un régal pour les oiseaux à bec fort. On peut en faire une provision pour quelques jours, en ayant soin de les enfermer dans une boite trouée, avec des feuilles fraîches renouvelées chaque jour.

Du pain au lait. — Un grand nombre d'oiseaux, pour ne pas dire tous, aiment le pain au lait, ou s'habituent à le manger avec plaisir. C'est un excellent aliment, qui remplace, dans une certaine mesure, les insectes. Granivores, frugivores, insectivores, quel que soit, du reste, leur régime, s'en trouvent très bien. Les oiseaux, généralement, ne touchent point aux graines, aux insectes ou aux pâtées qu'ils ne connaissent pas. Pour vaincre leur défiance, il suffit de placer à côté d'eux un compagnon fait aux unes ou aux autres. Stimulés par l'exemple, ils ne tardent pas à les goûter et à en faire leur nourriture.

Pour préparer le pain au lait, on émiette finement de la mie de pain blanc, sur laquelle on verse du lait froid. Une fois le pain bien imbibé, on en exprime le lait, de manière que la mie reste humectée sans tourner en bouillie. En employant du pain rassis, on pare à cet inconvénient. L'été, afin d'éviter la fermentation rapide, on fait bouillir le lait, qu'on laisse refroidir complètement avant de s'en servir. Si l'on veut faire du pain au lait une friandise, on remplace le pain par de la brioche ou de l'échaudé.

Des maladies. — En dehors de diagnostic certain, tout remède devient plus ou moins empirique. Nous nous en tiendrons aux règles de l'hygiène, c'est-à-dire : exposition méridionale, propreté absolue de la cage, préservation, autant que possible, contre tout changement brusque de la température, eau constamment pure et graines de premier choix.

Lorsqu'un oiseau tombe malade, ce qu'on remarque facilement à ses plumes hérissées, à ses ailes pendantes ou à l'atonie de l'œil, il faut le retirer de la cage commune, le mettre à part, afin de lui procurer la tranquillité nécessaire et le tenir chaudement. Un peu d'eau de Vichy pour boisson ou d'eau bicarbonatée à la dose de deux à trois grammes par litre d'eau, le remettra, si l'indisposition est légère. Dans le cas contraire, il faut attendre de la nature la réaction salutaire.

L'emploi de l'eau de Vichy ou de l'eau bicarbonatée, de temps à autre et pendant plusieurs jours de suite, est une excellente précaution préventive contre les embarras gastriques, déterminés le plus souvent par une nourriture mal appropriée et constamment la même.

L'absence du grand air pour les oiseaux indigènes, le manque de chaleur et un ciel brumeux pour les exotiques, joints à une alimentation défectueuse ou peu variée déterminent, en captivité, l'altération des couleurs. Pour combattre cet accident fâcheux, on donne aux oiseaux, à l'époque de la coloration, pendant une quinzaine de jours, de l'eau de la Bourboule. La valeur de ce traitement réside dans l'arsenic contenu dans cette eau minérale. Mais comme ce remède finit par devenir coûteux, on obtient le même résultat, et à moindres frais, en faisant doser avec cette substance, par un pharmacien, dans la proportion fournie par l'analyse, un certain nombre de litres d'eau ordinaire. En même temps qu'ils s'en trouveront bien, au point de vue de la santé, on aura la satisfaction de voir leur plumage reprendre ses belles couleurs.

PRINCIPALES ESPÈCES D'OISEAUX DE VOLIÈRE

INDIGÈNES ET EXOTIQUES

LES FRINGILLIDÉS. — Fringillinæ.

Caractères. — La famille des Fringillidés est une des plus intéressantes pour l'amateur. C'est parmi les membres qui la composent, qu'on rencontre les meilleurs chanteurs.

Corps plus ou moins élancé; plumage lisse et serré, diversement coloré, plus particulièrement brillant chez le mâle; jeunes ressemblant d'ordinaire à la femelle; rémiges au nombre de dix plus étroites et plus aiguës que chez les espèces voisines; queue de moyenne grandeur échancrée ou carrée; bec généralement conique et bombé, quelquefois pointu, taille assez variable.

Distribution géographique. — Les Fringillidés sont répandus dans toute l'Europe, à l'exception des contrées tout à fait septentrionales, dans le sud de l'Afrique et en Amérique, des frontières du Canada à la Guyane et au Brésil.

Mœurs; habitudes et régime. — A leur nourriture, qui se compose de toutes sortes de graines, les Fringillidés ajoutent des insectes et des larves. Pendant les migrations et les excursions, ils se réunissent en bandes. Ils fréquentent les vergers, les haies et les bouquets d'arbres; les uns, vivent dans le voisinage de l'homme, les autres, au milieu des champs. Au printemps, on les rencontre par paires; quelques-uns seulement nichent en société; mais la plupart se choisissent des cantons, dont ils ne franchissent jamais les limites.

En automne, formés en bandes de diverses espèces ou de familles distinctes, ils parcourent les campagnes, où ils causent aux récoltes des dégâts considérables, dommages cependant compensés par la destruction de nombreux insectes auxquels ils font une guerre acharnée. Au moment des amours, les mâles se livrent entre eux de violents combats. Le nid, généralement fait avec art, est l'œuvre, le plus souvent, de la femelle seule, qui couve également sans être relayée. Pendant ce temps, le mâle pourvoit à sa nourriture et la distrait par ses chansons. La ponte varie de quatre à six œufs pointillés de brun. L'incubation dure de onze à quinze jours. Lorsqu'ils ont pris leur essor, les petits reçoivent encore, durant un certain temps, les soins du père, pendant que la femelle s'occupe d'un nouveau nid.

Les Fringillidés s'habituent moins bien à la captivité que les Astrildiens. Néanmoins, quelques-uns s'y sont reproduits avec succès.

Parmi les Fringillidés, qui attirent particulièrement l'attention de l'amateur, nous décrirons:

Le Pinson commun, le Pinson d'Ardennes, le Pinson alario, le Pape, le Pape multicolore, le Pape de Leclancher, le Ministre, le petit Chanteur de Cuba, le grand Chanteur, le Moineau franc, le Moineau friquet, le Sizerin Boréal, le Serin ou Canari, le Serin méridional, le Bouton d'or, le Moineau doré, le Moineau d'Abyssinie, le Serin de Mozambique, le Combassou, le Chanteur d'Afrique, le Chardonneret, la Linotte, le Tarin, le Tarin à tête noire, le Tarin jaune et noir, le Tarin de Colombie.

1. Le Pinson commun. — FRINGILLA CŒLEBS (fig. 1). — *Caractères.* — La longueur de cet oiseau est de 16 centimètres; le bec conique et pointu est blanchâtre pendant l'hiver et au printemps bleu-foncé, couleur qu'il conserve jusqu'à la mue.

Le mâle a le front noir, le sommet de la tête et la nuque d'un bleu-cendré; le dos marron, teinté de vert-olive et le croupion vert-mousse; les joues, la gorge, la poitrine, le dessous du corps d'un brun-rougeâtre plus ou moins accusé, suivant l'âge. Cette nuance passe au blanc vers la région abdominale. L'aile est coupée d'une double bande blanche.

La femelle diffère du mâle par la taille, qui est plus petite, et par la couleur du cou et de la partie supérieure du dos, qui est d'un gris-brun, pendant qu'un blanc sale, nuancé de rougeâtre, couvre le dessous du corps.

Distribution géographique. — Le Pinson est répandu dans toute l'Europe, à l'exception des contrées tout à fait septentrionales ou méridionales.

Mœurs et habitudes. — Il fréquente les forêts, les taillis, les jardins et les vergers. On le rencontre dans les vallées comme sur les montagnes. Bien qu'en toutes saisons on en voie un certain nombre, il doit être classé parmi les oiseaux voyageurs. Les bandes commencent à se former dès la fin d'août et le départ s'effectue en octobre et dure jusqu'en novembre. Ces migrations prennent la direction du midi et s'étendent jusque dans le sud-ouest de l'Afrique; mais, dès les premiers jours de mars, le retour s'effectue. Les mâles arrivent par troupes, suivis des femelles à quinze jours d'intervalle. A ce moment, ils font entendre leurs frais et gais refrains. Pour eux va commencer la saison des amours. Ils se mettent sans retard en quête d'un endroit convenable pour y placer leur nid, véritable chef-d'œuvre de construction. L'oiseau le fixe à l'arbre avec des toiles d'araignées et de la bourre. De la mousse, des brindilles en forment la charpente; des plumes, du duvet de chardon ou de saule, du crin et du poil en constituent le revêtement intérieur, tandis que du lichen, pris à l'arbre même, en lui donnant la teinte de la branche sur laquelle il repose, le dissimule aux regards.

La femelle fait ordinairement deux pontes, chacune de trois à cinq œufs, de couleur gris-bleuâtre, pointillés de brun. L'incubation dure quinze jours. Le mâle remplace la couveuse pendant les instants consacrés à la recherche de sa nourriture; il passe le reste du temps à chanter.

Les parents élèvent leurs petits avec des insectes. Bien qu'il se montre plein de sollicitude pour sa famille et anxieux au moindre danger, le pinson, contrairement aux sentiments manifestés, en pareille circonstance, par la plupart des oiseaux, ne cherche plus à continuer ses soins à ses petits dès qu'ils lui ont été enlevés.

Quand d'autres couples s'établissent dans le voisinage, c'est entre les mâles un assaut de ramage; mais bientôt la jalousie s'en mêle, et cette lutte, toute pacifique d'abord, se termine par de véritables combats, journellement renouvelés, si bien que la saison des amours est pour le Pinson une époque de querelles continuelles.

Sa gaieté justifie pleinement le proverbe; à part une ou deux heures de sieste dans les journées de grande chaleur, il est constamment en mouvement.

Plus souvent posé que perché, il ne marche point en sautant; il coule légèrement et va sans cesse en ramassant quelque chose.

Le chant du Pinson est plein de fraîcheur; aussi a-t-il mérité d'être noté. Chaque année, avant de le reprendre, il s'essaie comme s'il l'avait oublié. Indépendamment de son refrain habituel, à l'époque des amours, il fait entendre une espèce de roucoulement. On dit alors qu'il *pépie*.

Le nombre des phrases et les ritournelles ne sont pas les mêmes chez tous. A quoi cela tient-il? A des variétés ou à une éducation incomplète? On n'en sait rien.

Des observateurs ont remarqué que, par des temps de

Fig. 1. — Le Pinson commun.

pluie, il avait des inflexions particulières. Pour ma part, je n'ai jamais rien observé de semblable; mais ce que j'ai constaté, c'est un redoublement d'entrain les jours sombres. C'est de ce fait, ou d'autres de même genre, qu'a dû naitre, sans doute, l'usage barbare de le priver de la vue pour obtenir cette excitation.

Quoi qu'il en soit, cette mode cruelle se conserve encore dans le Nord et en Belgique, où il existe des concours de chant de Pinsons. Le prix appartient à celui qui a fourni le plus grand nombre de refrains dans un temps donné.

Chasse. — A l'aide de bons appeaux, on attire aisément les Pinsons dans l'aire, du mois de septembre au mois de novembre. A l'époque des amours, on met à profit leur jalousie entre mâles pour prendre au trébuchet, muni d'un appelant, un bon chanteur qu'on aura remarqué.

Captivité. — Le Pinson est un des Fringillidés qu'on voit le plus souvent en cage. La belle humeur et la fraîcheur de sa voix le font rechercher. Pris jeune, il est susceptible d'éducation. En le plaçant près d'une Fauvette, d'un Serin ou d'un Rossignol, il s'approprie facilement une partie de leur chant. Si l'on veut qu'il apprenne promptement, il faut le tenir dans une partie obscure de l'appartement. Avec cette méthode, ceux-mêmes qui ont été pris adultes, parviennent à oublier leur chant pour en adopter un meilleur.

Il se reproduit en volière. A l'article du Merle d'Europe, j'ai raconté la mésaventure arrivée à une nichée de ces oiseaux. On a des exemples de mariages féconds avec des femelles de Serin. Chez moi, il s'est accouplé avec une femelle de Bouvreuil.

En cage il est taquin avec ses compagnons de captivité, surtout au moment de l'appariage. Il les poursuit et leur arrache les plumes. Afin de parer à cet inconvénient, on l'isole jusqu'à la mue. A ce moment, il cesse d'être provoquant.

Nourriture. — Aux graines de lin, de cameline, d'avoine, de chardon, d'œillette, de chou et de laitue, leur alimentation ordinaire, il conviendra d'ajouter quelques vers de farine, des œufs de fourmis, de la verdure, principalement de la laitue. Ils aiment passionnément le chènevis, qu'on doit leur donner avec parcimonie, l'abus de cette graine les rendant aveugles.

Les jeunes s'élèvent avec de la navette mêlée à du pain imbibé de lait bouilli. Le moment critique est celui de la première mue.

2. Le Pinson d'Ardennes. — Fringilla montifringilla (fig. 2). — *Caractères.* — Un peu plus fort que le Pinson ordinaire, le Pinson de montagne a le bec jaune, ombré de noir vers la pointe, la tête noire, la gorge rousse et les ailes barrées de blanc. La même nuance rousse couvre le cou et les petites couvertures des ailes. Les grandes sont noires avec le bout blanc, les pennes d'un brun obscur, frangées de jaunâtre, le ventre blanchâtre. Du reste, l'âge produit des variétés nombreuses. Les couleurs de la femelle sont plus uniformes. Dans le plumage des jeunes, le jaune-orange domine, pour passer, avec les années, à la teinte rousse, poudrée de gris-blanc et de noir.

Distribution géographique. — Le Pinson de montagne est un oiseau du Nord. Il est commun en Laponie et en Finlande. De là il parcourt, en hiver, toute l'Europe. Il nous arrive par l'est, en traversant les Ardennes, d'où lui est venu son nom.

Mœurs et habitudes. — Au mois d'août, ces oiseaux se réunissent en bandes nombreuses pour se diriger vers les contrées méridionales.

Le mois de septembre est l'époque de leur apparition en France. Dans leur voyage ils suivent les chaînes de montagnes et les grandes forêts, particulièrement les bois de pins et de sapins, qu'ils semblent affectionner. Ils s'y jettent en troupes considérables et, comme sur un commandement, ils s'abattent ou s'envolent tous ensemble. On a remarqué, que plus ils arrivaient nombreux, plus l'hiver était rigoureux.

Dès que la température s'adoucit, ils disparaissent. Où vont-ils? Sur les montagnes? « Rien n'est moins prouvé », dit M. H. de la Blanchère.

Leurs migrations ne sont pas régulières. Elles dépendent des circonstances. Aussi est-on plusieurs années sans en voir, à l'exception de quelques individus.

Durant les froids, on en rencontre réunis aux Pinsons ordinaires, aux Linottes, aux Merles et aux Verdiers.

Au point de vue du caractère, le Pinson d'Ardennes a beaucoup de ressemblance avec son congénère. Agile comme lui, il est d'humeur querelleuse, colère et jaloux. Moins bien doué sous le rapport de la voix, il rachète cette infériorité par le plumage.

Il ne se reproduit que dans les contrées boréales. Son nid et ses œufs sont tout à fait semblables à ceux du Pinson ordinaire.

Nourriture. — Sa nourriture se compose de diverses graines oléagineuses, de faîne, de mouches et d'insectes. En cage, on lui donne du colza, de la navette, de l'œillette, un peu de chènevis, qu'on varie de temps à autre par quelques vers de farine. Malgré tout, il vit peu longtemps en captivité.

Chasse. — Il vient à l'appel du Pinson ordinaire. C'est le moyen employé à l'automne pour en prendre un certain nombre au filet.

Captivité. — Son caractère jaloux en fait un mauvais compagnon. A l'auget, il distribue à ses camarades de violents coups de bec. Il sera donc prudent de ne pas l'associer à des oiseaux plus faibles que lui.

3. **Le Pinson Alario**. — Fringilla Alario. — Bien que l'importation du Pinson Alario date de longtemps, on le voit rarement dans le commerce.

Caractères. — C'est un charmant petit oiseau de la grosseur du Sénégali. Il a la tête, la gorge et la poitrine noires, le ventre blanc. L'œil est noir, le bec couleur de corne, les

FIG. 2. — Le Pinson d'Ardennes.

pieds de nuance plus sombre. Chez la femelle, le noir est remplacé par une couleur grise, finement rayée de brun. Le dessous du corps est jaune. Elle a les pennes des ailes coupées par deux bandes jaunâtres et les plumes de la queue frangées de noir.

Distribution géographique. — Suivant Layard et Altona, il habite le sud de l'Afrique.

Nourriture. — Sa nourriture est celle du Chanteur d'Afrique (voir l'article consacré à celui-ci).

Captivité. — En Afrique on le voit souvent en cage. Hors la saison de la mue, il chante toute l'année. Sa voix est faible, mais harmonieuse.

Une fois acclimaté, il se montre robuste et disposé à se reproduire.

A défaut de femelle, il s'accouple avec la Serine mozambique, le Chanteur d'Afrique et la Serine commune. Doux et paisible en temps ordinaire, il devient agité et querelleur, à l'époque des amours, avec les oiseaux de sa famille.

4. Le Pape. — CYANOSPIZA CIRIS. — Ce Passereau désigné quelquefois sous les noms de *Pape*, de *Nonpareil* et de *Verdier de la Louisiane*, est un des plus charmants habitants ailés de l'Amérique du Nord.

Caractères. — C'est avec un pinceau plutôt qu'avec la plume qu'il faudrait en décrire le plumage, tant les nuances dont l'a doté la nature, sont délicatement fondues.

Sa taille est à peu près celle de l'Ortolan d'Europe. Il mesure 15 centimètres, dont 5 1/2 pour la queue. Le bec est brun de corne ; l'iris noisette ; les pattes brunes ; le tour des yeux orange. Un beau bleu, tirant sur le violet, couvre les parties supérieures et latérales de la tête et du cou. Chez quelques individus, cette nuance revient sous la gorge. Il a le dos et les scapulaires variés de jaune et de vert ; le devant du cou, tout le dessous du corps ainsi que le croupion rouge-feu. Les grandes couvertures des ailes sont vertes ; les pennes brunes liserées, les unes, de gris, les autres de rouge.

Le ton brun des rectrices est égayé extérieurement par des reflets de feu.

La femelle a le dos vert-mat; la gorge et le ventre de même nuance teinte de jaune.

Le Pape n'entre en possession de ses belles couleurs qu'à la troisième année. Le plumage des jeunes mâles, après la première mue, ressemble à celui de la femelle. Le fond en est vert, relevé de jaune paille. Le bleu de la tête et du cou n'apparaît qu'au printemps suivant.

Ce Passereau est soumis à une double mue. La livrée, dépeinte, est l'habit de noces. A l'automne, il revêt un costume plus modeste, mais beau encore. La tête est le cou restent bleus; le vert du dos voit disparaître le jaune dont il est agrémenté, et au rouge de la poitrine succède un jaune clair. Le plumage, du reste, présente une grande variété et n'est pas identique chez tous les individus.

Distribution géographique. — Les limites de son habitat s'étendent des frontières du Canada à la Guyane et au Brésil. Il arrive en grand nombre à la Louisiane dans les premiers jours d'Avril, où il passe toute la belle saison pour en repartir en automne.

Mœurs et habitudes. — Le Pape est très attaché à sa femelle. Il se laisse mourir de faim ou de chagrin, comme notre Rossignol, si on le prend après l'appariage. Chez lui, l'amour paternel n'est pas moins développé. Capturés avec leur famille, le père et la mère continuent à nourrir leurs petits avec la plus grande sollicitude, pourvu qu'on mette à leur disposition de petites sauterelles, des mouches et des vers de farine.

Il recherche les orangers et les arbres touffus pour y construire son nid, qui rappelle par le fini de la forme celui du Pinson d'Europe. Il est fait de mousse, d'herbe, de filaments de plantes et de crin. La ponte varie de trois à cinq œufs bleuâtres, tachetés de points bruns et violets; la durée de l'incubation est de treize jours. A cette couvée succède une seconde, suivie souvent d'une troisième, quand la première a été dérangée. Rien n'égale la jalousie du mâle à l'égard de ses semblables. Il suffit de mettre, dans un trébuchet, la dépouille d'un Pape en couleur, pour le voir fondre, avec fureur, sur cet adversaire imaginaire, avant même que l'oiseleur n'ait tourné les talons.

Une fois la famille élevée, ces oiseaux vivent en société jusqu'à la saison nouvelle.

Nourriture. — A l'état libre, le Pape se nourrit d'insectes, de mouches, de graines diverses et de riz. En cage, son tempérament robuste s'accommode d'un régime assez simple, dont le millet et l'alpiste forment le fond; mais pour le conserver en bonne santé, il faut y ajouter, de temps à autre, des vers de farine et à la saison, de petites sauterelles et des œufs de fourmis. Cette alimentation sera variée par du mouron, de la laitue et de la mie de pain blanc imbibée de lait bouilli expurgée de son liquide.

Chasse. — Il tombe facilement dans les pièges à la voix d'un appelant. C'est ce qui explique le grand nombre qu'on voit dans le commerce à ce moment. Les oiseleurs l'expédient en Europe dans les derniers jours d'avril.

Captivité. — Il s'habitue vite à la captivité. Son chant n'a pas l'éclat qu'on lui prête; il est faible, mais assez agréablement modulé et d'une grande ressemblance avec celui du Rouge-Gorge.

Ce charmant Passereau se reproduit assez difficilement sous notre climat. Cependant, dans ces derniers temps, M. Chiapella, à Bordeaux, est parvenu à le faire nicher en serre. Nul doute qu'avec des soins on n'arrive à obtenir le même résultat en volière plantée d'arbustes. A ce moment, il est indispensable de lui fournir, en quantité suffisante, de petites sauterelles, des mouches et des vers de farine.

Malgré son peu d'empressement à se reproduire, au printemps, il se montre d'une grande agitation. Quand on laisse deux mâles dans la même cage, ils se poursuivent avec acharnement. Il agit de même avec ses autres compagnons, il les déplume et se suspend à leur queue qu'il arrache. Il faut éviter également de le mettre avec un Ministre : ce serait la guerre à outrance et la mort de l'un ou de l'autre.

5. **Le Pape multicolore.** — SPIZA VERSICOLOR. — *Caractères*. — La taille du Pape multicolore est celle de son congénère de la Louisiane. Son plumage d'un rouge pourpre foncé chatoie agréablement l'œil par des reflets variés. Le front, les lorums et la gorge sont noirs ; l'œil est entouré d'un cercle vermillon ; la partie antérieure de la tête, les joues, les petites couvertures des ailes ainsi que le croupion sont bleu-lilas ; les couvertures supérieures de la queue de nuance bleu-sombre ; les rémiges et les rectrices brun foncé, les premières, bordées de gris, et les secondes, de bleu foncé. La gorge est rouge pourpre teinté de gris ; les parties inférieures de nuance pourpre, à l'exception de la région abdominale qui est grise.

Distribution géographique. — Son aire de dispersion s'étend du Mexique à Rio Grande. On le rencontre également dans toute la partie nord-est du Brésil.

Nourriture. — Le régime du Pape multicolore est le même que celui du Pape de la Louisiane.

Captivité. — Sa beauté fait regretter son excessive rareté.

Il s'est reproduit, en 1880, chez M. H. Schleusner, à Amsterdam, dans un panier qu'il a tapissé de mousse, de fil de coton, de filaments de plantes et de plumes. Deux œufs tachetés de points violets ont donné naissance à des petits que la mère a élevés avec des œufs de fourmis et des vers de farine.

6. **Le Pape de Leclancher.** — SPIZA LECLANCHERI. — Parmi les variétés de Papes actuellement connues, l'une des plus remarquables est celle de Leclancher.

Caractères. — On retrouve chez cette espèce tout l'éclat de son congénère de la Louisiane avec des modifications de coloris. Le mâle a le sommet et le derrière de la tête bleu de mer ; le dos varié de jaune et de vert ; la queue brune avec des reflets violets ; les ailes de même nuance bordées de vert et agrémentées de bleu ; la gorge jaune ; la partie supérieure de la poitrine jaune-orange, teinte qui se change en jaune pâle sur le ventre et les régions inférieures. Le bec est brun ; les pieds de même couleur.

Distribution géographique. — Comme le précédent, il habite le Mexique et son aire de dispersion semble s'étendre aux mêmes contrées.

Mœurs et habitudes. — On ne sait rien de ses mœurs à l'état libre.

Captivité. — La beauté de son plumage fait éprouver les regrets que nous avons exprimés à propos du Pape multicolore.

Nourriture. — En captivité, ce Passereau a besoin des mêmes soins et de la même nourriture que celui de la Louisiane.

7. **Le Ministre.** — CYANOSPIZA CYANEA. — Veuve bleue, Ministre, Linotte bleue sont les noms divers sous lesquels les naturalistes désignent cet oiseau.

Caractères. — Sa taille est celle du Serin. Le bec, brun à l'époque des amours, pâlit un peu à l'entrée de l'hiver ; les pattes sont brunes. Tout le plumage du mâle brille d'un beau bleu de ciel tirant sur le vert de mer, à l'exception de la tête et du cou dont la nuance est plus foncée. Les grandes pennes des ailes, de nuance brune, sont liserées de bleu ; une teinte plus claire distingue celles de la queue. La captivité transforme en bleu foncé cette belle couleur d'azur. Ce changement malheureusement n'est pas le seul. Comme beaucoup d'oiseaux exotiques, le Ministre subit deux mues : l'une, au printemps, qui lui fournit le vêtement que je viens de décrire ; l'autre à l'automne, de teinte grise, mêlée de bleu et de vert, qu'il conserve jusqu'en mars ou en avril. Sous cette livrée, sa physionomie est celle du Moineau. A ce moment, la femelle lui ressemble. Elle n'en diffère que par les pennes de l'aile, rembrunies chez le mâle et verdâtres chez elle.

Le plumage des jeunes ressemble à celui de la femelle avec des bordures tirant sur le bleu aux plumes des ailes et de la queue.

Distribution géographique. — On le rencontre dans toute l'Amérique septentrionale, mais plus particulièrement à la Caroline.

Mœurs et habitudes. — Dans les premiers jours d'avril, il se montre en assez grand nombre dans l'État de New-York, au moment où les jardins et les vergers sont en fleurs. Il paraît fréquenter de préférence les parties montagneuses.

Il construit son nid dans les fourrés près du sol, avec des brins d'herbe et des chaumes. La ponte, qui est de 4 à 5 œufs, ponctués de brun, se renouvelle deux ou trois fois par an.

Le chant de ce Passereau, que l'on a comparé à celui de la Linotte, n'en a ni la variété, ni l'éclat. Il ressemble plutôt à la petite chanson du Roitelet. Quoi qu'il en soit, il n'est pas sans charme, et son beau plumage en fait un magnifique hôte de volière.

Nourriture. — A l'état libre, sa nourriture se compose d'insectes et de graines de diverses sortes. En captivité, il mange de l'alpiste, du millet, de la graine d'œillette, de chicorée sauvage. Pour suppléer aux insectes, il est bon de lui donner, chaque jour, dans un godet à part, de la mie de pain blanc imbibée de lait bouilli et expurgée du liquide. Du mouron, de la laitue, de la mache sont des compléments indispensables.

Captivité. — Il se familiarise vite. En peu de temps il vient prendre à la main les vers de farine qu'on lui présente et pour lesquels il a un goût prononcé.

C'est un oiseau migrateur qui, au printemps et à l'automne, sous l'influence de la loi, qui le pousse à changer de région, devient en captivité, durant les nuits, le trouble-repos de ses compagnons.

Tranquille et doux de caractère, en temps ordinaire, il se montre batailleur et méchant à la saison des amours. Si, à ce moment, il pourchasse les oiseaux qui vivent dans sa société, à plus forte raison ne supporte-t-il aucun autre mâle de son espèce.

Le Ministre paraît sur les marchés d'Europe à la même époque que le Pape, c'est-à-dire à la fin d'avril ou au commencement de mai. Pour faciliter son acclimatement, il est utile de lui donner des larves de fourmis, des vers de farine et des sauterelles. Il ne saurait du reste, vivre exclusivement de graines. Il réclame les mêmes soins que le Pape. Comme lui, il a une grande propension à prendre trop d'embonpoint, et à mourir de congestion. Pour mieux surveiller son régime, il est préférable de le tenir isolé.

Il ne s'est point encore reproduit sous notre climat, que je sache, malgré tous les essais tentés à ce sujet. C'est un motif pour attirer l'attention des amateurs et s'appliquer à triompher de la difficulté. Il est vrai que les femelles sont rares, mais le nombre en augmenterait, si les demandes s'en multipliaient.

8. **Le petit Chanteur de Cuba.** — Fringilla canora. — *Caractères*. — Dans le commerce on le désigne quelquefois sous le nom de *Bouvreuil olive* ou de *Sincerini*.

Sa taille est celle du Sénégali et d'un aspect gracieux. Sur le ton olive de son plumage, se détache la couleur noire foncée de la face antérieure et de la poitrine, rehaussée par une demi-collerette d'un beau jaune safran. Le bec est noir, l'œil brun. Chez la femelle, la couleur olive est foncée; la gorge est d'un gris noirâtre et la collerette de nuance terne.

Le costume des jeunes est vert olive foncé ; le mâle se remarque de bonne heure à son collier jaunâtre. Jusqu'à la première mue, le plumage reste foncé ; mais peu à peu le noir s'accentue et la transformation devient vite complète.

Le titre pompeux de *Chanteur* qu'on lui a donné n'a rien

de justifié. A l'époque des amours, il se contente de faire entendre quelques notes à peine perceptibles.

Distribution géographique. — On trouve ce passereau dans l'île de Cuba, d'où lui est venu son nom.

Mœurs et habitudes. — Bien que doux, il se montre agressif dans le voisinage de son nid, qu'il construit en forme de bourse, dans les buissons épais, avec des filaments de plantes, des fibres de coco, des brins d'herbe, du coton et du crin. Sur un des côtés est ménagé un couloir qui conduit à l'intérieur. Ce nid, artistement édifié, est rarement découvert. Le travail dure de six à huit jours. Le mâle et la femelle y prennent part tous les deux. La ponte est de quatre œufs, de nuance bleu-verdâtre, ponctuée de blanc. Elle se renouvelle deux à trois fois par an, quelquefois jusqu'à six fois. L'éducation des petits demande quatre semaines.

Nourriture. — A l'état libre, le Chanteur de Cuba vit de graines et d'insectes. En captivité, son régime doit être celui de l'Astrild gris.

Captivité. — En volière, il choisit un arbuste pour y établir son nid, auquel il donne la forme que nous venons de décrire. Il se reproduit également en cage, dans un boulin ou dans un panier à serin. Une fois les petits élevés, il faut avoir soin de les retirer pour ne point gêner les parents dans la construction d'un nouveau nid.

Ce charmant oisillon, fort recherché des amateurs par sa facilité à se reproduire, est encore d'un prix élevé. Une fois acclimaté, il se montre assez robuste pour supporter nos hivers dans une pièce non chauffée.

9. **Le grand Chanteur de Cuba.** — FRINGILLA LEPIDA. — *Caractères.* — « Le grand Chanteur de Cuba, dit Russ, a une très grande ressemblance avec son congénère, le Petit chanteur. Sa taille est un peu plus forte. Sur la gorge, qui est noire aussi, la collerette jaune manque; mais un double trait de nuance safran, passe en dessus et en dessous de

l'œil. La femelle est de couleur plus foncée ; les traits de l'œil sont moins vifs et moins accusés. Également gai, il rachète son manque d'éclat par son amabilité et sa bonne grâce. En cage, il se montre vif et parfois taquin envers ses compagnons de captivité. A la saison des nids, il pourchasse le petit Chanteur de Cuba. On le voit peu souvent dans le commerce et plus rarement encore la femelle. De 1884 à 1886, il s'est reproduit chez le Dr Frenzel, à Freiberg. La livrée des jeunes ressemble à celle de leurs congénères, moins le jaune. Le couple nicha dans une caisse de bois blanc. »

Distribution géographique. — On le trouve à Cuba, Porto-Rico et à la Jamaïque.

Nourriture. — Le grand Chanteur de Cuba réclame les mêmes soins que le Bec de corail.

10. **Le Moineau franc.** — Fringilla domestica. — *Caractères*. — Le gris, le roux, le brun et le noir diversement mariés, suivant l'âge et le sexe, forment l'ensemble du plumage, d'où ressort une teinte grise générale, tirant sur le roux sur le dos et les ailes. La femelle, un peu plus petite, est dépourvue de la tache noire qui orne la gorge du mâle. Au premier âge, les jeunes lui ressemblent.

Le Moineau est répandu dans tout l'ancien continent, à l'exception du centre de l'Afrique.

Distribution géographique. — « Dans quelque contrée qu'il habite, dit Buffon, on ne le trouve jamais dans les lieux déserts, ni même dans ceux qui sont éloignés du séjour de l'homme. Les Moineaux sont, comme les rats, attachés aux habitations ; ils ne se plaisent ni dans les bois, ni dans les vastes campagnes ; on a même remarqué qu'il y en a plus dans les villes que dans les villages et qu'on n'en voit point dans les hameaux et dans les fermes qui sont au milieu des forêts ; ils suivent la société pour vivre à ses dépens ; comme ils sont paresseux et gourmands, c'est sur les provisions toutes faites, c'est-à-dire sur le bien d'autrui, qu'ils prennent leur substance. »

A l'appui de ces observations, un naturaliste moderne cite des localités, la Thuringe, en particulier, où le Moineau est tout à fait inconnu, malgré les efforts faits pour l'y attirer.

Introduit récemment en Australie et dans l'Amérique du Nord, il y a porté ses mœurs et ses habitudes européennes.

Après le temps des amours, le Moineau recherche la société de ses semblables ; même à ce moment, et en dépit de la jalousie, les mâles s'appellent et se réunissent.

Pendant l'été, à l'automne surtout, lorsque les jeunes ont pris leur essor, il s'éloigne un peu des habitations pour faire des incursions dans les champs, où on le voit sur les haies, en bandes nombreuses. Il passe la nuit dans les charmilles et les arbres touffus qui résonnent de ses cris assourdissants au moment du coucher. A l'approche de l'hiver, il se construit un nid pour s'y défendre contre le froid.

De mars à septembre, les soins de la famille l'occupent constamment.

Très ardent il ne niche pas moins de trois fois par an.

Tout lui est bon pour son installation : trou de mur, poutre en saillie, rebord de croisées. Le choix des matériaux ne le préoccupe pas davantage. Il se contente de charrier tout ce qui lui tombe sous le bec : foin, paille, plume, papier, etc. Toutefois, lorsqu'il se décide à construire dans les arbres, il sait se montrer architecte. Il entrelace avec habileté le foin et la paille. Le nid revêt alors la forme sphérique. Pour rendre la demeure plus chaude, il ne lui laisse qu'une ouverture ronde vers le haut.

L'habitude de vivre au milieu de nous n'a rien enlevé au Moineau de sa prudence. S'il paraît indifférent à la présence de l'homme et se déranger à peine, sur les routes ou les voies publiques, pour le laisser passer, il ne cesse jamais d'être vigilant. Le moindre objet nouveau attire son attention et le met sur ses gardes. Lorsqu'il est bien convaincu des sentiments de bienveillance à son égard, il consent, sans se départir de sa prudence, à se montrer moins défiant. Nous en avons des exemples journaliers dans le Pierrot de Paris. Certaines personnes parviennent si bien à capter sa confiance, qu'elles l'amènent non seulement à ramasser, à leurs pieds, les miettes de pain qu'elles lui distribuent, mais encore à les prendre à la main.

On a discuté et on discute encore les services rendus, par les Moineaux, au jardinage et à l'agriculture ; mais l'histoire du Grand Frédéric, roi de Prusse, mettant, dans ses États, leur tête à prix, et forcé plus tard d'en propager l'espèce pour remédier, par un mal moindre, à un mal plus grand, est le meilleur plaidoyer en leur faveur.

Nourriture. — Le Moineau vit de graines et de fruits. Au printemps, il nourrit ses petits et se nourrit lui-même d'insectes, de chenilles vertes surtout dont il fait une grande consommation. Il est particulièrement friand de l'avoine à demi-digérée qu'il trouve sur les routes, dans le crottin des chevaux. Millet, viande, pain blanc imbibé de lait lui plaisent également, comme tout ce qui vient de la table.

Chasse. — La méfiance le garantit des pièges. Pour le prendre, on tend, après son coucher, un filet devant le trou qu'il habite.

On élève les jeunes avec du pain mouillé de lait bouilli additionné de jaune d'œuf.

Captivité. — A moins d'élever le Moineau pour jouir de sa familiarité, il n'offre aucun intérêt. Sa voix est rauque et fatigante. Son caractère jaloux le rend désagréable à ses compagnons de cage. Il niche sans difficulté en volière, même avec la femelle du Friquet. Il suffit de pendre dans un coin un pot percé.

11. Le Moineau Friquet. — Fringilla montanus. — *Caractères.* — L'éclat du plumage de cet oiseau est plus intense que celui de son congénère, le Moineau domestique. Si, à quelque différence près, les nuances sont les mêmes, il se reconnaît à un anneau qu'il porte au cou, et aux deux bandes blanches au lieu d'une qui barrent l'aile. Sa taille est également plus petite.

Distribution géographique. — On le trouve non seulement en Europe, mais encore dans tout le nord de l'Asie et de l'Amérique.

Mœurs et habitudes. — Contrairement aux habitudes du Moineau domestique, il fréquente les lisières des taillis, les champs plantés d'arbres et de haies, les saussaies et les oseraies. Il ne se rapproche des habitations et des fermes que pendant l'hiver. Comme lui, il vit en société, à part le temps des amours.

A l'automne, il se réunit aux bandes de l'espèce domestique qui parcourent la campagne, où les champs ensemencés leur offrent des ressources abondantes.

Pour trouver son nid, il faut aller le chercher dans les oseraies le long des cours d'eau, dans les saules creux. Le même peu de goût que celui de son congénère préside à sa confection. Le nombre des couvées varie entre deux ou trois par an. Le mâle et la femelle couvent alternativement pendant treize ou quatorze jours. La ponte est de cinq à sept œufs chaque fois, assez semblables à ceux du Moineau domestique.

Nourriture. — Sa nourriture se compose d'insectes, de graines et de fruits; mais les insectes paraissent entrer plus particulièrement dans son régime.

Chasse. — Il donne sans défiance dans tous les pièges.

Captivité. — En volière, le Friquet s'accouple avec le Moineau domestique et produit des métis féconds.

Les petits s'élèvent comme ceux du précédent. Toutefois, cet oiseau est plus délicat. Des vers de farine, un peu de cœur de bœuf haché, mêlé à de la mie de pain humectée et à du chènevis écrasé, varieront utilement sa nourriture. On ajoutera un peu de verdure.

12. **Le Sizerin boréal.** — FRINGILLA LINARIA. — *Caractères*. —Le Sizerin boréal, ou Cabaret de Buffon, a une grande res-

semblance de plumage avec la Linotte, mais par ses mœurs et sa taille il se rapproche du Chardonneret. Sa longueur est de 14 centimètres environ. La partie antérieure de la tête est rouge clair ; la gorge noire ; la partie supérieure du cou et les côtés de la poitrine rose vif, bordés de blanc ; le reste du dessous du corps blanc. Au brun foncé du dos, tacheté de blanchâtre et de jaune rouillé, succède, sur le croupion, une teinte rose. Les pennes des ailes et de la queue sont noires, bordées de gris ; deux bandes blanches traversent l'aile. Le bec est très pointu et jaune.

La femelle a rarement du rouge, à moins qu'elle ne soit très vieille. Du reste, elle est un peu plus petite que le mâle. Le premier plumage des jeunes est gris brun avec des bandes longitudinales.

Distribution géographique. — Bien que le Sizerin soit répandu dans toute l'Europe, son vrai pays est le Nord, c'est-à-dire la Suède, la Norwège et la partie moyenne de l'Islande. L'Amérique du Nord a aussi le sien ; mais on se demande si cet oiseau n'est pas le même que le Sizerin d'Europe. En tout cas, il en est le représentant, dit Brehm.

Mœurs et habitudes. — Le Sizerin est gai et vif. Non moins agile que la Mésange, il grimpe et se suspend, comme elle, la tête en bas. Il aime la société. Quand les Sizerins ont formé des bandes, ils rappellent à grands cris ceux qui s'en détachent. A défaut de leurs semblables, ils s'unissent aux Linottes sans que jamais querelle ne surgisse entre eux.

Il arrive dans nos contrées à la fin d'octobre, pour en repartir en mars et en avril. Ces migrations ne s'effectuent pas d'une manière régulière. Certaines années on en voit peu. Leur apparition, par bandes plus ou moins nombreuses, concorde avec le degré d'abondance ou de disette qui se manifeste à l'approche de l'hiver.

« En parcourant les immenses forêts de bouleaux des régions du Nord, dit le naturaliste que je viens de citer, on comprend pourquoi les Sizerins ne viennent pas en même nombre chaque hiver. Ils n'ont nul besoin de se déplacer tant qu'ils trouvent en abondance les fruits du bouleau dont ils font leur nourriture principale; ce n'est que lorsque ceux-ci font défaut qu'ils sont forcés de se diriger vers d'autres contrées [1] ».

On découvre rarement des nids de Sizerins, et sans Boje qui, le premier, en rencontra un près de Norweck et en donna la description, on ne saurait rien de sa construction.

« Il était établi, dit-il, sur une branche de bouleau et ressemblait tout à fait à celui de la Linotte; intérieurement il était tapissé de plumes de Lagopède. Il renfermait quatre œufs d'un blanc verdâtre et ponctués d'un brun rougeâtre. »

Les habitudes de ce Fringillidé sont encore imparfaitement connues. Les difficultés de pénétrer dans les vastes forêts où il fait son nid l'été sont les causes de cette ignorance. Le plus grand de ces obstacles provient de la grand quantité de moustiques qui pullulent dans ces bois. Leur piqûre douloureuse fait reculer le voyageur le plus hardi qui serait tenté de s'y aventurer.

Nourriture. — L'oiseau, au contraire, trouve là, pour lui et sa famille, durant la belle saison, dans les mouches et les larves de tout genre, une nourriture copieuse et, plus tard, dans les fruits du bouleau, une ressource non moins précieuse.

A son passage en France, il recherche les endroits plantés d'aunes et où croît le bouleau; mais il ne dédaigne pas la graine de lin, de navette, voir même les semences de pin. Il aime aussi le chènevis, l'œillette et le millet.

Captivité. — Ce serait un magnifique habitant de volière si la captivité ne faisait disparaître de sa livrée la belle couleur carmin qui couvre son front et sa poitrine; mais la perte de cet avantage est compensée par sa facilité à s'apprivoiser, sa docilité à se prêter aux exercices de la galère.

---

[1] Brehm, *Les Oiseaux*.

En le mettant au grand air et à la lumière, en variant sa nourriture de graines, de verdure et de pâtée principalement, on arrive à lui conserver la beauté de son plumage, mais pour cela il faut l'isoler afin de pouvoir diriger son régime et le soumettre, au moment de la mue, à l'eau de la Bourboule.

13. **Le Serin.** — SERINUS CANARIUS. — L'importation du Serin en Europe ne date que du XVIe siècle. Depuis, le Canari s'est acclimaté sous le ciel d'Europe ; il y a reproduit, et aujourd'hui l'espèce en est répandue jusqu'en Sibérie et en Asie. Le climat et des alliances avec des oiseaux analogues en ont modifié le plumage. De gris vert, couleur primitive, la teinte a passé par bien des nuances. La robe seule du Serin vert rappelle celle du Canari sauvage. Quant au chant, il est resté le même.

De nos jours, l'élevage des Serins donne lieu, en Allemagne et en Hollande, à un commerce qui se chiffre par des sommes importantes.

Les Hollandais, dont le ciel n'a guère de soleil lumineux et dont le climat n'est rien moins que clément, élèvent en plein air leurs Serins et se vantent d'en posséder la plus belle race. Voici la description que fait M. van Mœrsen du haras qu'il possède à quelques kilomètres d'Amsterdam :

« Ma pelouse verdoyante s'étend, par une pente graduée, jusqu'à la lisière d'un large parc, qui s'ouvre sur des perspectives presque illimitées. A la maison se rattache un terrain plein de beaux arbrisseaux de toute espèce, soigneusement entretenus. Cette forêt d'arbrisseaux s'étend tout autour de la maison. A gauche, immédiatement au delà du jardin où l'on cultive des fleurs, et dans un coin abrité, se trouve une pièce d'eau ombragée par des arbres autour de laquelle se rassemblent les oiseaux pour jouir de la fraîcheur.

« Les Serins vivent nuit et jour en parfaite liberté dans cet Eldorado ; ils y construisent leur nid, ils y couvent leurs œufs, ils y élèvent leurs petits, ils s'y ébattent et y chantent. » (H. Berthoud).

L'expérience a démontré que le Serin ne cherche pas à quitter l'endroit où il trouve sa nourriture; mais pour se permettre ce mode d'élevage, il faut jouir d'une propriété étendue et isolée, sous peine de voir les pensionnaires aller se faire prendre chez le voisin.

Ajoutons, pour terminer cette monographie du Serin domestique, que trois siècles de reproduction sous notre ciel ont si bien moulé, pour ainsi dire, sa constitution au climat d'Europe, qu'il supporte, sans paraître en souffrir, des températures de 10 à 12°. Il aime l'air et la lumière, et si l'on veut le faire chanter, on n'a qu'à le mettre à la fenêtre. Ne voyons-nous pas journellement de malheureux Serins accrochés à des croisées par une bise froide et glaciale? Au lieu de faire la moue et de se mettre en boule, ils jettent au vent leur gaie chanson, comme s'ils étaient heureux de respirer l'air.

Nourriture. — La nourriture la plus simple est en même temps la plus saine. Des aliments trop échauffants poussent les femelles à la reproduction. Il arrive alors que, les couvées se succédant à des intervalles trop rapprochés, les mères, préoccupées d'un nouveau nid, abandonnent leurs petits insuffisamment développés. Ils se trouvent très bien de la navette gonflée dans l'eau, du millet, de l'alpiste. On y ajoute du pain trempé; quelques personnes l'imbibent de lait; mais, dans ce cas, il faut avoir la précaution de le faire bouillir pour éviter la fermentation. Quand ils ont les petits, à ce moment seulement, il sera bon de leur donner un peu de jaune d'œufs et de chènevis écrasé. Du mouron, de la laitue, un quartier de pomme ou de poire, quelques fruits doux varient utilement cette alimentation qu'on peut compléter de temps à autre, par du riz crevé dans du lait.

Reproduction. — Pour former une volière de Canaris, dit Lenz, il faut choisir des mâles qui n'aient pas trop d'embonpoint; les femelles grasses deviennent malades avant chaque ponte, meurent souvent, et leurs œufs n'éclosent pas ou ne produisent que des petits très faibles.

« Celui qui veut élever des Serins pour son plaisir se laisse naturellement guider par son goût, mais il faut remarquer :

« 1º Que les Canaris entièrement verts ou tachés de vert, sont robustes, mais enclins à crier trop fort;

« 2º Que les Canaris jaune brunâtre ou jaune foncé sont délicats et peu féconds;

« 3º Que les Canaris à yeux rouges sont faibles;

« 4º Que, si l'on préfère les Canaris huppés, il faut prendre garde que la huppe n'ait pas, surtout en arrière, la moindre place dégarnie de plumes ».

On fait beaucoup de cas de la race hollandaise; si elle est plus grande et plus forte, en revanche, elle est plus délicate et chante peu.

Plusieurs procédés sont employés pour l'accouplement des Serins. Les uns mettent un mâle au milieu de trois ou quatre femelles; d'autres les associent par couple. Ce dernier mariage est non seulement conforme à la nature, mais il évite un inconvénient de la polygamie. Le mâle, au lieu d'aider les femelles à élever leur famille, se désintéresse de ce soin, ou bien il ne s'occupe que des petits de la préférée, et la tâche devient trop lourde pour celle qui est reléguée au seconnd rang. Bechstein prétend pourtant que c'est de celle-ci qu'on tire en général les meilleurs oiseaux et même en plus grand nombre.

Lorsqu'on veut utiliser un mâle pour deux femelles, longtemps avant la saison des amours, c'est-à-dire avant le mois d'avril, il est nécessaire de réunir les deux Serines dans une cage à double compartiment, divisée par une porte tombante. Une fois les deux oiseaux habitués à la vie commune, on isole l'une des femelles avec le mâle, et quand elle commence à couver, on fait passer le Canari dans la seconde chambre nuptiale. Après la ponte de la seconde fiancée, on peut lever la petite porte sans inconvénient. Le mâle visitera ses femelles sans que la jalousie s'en mêle.

De jeunes mâles unis à des femelles plus âgées, produisent plus de mâles que de femelles. L'époque la plus favorable à l'appariage est, ainsi que nous venons de le dire, le mois d'avril. Plus tôt, la saison est encore trop froide et les couvées ne réussissent généralement pas. Le moment venu, on met à la disposition du ménage de la bourre, du crin, du foin, de la laine coupée, ainsi que du duvet et un peu de plumes. Si le nid est tout fait, ils le matelassent à leur guise; si, au contraire, ils ont à leur disposition de petits arbustes pour l'y établir, ils céderont à leur instinct et le construiront de toute pièce.

Le nombre d'œufs est très variable. Il paraît dépendre de l'âge et de l'espèce. L'incubation dure treize jours. Les jeunes mâles, à trois semaines, se reconnaissent déjà par leurs gazouillements. Si l'on tient à leur apprendre à siffler des airs, il faut les isoler de bonne heure et, cinq ou six fois par jour, le matin et le soir principalement, leur répéter les motifs, soit à l'aide d'une serinette, soit sur le flageollet, soit même avec la bouche, mais toujours dans le même ton.

La femelle du Serin se prête facilement à des unions étrangères. Elle s'accouple volontiers avec le Tarin, le Verdier, le Chardonneret, le Cini ou Serin méridional, la Linotte, quelquefois même avec le Pinson. Elle accepte également les hommages du Foudi, du Combassou et de la Veuve au collier d'or.

De ces différents mariages naissent des métis dont le plumage produit des variétés de couleurs aussi agréables que curieuses.

CANARI SAUVAGE. — « L'homme, dit Bolle, s'est emparé de cette espèce, l'a transportée au loin, l'a associée à son sort et est arrivé à la modifier tellement, que Linné et Buffon ont pu s'y tromper au point de prendre le petit oiseau jaune-d'or, que tous nous connaissons, pour type de l'espèce et complètement négliger l'espèce-souche au plumage verdâtre qui est restée invariable. »

4.

Avant Humboldt, qui, le premier, parle avec connaissance de cause du Serin des Canaries qu'il a pu observer à Ténériffe, ajoute un écrivain de nos jours, tous les naturalistes ornaient de leurs hypothèses le peu qu'ils savaient des mœurs de cet oiseau, et sans Bolle, nous ne saurions rien à l'heure actuelle de ses habitudes dans sa patrie.

Voici le portrait qu'en fait Brehm d'après les indications de ce voyageur :

Caractères. — « Ce Serin est plus petit et plus élancé que le Canari domestique d'Europe. Les vieux mâles ont le dos vert jaune rayé de noir, les plumes largement bordées de gris cendré clair, qui vient presque la couleur dominante. Le croupion est vert-jaune; les couvertures supérieures de la queue sont vertes, bordées de gris-cendré; la tête et la nuque sont vert jaune, avec des bords gris très étroits; le front est jaune verdâtre; il en de même de la gorge, de la partie supérieure de la poitrine et d'une large bande qui, partant de l'œil, se dirige, en se recourbant, vers la nuque; les côtés du cou sont d'un gris cendré. La partie inférieure de la poitrine est jaunâtre; le ventre et les plumes inférieures du croupion sont blanchâtres; les épaules vertes, bordées de noir et de vert pâle; les pennes des ailes sont noires, légèrement liserées de vert; celles de la queue sont d'un gris-noir frangées de blanc. » (Brehm.)

Distribution géographique. — Bolle a rencontré cet oiseau dans les cinq îles boisées du groupe des Canaries : Ténériffe, Gomera, l'île de Fer, et la Grande-Canarie. Selon ce voyageur, il a dû habiter autrefois plusieurs autres îles, aujourd'hui complètement déboisées.

Mœurs et habitudes. — Le Canari fréquente les jardins et les champs de culture. On le trouve également dans les lieux déserts, le long des cours d'eau, dont les rives sont bordées d'arbustes. Il paraît fuir les bois obscurs. Bolle l'a vu en grand nombre dans les forêts de pins qui couvrent le flanc des montagnes, à une altitude de 1600 à 1900 mètres.

Séjourne-t-il l'hiver sur ces hauteurs, ou descend-il à la mauvaise saison ? C'est ce qu'on ignore. En tout cas, ce voyageur a constaté sa présence, sur la fin de l'automne, le long des pentes de 1500 mètres.

Ses goûts paraissent être les mêmes que ceux de son frère européen. « Il vit de petites graines, de feuilles tendres, de salade ou autres substances pareilles. Pour lui, une figue mûre est une friandise ; il en mange avec volupté la chair succulente et les petites graines, mais il ne l'entame que lorsque, par suite de maturité, elle a éclaté spontanément.

« Les Canaris ont impérieusement besoin d'eau ; souvent on les voit voler en société vers les ruisseaux pour s'y abreuver, s'y baigner, se mouiller complètement. »

Ils s'accouplent et construisent leurs nids dans la première moitié de mars. « Jamais, dit Bolle, je ne les ai vus s'établir à moins de 2^m,50 du sol, et souvent plus haut. Ils semblent rechercher les arbres élevés, et parmi eux les arbres verts. Très souvent ils nichent sur les poiriers et les grenadiers, aux branches nombreuses et cependant éparses ; plus rarement ils se fixent sur les orangers, dont la cime est trop obscure ; jamais, paraît-il, sur les figuiers. Le premier que je vis était établi à la bifurcation d'un buis haut de 4 mètres, qui s'élevait d'un buisson de myrthe. Son fond seul touchait les branches. Large à la base, il était étroit du haut, parfaitement arrondi, régulièrement construit. Il était formé du duvet blanc de plusieurs plantes et soutenu par quelques chaumes desséchés. »

Les œufs ressemblent à ceux du Canari domestique. 4 à 5 paraissent être le nombre habituel d'une couvée. « La captivité n'a exercé aucune influence sur la durée de l'incubation. Chez le Canari sauvage, elle dure aussi treize jours environ. La mue commence à la fin de juillet et termine la saison des amours.

« Les Serins sauvages chantent comme les Canaris domestiques. Le chant de ceux-ci, en effet, n'est point un produit de l'éducation; il est resté tel qu'il était autrefois. » C'est probablement le motif qui fait qu'on ne le recherche pas et qu'on le voit si rarement en Europe. A cette raison il faut ajouter celle de sa complexion délicate. Quelques précautions qu'on prenne, dit encore Bolle, il en meurt la moitié durant la traversée. Une fois arrivés, l'époque de la mue est encore un moment qui en voit succomber un certain nombre. Le prix, du reste, en est élevé. « A Santa-Cruz, quand on en achète plusieurs et qu'on choisit les jeunes, on les paie environ 30 centimes. Les vieux mâles, récemment pris, valent 1 fr. 20. A la Grande-Canarie, les prix sont plus élevés, quoique tout y soit généralement très bon marché. »

On voit par ces chiffres que la mortalité augmenterait, dans une notable proportion, le prix auquel reviendrait un Canari sauvage. Aussi préfère-t-on s'en tenir au Serin domestique, dont le chant est le même, sans avoir à faire son acclimatation.

Comme toutes les femelles des oiseaux exotiques, en général, celles des Canaris sauvages sont lentes à se décider à reproduire. Il n'en est pas de même des mâles.

« En 1857, à l'époque des amours, termine Bolle, je mis une femelle dans une volière avec plusieurs mâles sauvages et domestiques; elle ne s'accoupla point. Les mâles sauvages, par contre, s'unirent très facilement aux femelles domestiques; ils sont pour elles de tendres et de fidèles époux; jamais ils ne négligent de nourrir leur compagne et passent la nuit perchés sur le nid. Ils menacent du bec tout oiseau qui s'approche. »

14. Le Serin méridional. — SERINUS MERIDIONALIS. — *Caractères*. — Ce petit oiseau a une grande ressemblance avec le Serin vert. Sa taille est un peu plus petite; il ne mesure guère que 11 centimètres. Le bec est court et épais. Toute la poitrine et la face inférieure sont jaunes, teintées de vert; cette dernière nuance se retrouve mêlée de lignes noires sur la nuque, le dos et les ailes, dont les grandes couvertures bordées de jaune présentent, par suite de cette disposition, une bande transversale de cette couleur. Les rémiges sont noirâtres, de même que les plumes de la queue avec bordures gris-rougeâtre. Sur les flancs s'étendent des taches noires longitudinales. La queue, longue de cinq centimètres, est fourchue.

La femelle ne diffère du mâle que par les couleurs de sa robe qui sont plus pâles et plus parsemées de noir.

Distribution géographique. — Le Serin méridional, connu en Provence sous le nom de *Cini*, appartient aux contrées du Sud.

Mœurs et habitudes. — Il est erratique, c'est-à-dire que, sans émigrer, à proprement parler, il se livre à des pérégrinations plus ou moins étendues. Il erre, durant tout l'hiver, de côté et d'autre. Il est très commun dans les environs d'Arles et de Marseille, d'où il remonte, au printemps, la vallée du Rhône pour se répandre dans le Dauphiné, la Bourgogne et la Suisse. Depuis quelques années seulement, il a pénétré au centre de l'Allemagne où il était inconnu. Il y arrive au mois d'avril par grandes volées pour en repartir en octobre. Les mâles précèdent de huit jours l'arrivée des femelles.

Il recherche les jardins plantés d'arbres au voisinage des potagers. D'après Hoffmann, il montrerait une préférence marquée pour établir son nid sur les poiriers. En Espagne, où il est très nombreux, dit Brehm, sans être exclusif, il recherche le citronnier. Ce nid est fait avec beaucoup d'art: de menues racines, de foin et de lichen extérieurement, de poil, de crin et de plumes intérieurement. La ponte est de 4 à 5 œufs; l'incubation dure de treize à quatorze jours. D'avril à juillet, on trouve des couvées, ce qui fait supposer deux nichées au moins par an. Une fois la famille élevée, ils se réunissent aux bandes de Chardonnerets et de Bruants qui, à l'automne, parcourent la campagne.

Nourriture. — En liberté, sa nourriture se compose de toutes sortes de petites graines. Captif, il se trouve très bien de la navette, de l'œillette, du millet et de l'alpiste. Si on lui écrase du chènevis que son bec ne lui permet pas de casser, il le mange avec grand plaisir. Le plantain, le mouron, la laitue ne lui sont pas moins agréables, de même qu'une figue verte, un quartier de pomme ou de poire.

Le régime des jeunes pris au nid est celui des jeunes Serins, c'est-à-dire du pain au lait mélangé de jaune d'œuf et de chènevis écrasé ou d'œillette. On peut s'éviter cette tâche en laissant aux parents le soin de les élever. Il suffit de suspendre la cage dans le voisinage du nid.

Chasse. — On le chasse à l'appelant et aux gluaux.

A l'époque des passages, au printemps et à l'automne, on en voit quelques-uns sur le marché de Paris, où on le recherche pour l'apparier avec des femelles de Canaris. En volière, ils se reproduisent entre eux.

Captivité. — Le Serin méridional est un charmant volatile, qui joint à la grâce de la forme le charme d'une voix mélodieuse. Sa bonne humeur en fait un charmant compagnon de captivité. Il aime même une volière bien peuplée.

15. Le Bouton d'or. — SYCALIS FLAVEOLA. — *Caractères.* — La taille de la Sycalis ou Bouton d'or est celle du Serin. Il est d'un beau jaune safran. Une tache orange égaye la tête. La mandibule supérieure est brune, celle inférieure jaune. Il a les pennes des ailes et les plumes de la queue brunes, les pieds couleur de chair. Chez la femelle, la tache orange de la tête est absente ; de plus, son plumage est d'un gris verdâtre.

Distribution géographique. — Ce Passereau est originaire de l'Amérique Méridionale. Il est commun au Brésil d'où, chaque année, au printemps, les oiseleurs en expédient un assez grand nombre en Europe.

Nourriture. — Millet, chènevis, graine d'œillette, de chardon et verdure composent son alimentation ordinaire. A l'époque de la nidification, on y ajoute des larves de fourmis, du jaune d'œuf mêlé d'échaudé et de la pâtée au lait.

Captivité. — Le Bouton d'or niche en volière sans difficulté. Il pose son nid dans un boulin. Quelquefois il s'empare de celui d'un Tisserin ou de tout autre oiseau. Il emploie à la construction extérieure de la filasse, des bandes de papier et de petites racines. Pour l'intérieur, il se sert de laine et de coton. Le mâle et la femelle se relayent pendant l'incubation. De temps à autre, ils couvent tous les deux ensemble. Les œufs sont blancs marqués de taches comme ceux du Moineau. Les petits éclosent au quatorzième jour. Leur costume est celui de la mère sans ton jaune. Ce n'est qu'après la première année qu'ils prennent les couleurs des adultes. A ce moment, la nuance safran se manifeste à la poitrine, au cou et aux épaules; mais ils ne sont vraiment dans tout l'éclat de leur plumage qu'à la troisième année.

Le Bouton d'or ne fait pas moins de deux pontes par an. La première a lieu en janvier quand il se trouve dans une pièce chauffée. Il lui faut, pour se reproduire, une cage spacieuse.

On peut le mettre dans une volière, au milieu d'oiseaux plus gros, tels que Tisserins et Perruches.

Dans une cage étroite, au moment des amours, il se montre souvent méchant et querelleur.

16. **Le Moineau doré.** — Fringilla lutea. — *Caractères*. — Au charme, à la douceur de caractère, ce Passereau joint en même temps la beauté. Il a la tête et les parties inférieures d'un jaune vif; le manteau et les ailes couleur cannelle; le bec noir. Chez la femelle, le jaune est plus terne, les nuances des régions inférieures grisâtres. Sa taille est celle du Moineau des champs.

Distribution géographique. — Son aire de dispersion s'étend à une grande partie de l'Afrique occidentale.

Nourriture. — Un mélange de millet et d'alpiste; un peu de mie de pain blanc imbibée de lait bouilli; quelques vers de farine de temps à autre ; des œufs de fourmis à la saison ; de la verdure comme complément, constituent un ordinaire de son goût.

Dans le commerce on le trouve rarement et plus rarement encore la femelle. « De 1872 à 1875, une femelle du Moineau doré s'est reproduite dans les volières du prince de Saxe-Cobourg-Gotha, avec un mâle d'espèce européenne. A Darmstadt, M. Hiarès a obtenu un heureux résultat avec un couple de ces oiseaux. Les petits issus de cette couvée moururent faute de nourriture appropriée, et particulièrement de larves de fourmis fraîches. » (K. Russ.)

Ce Moineau a l'habitude d'établir son nid dans les boîtes ou les boulins placés le plus près du toit de la volière, c'est-à-dire dans l'endroit le plus élevé. Il le fait d'herbe fine, de fibres de coco, en matelassant avec soin l'intérieur de plumes et de charpie. L'entrée est ménagée avec art. Les œufs sont vert bleu irrégulièrement tachetés de points noirs. Un gris foncé, avec gorge et poitrine blanchâtres, est la couleur des jeunes.

17. Le Moineau d'Abyssinie ou Enfant du Soleil. — Fringilla euchlora. — *Caractères*. — Aussi rare et non moins beau que le précédent, ce Moineau est d'un jaune vif sur le front et le sommet de la tête. Il a les rémiges gris foncé, bordées intérieurement et extérieurement de même nuance plus claire ; les grandes et les petites couvertures des ailes d'un jaune clair ; les plumes de la queue gris foncé avec bordures cendrées des barbes intérieures et extérieures ; le bec brun tirant sur le noir ; l'œil brun ; les pieds couleur de corne.

La femelle ressemble au mâle ; elle n'en diffère que par la partie supérieure du dos qui est brun foncé, et le dessous du corps d'une nuance moins jaune.

Distribution géographique. — Par l'aspect, le port, la voix et les cris d'appel, ce Passereau ressemble beaucoup au nôtre. Il n'est pas jusqu'au nid qui, fait grossièrement de chaume et matelassé de coton et de plume, n'ait quelque ressemblance avec celui de son congénère européen. Il est répandu dans l'Abyssinie occidentale et l'Arabie.

Nourriture. — Il réclame les mêmes soins et le même régime que le précédent.

Captivité. — Il se reproduit en volière. La ponte est de 2 à 3 œufs également semblables à ceux du Moineau des champs, c'est-à-dire de forme allongée, de couleur gris bleu, tachetés de points bruns et noirs.

La femelle couve et nourrit seule les petits avec des vers de farine de préférence à tout autre alimentation.

Ce Moineau vit en bons rapports avec ses compagnons de captivité.

10. **Le Serin de Mozambique.** — Fringilla butyracea. — Ce Fringillidé, que les marchands appellent *La Mozambique*, tout court, est un des rares chanteurs que possède l'Afrique. On retrouve dans ses accents certaines modulations du Serin. La voix est moins puissante, mais elle est accentuée et agréable.

Caractères. — Le plumage de ce petit passereau ne manque pas de distinction. Le dessus du corps est cendré, avec des nuances olive. Les ailes sont barrées de deux bandes à peine perceptibles. Un beau jaune citron lustre le dessous du corps. Les flancs sont vert-olive, lavés de brun. Un trait jaune passe au-dessus de l'œil, qui est brun. Chez la femelle, les couleurs sont moins vives ; le ton brun-olive domine. Le trait au-dessus de l'œil est blanchâtre.

Le Serin de Mozambique fait deux mues par an sans changer de couleurs. Les tons passent seulement du jaune pâle au jaune vif et du gris au cendré clair.

La taille est celle du Tarin. Il est un des oiseaux qui fut apporté des premiers, avec les Sénégalis, de la côte occidentale de l'Afrique. C'est encore mêlé à eux qu'on l'expédie chaque année en Europe.

Distribution géographique. — Son aire de dispersion s'étend du Sénégal au Cap ; dans l'est, jusqu'à Damara. On le trouve au Natal, au Mozambique et dans l'Habesch. Il existe à Madagascar, dans les îles Maurice et Bourbon. On prétend qu'il a été introduit à Sainte-Hélène. Dans ces derniers temps, sa présence à Zanzibar a été constatée.

Mœurs et habitudes. — Ce petit Passereau est fort batailleur ; il ne supporte autour de son nid aucun autre oiseau ; il s'attaque même à de beaucoup plus forts que lui et les met en fuite. Une sorte de chant de guerre précède la lutte. Lors même qu'il est seul au milieu de petits compagnons, à l'époque des amours, il se comporte avec la même aigreur avec eux. Il est prudent de l'isoler à ce moment.

Nourriture. — Sa nourriture est celle du Serin. Au moment de l'élevage, il faut y ajouter des œufs de fourmis, une pâte faite de jaune d'œufs et d'échaudé, ainsi que de mie de pain blanc imbibée de lait bouilli.

Captivité. — Le Serin de Mozambique niche facilement en volière. Il installe son nid dans un panier ou une caisse, rarement dans un buisson. Il le fait d'herbes fines, d'étoupe, de coton, de bandes de papier, de crin et de quelques plumes.

La ponte est de quatre œufs blanchâtres, teintés de jaune pâle. L'incubation dure treize jours. Les petits prennent leur essor vers le vingtième. La femelle construit le nid, secondée par le mâle, qui apporte les matériaux. Elle couve seule. La nichée est élevée en commun par le père et la mère. Une fois sortis du nid, les jeunes Mozambiques sont uniquement soignés par le mâle. Le temps des amours passé, le couple ne s'occupe plus l'un de l'autre.

A défaut de femelle de son espèce, le Serin de Mozambique s'apparie avec celle du Canari. Quelques amateurs ont obtenu des métis avec le Chanteur d'Afrique.

Le Combassou. — Hypochera nitens. — *Caractères.* — Le Combassou ou Loxigelle brillante mesure 10 centimètres. Le mâle, en couleur, est d'un beau noir brillant tirant sur le bleu. Il a le bec blanc et les pieds roses.

La livrée d'hiver est brun-clair. Chaque plume est bordée

d'un liseré fauve-rougeâtre. La poitrine, le ventre, le pourtour de l'anus sont blancs. Une bande sus-oculaire et une bande transversale au milieu de la tête, d'un rouge-fauve, sont encadrées par deux autres lignes noires. Ce costume est également celui de la femelle.

Il existe une variété de cet oiseau; elle habite les mêmes régions. Les mœurs sont également les mêmes; elle ne diffère que par le plumage, qui a des reflets verts.

Distribution géographique. — Le Combassou est originaire de l'Afrique occidentale. « On le trouve le long du Nil, en se dirigeant vers le Soudan, dit Brehm. Il est commun au Dongola. On le rencontre partout, près des maisons, dans les champs, comme dans les stepppes les plus stériles. Il recherche surtout le voisinage des fontaines, les haltes des caravanes; on le voit parmi les nombreux oiseaux, prêts à s'emparer des débris du repas des hommes et des chameaux. »

Mœurs et habitudes. — Ce petit Passereau est vif et remuant. La période des amours s'étend de janvier à mars. Son nid ressemble à un amas d'herbes placé au hasard sur une branche. Lorsque les jeunes ont pris leur essor, ils se réunissent en bandes nombreuses et s'abattent dans les champs de culture.

Nourriture. — La Loxigelle vit de toutes sortes de petites graines : millet blanc, millet de Bordeaux, graine de chicorée, de chardon et de laitue; elle aime également la verdure. Si l'auget n'est pas profond, elle éparpille le grain en grattant comme une poule, pour choisir celui qui lui convient.

Captivité. — Elle se fait assez bien à notre climat; mais à la saison des amours, les mâles réunis dans une même cage se pourchassent avec des cris continuels. Les plus forts écartent sans relâche, de l'auge et de l'abreuvoir, les plus faibles, de sorte que les malheureux succombent épuisés sous les coups de leurs adversaires. Ils arrivent ainsi à se détruire jusqu'au dernier. Isolé au milieu d'autres petits oiseaux, le Combassou se comporte de même. Tenu à part, c'est un charmant Passereau, qui attire l'attention par ses mouvements, par son chant flûté et son ramage argentin.

Pour se reproduire, le Combassou exige une température assez élevée, et les mêmes soins que l'Astrild gris.

20. **Le Chanteur d'Afrique.** — FRINGILLA MUSICA. — *Caractères.* — Tête gris-brun; nuque et dos gris pur; pennes des ailes brunes, bordées extérieurement et intérieurement de brun; couvertures supérieures des ailes brunes, lavées de blanc et barrées d'une double bande blanche; croupion blanc; gorge cou, et haut de la poitrine cendrés; ventre blanc; couvertures supérieures et inférieures de la queue cendrées; bec blanc; œil brun, pieds couleur de chair. Tel est le portrait peu varié de ce charmant petit musicien, que Vieillot désigne avec raison sous le nom de *Sénégali chanteur*. Sa voix, chaude et vibrante, rappelle celle du Serin. A voir ce petit oiseau, à peine de la grosseur du Tarin, on ne le croirait jamais capable de faire entendre des accents aussi puissants.

Distribution géographique. — Ce Passereau habite l'Afrique centrale.

Mœurs et habitudes. — Il construit son nid de chaume, de brins d'herbe, de filasse et de coton. La ponte est de 4 à 5 œufs bleu pâle, quelquefois verdâtres, pointillés de rouge et de brun. La femelle couve seule; la durée de l'incubation est de treize jours. Le plumage des jeunes ressemble à celui des parents, avec des nuances plus claires.

Nourriture. — Sa nourriture est celle des Bengalis, c'est-à-dire : millet blanc, millet de Bordeaux, graine de chardon, œillette et verdure. A la saison des nids, on augmente cet ordinaire de larves de fourmis et de jaunes d'œufs mêlés d'échaudé.

Captivité. — Le Chanteur d'Afrique n'est guère connu que depuis une vingtaine d'années; aujourd'hui encore, il est peu commum, certaines années même, il fait complètement défaut. D'un caractère doux avec ses compagnons de captivité, il ne se montre querelleur qu'avec ses semblables ou des espèces similaires.

Il est recherché des amateurs par le charme de sa voix et sa facilité à se reproduire. A défaut de femelle de son espèce, il s'apparie avec le Serin de Mozambique, voire même avec une Serine ordinaire.

A son arrivée, il se montre délicat, mais une fois acclimaté, il résiste très bien et vit longtemps.

21. Le Chardonneret. — FRINGILLA CARDUALIS. — *Caractères.* — Sa taille varie de 14 à 16 centimètres; la queue en a 5. Les pattes, hautes et fines, sont brunes; le bec, long, droit, aigu, est blanchâtre à la base et bleuâtre à la pointe; il est entouré d'un cercle noir, puis d'un second, beaucoup plus large, d'un rouge cramoisi. Le sommet et le derrière de la tête sont noirs, la même couleur descend de chaque côté, en forme de bride, sur les joues, qui sont blanches. Un brun obscur couvre le dos, tandis que la couleur noire reparait dans les petites couvertures, les pennes des ailes et les plumes de la queue, avec des taches blanches. Un beau jaune d'or coupe les rémiges par le milieu. Les pennes des ailes, à l'exception de la première, sont bordées de la même couleur, sur le côté extérieur, et sont toutes marquées d'un point blanc. Les côtés de la poitrine, estampés de brun clair, encadrent le blanc de la face inférieure.

La femelle porte la même livrée, avec des tons affaiblis; mais la différence est si peu sensible que l'œil le mieux exercé s'y trompe. Le seul signe vraiment distinctif se trouve dans l'aile : au lieu d'avoir l'épaule noire comme le mâle, la femelle l'a brune.

Avant la première mue, les jeunes ont la tête grise, d'où le nom de *Grisets* qu'on leur donne.

Les variétés de taille et de couleurs sont nombreuses.

Distribution géographique. — Le Chardonneret n'est

point particulier à l'Europe; la dispersion de l'espèce s'étend sur une aire considérable, qui comprend une grande partie de l'Europe, le nord-ouest de l'Afrique, les trois quarts de l'Asie, en remontant jusqu'en Sibérie.

Mœurs et habitudes. — Gai, vif, toujours en mouvement, il aime à se poser sur l'extrémité des branches flexibles et à s'y balancer sous l'impulsion de son propre poids. Il fréquente, pendant l'été, les vergers, les halliers et les pays montueux entrecoupés de champs et de bois. A l'automne, il se réunit à ses semblables. On les voit par bandes nombreuses, voler à la recherche des endroits où croît le chardon.

« Rien n'est plus beau, dit Bolle, qu'une troupe de ces oiseaux se balançant sur les tiges épineuses de cette plante, plongeant leur tête au milieu des blanches aigrettes des chardons. On dirait que ceux-ci ont fleuri de nouveau et donné des fleurs autrement belles que les premières. »

A la beauté du plumage, le Chardonneret joint encore le charme de la voix. Son ramage, une succession de notes harpégées, a quelque chose d'agréable et de gracieux. La mue seule l'interrompt. Il commence à se faire entendre en mars et quand, en cage, on lui procure une température convenable, il chante tout l'hiver.

Bien que rusé et défiant, il ne paraît pas fuir la présence de l'homme. Il grimpe aux arbres comme la Mésange et se suspend, comme elle, la tête en bas. D'une grande propreté, il a grand soin de son plumage et de ses pieds, qu'il regarde constamment pour les débarrasser de toute souillure.

Après le Pinson, c'est l'oiseau qui construit le plus artistement son nid; la femelle en est à peu près le seul architecte; rarement le mâle lui prête son concours. Elle l'établit généralement à la cime d'un arbre, à une bifurcation de branches, dans les bois peu touffus, dans les vergers, très souvent dans les jardins, jusque près des maisons. De la mousse fine, du lichen, des racines menues, des tiges d'herbe, le tout tressé avec un art infini, forment les parois extérieures;

de la laine, du coton, du duvet de saule ou de chardon tapissent l'intérieur.

Elle pond de 4 à 5 œufs, qu'elle couve sans interruption treize à quatorze jours. Pendant ce temps, le mâle pourvoit à sa nourriture et l'égaye de ses chansons. Ils ont, l'un et l'autre, l'amour de la famille prononcé au plus haut degré. Si l'on enlève le nid et qu'on prenne en même temps le père ou la mère, ou les deux ensemble, ils continuent, en captivité, à donner leurs soins à leurs petits.

La femelle fait rarement plus d'une ponte par an, à moins qu'elle n'ait été dérangée au début de la saison, auquel cas, elle fait un second nid, mais le nombre d'œufs est toujours moindre.

Nourriture. — Les naturalistes ne sont pas d'accord sur son régime alimentaire. Les uns en font un oiseau purement granivore; les autres, au contraire, le disent insectivore en même temps. Quoi qu'il en soit, il demeure acquis qu'à l'époque de l'éducation, il nourrit ses petits, tout au moins les premiers jours, de petites chenilles, particulièrement de celles qui naissent sur les choux.

Une grande variété de petites graines, telles que : graine d'épervière, de laitue, de scorsenères, de raves, d'alpiste, de panis, d'œillette, constitue sa nourriture ; mais parmi toutes, celle du chardon, qui lui a valu son nom, paraît avoir sa préférence. Elle est même nécessaire à sa santé.

Chasse. — Pour le prendre on se sert, au printemps, d'un appelant, et l'hiver, de gluaux placés sur des buissons de chardons préparés dans ce but. A l'automne, les oiseleurs en capturent beaucoup, et, à ce moment, on est péniblement impressionné quand on parcourt le marché aux oiseaux, à Paris. On y voit ces malheureux Chardonnerets, si sensibles à la perte de la liberté, entassés par centaines dans des cages étroites et basses. Au moindre mouvement du marchand, ils se précipitent, affolés, les uns sur les autres; dans les moments de calme, les plus hardis, ou plutôt les plus affamés saisissent à la hâte, souillées de leurs excréments, quelques graines de chènevis éparpillées sur le plancher de leur prison. Aussi la mortalité est-elle considérable, perte qu'il serait si facile d'éviter ou d'atténuer, dans une forte proportion, par quelques précautions vulgaires. Au lieu d'emprisonner ensemble, par quantité, ces malheureux oiseaux, il suffirait de les mettre, par dix ou douze, dans des cages assez spacieuses, avec un compagnon de leur espèce déjà fait à la captivité, pour les amener rapidement à se familiariser avec leur nouveau mode d'existence. Ce serait, en même temps qu'une question d'humanité, une source de bénéfice pour les oiseleurs.

Captivité. — Pris vieux, pourvu que ce ne soit pas après l'appariage, et qu'on le mette avec un autre oiseau habitué à la cage, il se plie sans trop de difficulté à la captivité; il devient assez vite familier. Toutefois, pour obtenir une éducation parfaite, il faut le prendre au nid.

On traite les jeunes avec un mélange d'œillette et de pain trempé. Plus tard, lorsqu'ils mangent seuls, on leur donne du chènevis écrasé et toutes les petites graines que nous avons énumérées, en y ajoutant de la verdure.

Le Chardonneret reproduit quelquefois en volière; mais en cage, quoique l'union soit féconde, il faut l'accoupler avec une femelle de Serin. On a vu des femelles de Chardonneret nicher avec des Canaris mâles. Comme le fait est assez exceptionnel, on devra choisir le premier mariage. Les métis qui naissent de ces unions sont féconds.

En raison de son caractère remuant et tourmenté, il sera bon de l'isoler des couples de Serins qu'on voudra faire reproduire. Autrement, il sera en guerre constante avec les mâles; il troublera les couveuses et compromettra les œufs. Si on l'apparie avec une Serine, les mêmes raisons obligent à le séparer d'elle dès les premiers œufs.

On met à profit son intelligence et sa docilité pour lui apprendre différents exercices : à faire le mort, entre autres, à mettre le feu à un petit canon, voire même à tirer de petits, seaux qui contiennent son boire et son manger. Malgré cette facilité à saisir et à comprendre, il retient avec peine des airs de flageolet, et de même qu'il imite difficilement le chant des autres oiseaux.

Sans rien abdiquer de son indépendance, il se montre sociable avec ses compagnons de captivité. Il n'y a guère qu'à l'auget où son grand appétit le rend parfois querelleur; mais cette mauvaise humeur se traduit plutôt par des cris que par des actes.

22. **La Linotte.** — FRINGILLA CANNABINA (fig. 3). — *Caractères.* — La Linotte mesure 13 à 14 centimètres. Son plumage varie selon l'âge, le sexe et la saison. Cette diversité de livrées a causé beaucoup de confusion dans les ouvrages d'ornithologie. S'appuyant sur ces caractères particuliers, des naturalistes ont fait du même oiseau, vêtu différemment, autant d'espèces distinctes: *Linotte des vignes*, *Linotte grise*, *Linotte jaune*. Mais Bechstein ne voit sous cette variété de couleurs qu'une seule et même espèce. D'après cet auteur, la Linotte met trois ans à acquérir son véritable costume. A cet âge, le mâle se distingue par la belle couleur carmin du sommet de la tête et de la poitrine. Le dos est gris-roussâtre le croupion blanc; le dessous du corps blanc-sale. Sur les ailes règne un brun rouillé. La queue est noire et fourchue; les quatre plumes externes de chaque côté ont une large bordure blanche.

Les Linottes élevées en cage n'acquièrent jamais le beau rouge de la tête et de la poitrine. Celles qu'on prend dans l'éclat de cette couleur le perdent à la première mue pour ne plus le mettre, à moins de les isoler et de les traiter comme le Sizerin boréal.

Ces différences de nuances ne se produisent pas chez la femelle. L'ensemble du plumage est d'un gris tacheté de brun et de blanc jaunâtre; les couvertures des ailes sont d'un marron indécis.

Distribution géographique. — Indépendamment de l'Europe, la Linotte habite encore l'Asie septentrionale et la Syrie. Elle est erratique.

Mœurs et habitudes. — Après avoir passé la belle saison sur la lisière des bois, dans les halliers et les buissons, elle parcourt, à l'automne, les champs en troupes nombreuses, à la recherche des petites graines dont elle fait sa nourriture, c'est-à-dire de plantain, de dent de lion, de chou, de chènevis, de colza, de lin et de graines de toutes sortes. L'hiver, elle se réunit aux Pinsons et aux Verdiers ; mais, dès le mois de mars, elle est de retour au lieu natal.

La Linotte fait deux pontes par an, chacune de 4 à 5 œufs, d'un blanc bleuâtre, pointillés de brun-roux, particulièrement au gros bout, que la femelle couve seule pendant treize à quatorze jours. A l'éclosion, le père et la mère se partagent les soins de l'éducation. Ils nourrissent leurs petits de menues graines préablement amollies dans leur jabot. Comme le Chardonneret ils ne les abandonnent jamais même en captivité.

Placé dans les haies d'épines blanches ou les touffes des genevriers, le nid est fait avec assez d'art, de mousse et de brins d'herbe extérieurement, de laine, de poil et de crin intérieurement.

Nourriture. — Pour éviter l'apoplexie ou la congestion, il faut éliminer le chènevis de sa nourriture. Elle trouvera dans la graine de laitue, dont elle est très friande, de lin, qui lui a valu son nom, de navette, de millet, d'alpiste, de luzerne, de trèfle une alimentation aussi saine que variée. On y ajoutera de la verdure, de la laitue particulièrement.

Les jeunes s'élèvent avec un mélange de pain mouillé, de navette ramollie dans l'eau et de jaune d'œuf durci, ou bien encore avec de l'œillette incorporée à du pain imbibé de lait bouilli.

Chasse. — La Linotte est défiante et répond difficilement aux appeaux ; néanmoins, au printemps avec un bon appelant

Fig. 3. — La Linotte.

on parvient à en prendre quelques-unes. En automne, en plaçant des lacets ou des gluaux sur des tiges de laitue, dont elle est très avide, elle se laisse attirer et capturer.

Captivité. — C'est avec raison que la Linotte est recherchée par sa gentillesse et son ramage. Lié et flûté, son chant se compose de plusieurs phrases suivies. Cette flexibilité de la voix lui permet de s'approprier non seulement celui des autres oiseaux qu'elle entend, tels que : Rossignols, Alouettes, Pinsons, mais encore les airs qu'on lui siffle. Toutefois, pour mettre à profit cette facilité à retenir, il faut la tirer de bonne heure du nid et commencer son instruction dès qu'elle mange seule. Le moment le plus favorable est le soir. L'oiseau, n'étant distrait par aucun bruit extérieur, prête plus d'attention à la leçon. D'ordinaire, on se sert d'une serinette pour lui inculquer les mélodies qu'on désire lui voir répéter, mais il serait mieux de les lui siffler dans le ton le plus rapproché de sa voix. Cette similitude de tonalité l'impressionne plus vite.

La Linotte est peu remuante ; à part quelques taquineries sans importance, elle vit en bonne intelligence avec les autres oiseaux. On peut donc lui donner sans inconvénient des compagnons plus faibles qu'elle, Bengalis, Astrilds et autres.

Prise adulte, elle fait vite le sacrifice de sa liberté et se familiarise assez bien. En appariant une Linotte, après un an de cage, avec une femelle de Serin, on obtient des mulets très beaux, dont le chant est supérieur.

En volière plantée d'arbustes, elle se reproduit assez facilement.

23. **Le Tarin.** — Fringilla spinus. — *Caractères.* — Taille de 12 à 13 centimètres environ. Le mâle a la partie supérieure de la tête et de la gorge noire ; le dos vert olive ; le croupion jaune clair rayé de brun foncé ; la poitrine jaune ; le ventre blanc ; les plumes des ailes noirâtres, barrées de bandes jaunes et bordées extérieurement de vert olive ; les

pennes de la queue jaunes à l'exception des deux intermédiaires qui sont noirâtres. Les mâles n'ont la gorge noire qu'à la seconde année. Le bec est un peu moins long que celui du Chardonneret, mais également grêle à la pointe.

La femelle se distingue du mâle par un vert gris de la face supérieure du corps avec des taches longitudinales foncées. Les parties inférieures sont d'un blanc-jaunâtre tachetées de noir.

Les jeunes sont plus jaunes et plus fortement teintés que les femelles.

Distribution géographique. — La Suède, la Norvège et la Russie sont les pays d'origine du Tarin. C'est de là qu'il arrive en Allemagne, où on le voit toute l'année, pour se répandre dans le reste de l'Europe. En France, il n'est que de passage. Son apparition a lieu vers le mois d'octobre.

Mœurs et habitudes. — Comme la Linotte, le Tarin est un oiseau erratique. Hors le temps des amours, il se livre à de constantes pérégrinations. L'été, il établit son séjour dans les pays accidentés, couverts de grands bois, principalement de forêts de pins et de sapins, où il niche. L'époque de l'accouplement a lieu d'ordinaire dans le courant d'avril. Aussitôt commence la construction du nid. Le mâle et la femelle y travaillent ensemble. Ils le placent sur l'extrémité des branches les plus élevées, à l'entrecroisement le plus épais des rameaux.

Dans les matériaux extérieurs, ils font entrer du lichen et de la mousse, pris à l'arbre même, si bien que, se perdant dans la teinte générale, le nid échappe aux regards. Ajoutons que pour mieux donner le change, l'oiseau en construit souvent un second, sur le même arbre. L'intérieur est tapissé de laine, de duvet de plantes et de crin. La femelle fait deux pontes par an, chacune de 5 à 6 œufs. Elle couve seule; le mâle pourvoit à sa nourriture.

Gai et vif, il grimpe aux arbres et se suspend à l'extrémité des branches flexibles avec non moins d'agilité que la Mésange.

« Il a beaucoup des mœurs du Sizerin, dit Naumann. Il est insouciant, confiant, sociable, craintif, pacifique et étourdi jusqu'à un certain point ; du moins, aucun oiseau n'oublie plus rapidement sa liberté. »

Cette indifférence va si loin que souvent au sortir de la main il se met à manger. Aussi, se familiarise-t-il promptement.

Nourriture. — L'hiver, lorsque le froid a rendu le bois inhabitable, il va de côté et d'autre, à la recherche des graines. A ce moment, on le rencontre le long des cours d'eau, dans les endroits plantés d'aunes, dont il est très friand de la graine. Selon la saison, il mange les semences de pin et de sapin, la graine de houblon, de chardon et de bardane. Il y ajoute des insectes, principalement des chenilles tout au moins pendant qu'il élève ses petits.

Captivité. — Il est un des rares volatiles, qui, pris adulte, se prête à de petits tours et s'accoutume à la galère. Pour le rendre familier, il suffit de lui présenter dans la main une nourriture plus de son goût que celle qu'il a à sa disposition. Bientôt il sera aussi privé que le Serin le plus familier.

Sa gentillesse, son babil en font un charmant captif.

En volière, on parvient à le faire nicher en tenant à sa disposition des branches de pin pour y recevoir le nid.

Le métis du Tarin avec une femelle de Canari est fort agréablement tacheté si la Serine est jaune. Toutefois, l'union est moins facile qu'avec une femelle verte, dont les rapports avec le Tarin, dit Bechstein, paraissent plus marqués.

Comme ordinaire, on ajoutera aux différentes graines que nous avons indiquées, de l'œillette, du millet et du chènevis écrasé.

Sa sociabilité permet de le mettre avec toute sorte d'oiseaux.

Avec un appelant et des gluaux disposés autour de la cage, on en prend infailliblement au moment des passages.

24. Le Tarin rouge à tête noire. — CHRYSOMITRIS CUCULLATA. — *Caractères.* — Ce charmant Fringillidé, qui se rapproche par sa forme élancée de notre Chardonneret, appartient à la famille des Tarins. Il en a, du reste, les proportions, la grâce et l'amabilité. Dans le commerce, on le vend sous les noms de *Serin à tête noire* et de *Petit Cardinal rouge des Indes occidentales ;* mais il est extrêmement rare. Son plumage attire l'attention par la vivacité des couleurs. La tête, la gorge, le cou, le haut de la poitrine ainsi que la queue sont noir-foncé ; le dos, le manteau et les épaules rouge brun, le fond de chaque plume étant noirâtre ; les rémiges et les couvertures noires, bordées de rouge avec bande transversale blanche tirant sur le jaune ; le croupion, les couvertures supérieures de la queue, la poitrine et toute la face inférieure rouge feu foncé. Le bec est brun de corne, l'œil couleur d'ambre et les pieds de nuance brune.

La livrée de la femelle présente de notables différences. Chez elle, la tête et la gorge sont d'un gris noirâtre teinté de rouge brun ; le dos, le manteau et les épaules gris brun ; les ailes de même nuance, coupées par une bande couleur orange ; le croupion est rouge jaunâtre ; le dessus du corps cendré, soufflé de rouge tirant sur le jaune avec quelques taches rouges.

Les jeunes Tarins ressemblent à la mère ; mais de bonne heure les mâles se remarquent à la couleur feu qui se manifeste sur la poitrine, les ailes et les couvertures supérieures de la queue ainsi que sur l'ensemble du plumage. Le noir également ne tarde pas à paraître au front et à la gorge.

Distribution géographique. — Le Tarin rouge habite le Brésil. On le rencontre également au Vénézuéla.

Mœurs et habitudes. — Ses mœurs ne paraissent pas s'éloigner de celles de son congénère d'Europe. Comme lui, il vit de semences de certains arbres, de graines et d'insectes. Son chant a de l'agrément et une certaine ressemblanche avec les notes arpégées du Chardonneret d'Europe, avec plus de variété et de mélodie.

Captivité. — Il montre en cage, aussi bien qu'en volière, une grande disposition à se reproduire, et, malgré sa rareté, l'expérience en a été faite avec succès. En Allemagne, le docteur Russ l'a fait nicher. Il entre en amours au mois de juillet et recherche pour son nid l'endroit le plus élevé de la volière ou de la chambre. Une caisse, à défaut, un panier découvert, lui sert de plate-forme. Il en garnit les parois de brins d'herbes, de filaments de plantes, de chaumes, et le fond de coton, d'étoupe et de bourre. La ponte varie de 3 à 4 œufs marqués de points rouge brun. A défaut de femelle, le mâle s'apparie très bien avec une Serine et de cette union naissent de beaux métis. Si on lâche un couple dans une pièce, des branches de pin placées dans un coin l'amèneront sûrement à nicher.

Le Tarin rouge se montre d'humeur paisible et sociable avec ses compagnons de captivité. Bien que délicat, il n'est pas faible. Une fois acclimaté, il vit de nombreuses années. Il importe de le garantir avec soin du froid qu'il supporte mal.

En cage il se nourrit, comme le Tarin d'Europe, de millet, d'alpiste, de chènevis, de verdure, de mie de pain blanc mouillée de lait. Une pâtée qu'il aime est un mélange de noix ou d'amandes pilées, de chènevis écrasé, de pain blanc humecté de lait ou d'eau, avec addition de laitue ou de mouron haché. Des œufs de fourmis à la saison, quelques vers de farine de temps à autre et du jaune d'œuf au moment des couvées l'entretiennent en bonne santé.

25. **Le Tarin jaune et noir.** — Chrysomitris tristis. — *Caractères*. — Sur le marché de Paris, ce Tarin est peu commun. Il n'y apparaît qu'à de longs intervalles. C'est cependant un charmant oisillon qu'on aimerait à voir plus souvent. Par sa forme et par sa grâce, il rappelle celui d'Europe ; mais son plumage est plus brillant. Il a la tête, le

dos et la face antérieure d'un beau jaune citron; le front, le sommet de la tête, les pennes de la queue noirs, ainsi que les ailes que coupe une double barre blanche; le croupion et les sous-caudales blanches; le bec d'une teinte rosée avec la pointe noire; l'iris brun et les pieds jaunâtres.

La robe de la femelle est brun olive tirant sur le roux; une teinte jaune-pâle et grisâtre colore le front, les côtés du cou et la gorge. Le noir de l'aile est traversé par une bande de nuance gris-jaunâtre. Les sus et sous-caudales sont brun clair. Tel est également, pendant l'hiver, le vêtement du mâle qui fait, de même que sa femelle, une double mue.

Distribution géographique. — Ce Passereau, connu dans le commerce sous les noms de *Chardonneret jaune*, de *Chardonneret triste* et de *Serin d'or*, habite l'Amérique du Nord. A l'automne, il descend vers l'Équateur, et c'est par bandes considérables qu'il vient passer la mauvaise saison au Texas et au Mexique.

Captivité. — D'après les relations des voyageurs, ses mœurs et ses habitudes ne diffèrent pas de celles de son congénère d'Europe. Comme lui, il vit d'insectes et de graines; mais il est extrêmement délicat et difficile à conserver longtemps en cage. Aussi, n'est-on point encore parvenu à le faire nicher en volière. Toutefois, on trouve relaté, dans le *Gefiederte Welt*, un cas de reproduction avec une femelle de Serin.

Nourriture. — On traite ce Tarin en captivité avec du millet et de l'alpiste particulièrement en branches, en y ajoutant une pâtée faite de mie de pain blanc moulue, de chènevis broyé, d'amandes ou de noisettes pilées, dans laquelle on incorpore quelques vers de farine coupés en morceaux. De la verdure est indispensable.

26. **Le Tarin de la Colombie.** — Chrysomitris mexicana.
— *Caractères.* — Un autre oiseau de la famille, le Tarin de la Colombie, vient quelques fois sur les marchés d'Europe. Il est de la taille du précédent, mais de plumage plus

beau encore. Chez lui, le jaune de la poitrine et de la face inférieure est rehaussé par le ton noir tranchant du dos, des ailes et de la queue. Les sous-caudales sont brunâtres, les plumes basilaires de la partie inférieure du dos et du croupion blanches; l'œil est brun, le bec brun de corne avec la pointe noire. Les pieds sont gris.

Distribution géographique. — Ainsi que l'indique son nom, il est originaire de la Colombie. On le trouve également au Mexique.

Mœurs et habitudes. — Ses mœurs et ses habitudes sont les mêmes que celles de son congénère, le Tarin jaune et noir.

Captivité. — Le même régime lui est applicable.

LES SYLVIADÉS — Sylviadæ.

Caractères. — C'est dans la famille des Sylviadés qu'on rencontre les meilleurs chanteurs. Leur forme est élancée, leur plumage peu brillant, mais abondant, mou et soyeux.

Distribution géographique. — L'Europe, en grande partie, l'Asie jusqu'à ses limites septentrionales, forment l'aire de dispersion de ces oiseaux.

Mœurs, habitudes et régime. — Les Sylviadés habitent les bois et surtout les buissons, dont ils ne s'éloignent guère par crainte de leurs ennemis. Ce sont des oiseaux vifs et gais. Autant ils se montrent gauches sur le sol, autant ils déploient d'adresse sur les arbres. C'est avec une agilité surprenante qu'ils se glissent au milieu des haies les plus touffues, les fourrés les plus impénétrables. Leur vol est court : ils volètent plutôt qu'ils ne volent. Cependant ceux de nos contrées entreprennent de longs voyages lorsqu'arrive l'époque des migrations.

Quand on ne leur fait point la chasse, ils ne témoignent aucune défiance à l'égard de l'homme. Ils font souvent des jardins leur séjour, sans se départir toutefois de leur prudence. Ils vivent en bonne intelligence avec les autres oiseaux, pourvu que l'amour ou la jalousie ne s'en mêlent point. A ces charmantes qualités, il faut encore ajouter l'amour maternel poussé au plus haut degré.

Les Sylviadés nichent plusieurs fois par an. Le nid est fait de chaumes, de tiges d'herbe sèche, parfois si lâchement coordonnés qu'il suffit d'un violent coup de vent pour le renverser. D'ordinaire il repose dans des buissons bas ou sur des arbustes à hauteur d'homme. La ponte est de 4 à 6 œufs couvés alternativement par le mâle et la femelle. En été, les Sylviadés se nourrissent de chenilles, de vers, de chrysalides, de larves et d'insectes ; à l'automne, de baies et de fruits.

Ils sont faciles à prendre et se plient assez bien à la captivité. Bien soignés ils vivent plusieurs années. Leur reproduction en volière s'obtient sans difficulté.

Six espèces, dont une étrangère, vont trouver place dans les descriptions suivantes :

La *Fauvette des jardins;* la *Fauvette à tête noire;* la *Fauvette babillarde;* la *Fauvette du Brésil;* le *Pouillot;* la *Fauvette d'hiver.*

Nous parlerons ensuite du *Tarier rubicole*, de la *Gorge-Bleue* et des *Bergerettes.*

1. **La Fauvette des jardins.** — Motacilla hortensis. — *Caractères.* — Cette Fauvette, qui tient son nom de la préférence qu'elle semble montrer pour les jardins et les vergers, mesure 17 centimètres. Elle a le dessus du corps brun-olive ; la gorge et la poitrine gris blanc, et la partie inférieure d'un ton jaune olive.

Distribution géographique. — On la rencontre en Europe, principalement dans le nord. Elle devient rare au fur et à mesure qu'on avance vers le midi. Son apparition en France a lieu dans les premiers jours de mai.

Mœurs. — C'est un de nos meilleurs chanteurs.

« Au printemps, dit Naumann, on entend retentir son chant aux notes douces, flûtées, très variées, dont les longues mélodies se suivent lentement et sans interruption ; il chante depuis son arrivée jusqu'à la Saint-Jean. Ce n'est qu'au milieu de la journée, alors qu'il relaye sa femelle et couve, qu'il se tait ; tout le reste du temps il fait retentir la forêt de sa voix. Le matin, au crépuscule, il chante en se tenant immobile sur une haie ou sur un arbre. Le reste de la journée, c'est en fouillant les arbres, en sautant de branche en branche, pour chercher sa nourriture, qu'il se fait entendre. Son chant est, de tous les chants de Fauvette que je connaisse, celui dont la mélodie est la plus longue. Il a quelque analogie avec celui de la Fauvette à tête noire, et plus encore avec celui de la Fauvette épervière, dont il ne diffère que par quelques notes plus douces, moins mélodieuses.

« La Fauvette des jardins se montre extrêmement capricieuse dans le choix d'un emplacement pour son nid. Elle le commence à un endroit, l'abandonne pour travailler à un autre, sur un point plus ou moins éloigné, et finalement elle l'achève dans un endroit moins bien situé. »

Cette hésitation tient à une grande prudence naturelle. Il lui suffit de voir passer quelqu'un près du lieu qu'elle a choisi pour la déterminer à cesser la construction commencée. Ce sentiment d'inquiétude se manifeste même dans des endroits où elle n'a aucune raison de craindre. Il n'est pas rare, en effet, de rencontrer dans les buissons écartés, loin de tous regards, des nids à l'état d'ébauche et interrompus sans raison.

Des brins d'herbe sèche, des racines pour l'extérieur, du foin plus fin pour l'intérieur sont les matériaux qu'elle emploie. Un buisson, une haie touffue, sert d'abri au berceau, placé à une certaine distance du sol. La ponte est de 5 à 6 œufs, à fond blanc, pointillés partout de brun olive. Le mâle couve pendant le milieu du jour, et la femelle le reste du temps. L'incubation dure quinze jours. Deux semaines après, les petits quittent le nid à la moindre alerte, et sans savoir voler. Ils grimpent aux branches avec une agilité surprenante.

L'espèce ne niche qu'une fois, quand elle n'est pas dérangée. Son départ s'effectue à la fin août, avant la mue. A ce moment, celles qui sont en cage se montrent très surexcitées. Elles s'agitent pendant les nuits, surtout pendant celles éclairées par la lune, se meurtrissent la tête aux barreaux, perdent l'appétit et périssent en grand nombre. Cette agitation ne cesse qu'avec le mois de novembre, pour se renouveler au printemps et l'année suivante, mais fort atténuée. Après cette double épreuve, l'oiseau n'a plus à redouter les conséquences souvent funestes de l'instinct contrarié.

Nourriture. — La Fauvette des jardins vit d'insectes, de petites chenilles, de larves, qu'elle trouve dans les buissons qu'elle fouille continuellement. Elle est non moins friande de cerises, de groseilles rouges, de baies de sureau, et de figues en particulier, goût qui lui a valu le nom de *Bec-Figue*, qu'elle porte dans le midi de la France.

Chasse. — Cette Fauvette se prend tout l'été avec des lacets ou des sauterelles, auxquels on suspend des cerises, des groseilles rouges ou des baies de sureau. Pour éviter qu'elle ne se blesse ou qu'elle n'endommage son plumage dans l'effarement de la captivité, on lui lie l'extrémité des ailes et on couvre la cage d'une toile verte jusqu'à ce qu'elle ait un peu perdu de sa sauvagerie.

Captivité. — En cage, elle a besoin de la pâtée du Rossignol : cœur de bœuf haché menu, mie de pain blanc ou échaudé et chènevis écrasé. Pour varier, on y ajoute, de temps à autre, des œufs de fourmis et quelques vers de farine coupés en morceaux. A la saison, des baies et des fruits complèteront le régime.

Les jeunes pris au nid s'élèvent avec de la mie de pain blanc imbibée de lait bouilli, expurgée de son liquide, et à laquelle on incorpore un peu d'œillette et quelques œufs de fourmis. Lorsqu'ils mangent seuls, on les habitue à la pâtée que nous avons indiquée.

2. La Fauvette à tête noire. — MOTACILLA ATRICAPILLA. —
Caractères. — De toutes les Fauvettes, c'est celle qu'on voit le plus communément en cage. Préférence justifiée, du reste, par le plumage, qui sort du ton effacé des autres espèces et par l'éclat de la voix, qui a quelque chose du Rossignol.

Le mâle a le derrière et le sommet de la tête couverts d'une calotte noire, le bec brun, les pieds couleur de plomb; le haut et les côtés du cou d'un gris ardoisé, plus clair sur la gorge, qui va se dégradant en gris blanc vers la poitrine. Les flancs sont ombrés de noir; le dos et le croupion de nuance gris brun tirant sur l'olivâtre, ainsi que les petites couvertures des ailes et celles de la queue.

Sa taille est de 16 centimètres, dont 6 pour la queue.

Chez la femelle, la tache noire de la tête est remplacée par un capuchon brun marron. Elle diffère encore du mâle par le gris non ardoisé qui couvre le cou. Jusqu'à la mue, les jeunes ont avec elle une grande ressemblance; cependant les jeunes mâles se distinguent déjà par la teinte roux noirâtre de la tête.

Distribution géographique. — Cette Fauvette apparaît en France dans les premiers jours d'avril, et en repart vers la fin de septembre.

On la rencontre dans tout le centre de l'Europe, en Pologne, dans la Russie méridionale, ainsi que dans le nord de l'Italie; mais, en Espagne et en Syrie, elle ne paraît être que de passage. Elle est commune aux Canaries et fait défaut aux Indes.

Mœurs et habitudes. — A leur arrivée dans nos contrées, ces oiseaux s'enfoncent, les uns sous les bois et les taillis, pendant que les autres s'installent dans nos jardins.

Dès la fin d'avril, la Fauvette à tête noire commence à chercher un endroit convenable pour la construction de son nid. C'est d'ordinaire dans un buisson d'églantier, d'aubépine, ou au milieu d'une haie touffue. Ce nid, de forme petite et peu profonde, est fait d'herbe sèche extérieurement, et de beaucoup de crin intérieurement. Elle y dépose de 4 à 5 œufs, ponctués de marron clair, qu'elle abandonne quand on les touche, plus rarement toutefois que les autres Fauvettes. Le couple couve alternativement. En juillet a lieu une seconde ponte, suivie quelquefois d'une troisième, lorsque les deux premières ont été dérangées.

Les petits se développent vite et quittent le nid de bonne heure, si on les inquiète. Comme ceux de la Fauvette des jardins, ils grimpent dans les branches avec agilité et, le soir venu, toute la famille se réunit sur la même branche, les uns serrés contre les autres, le père et la mère placés aux deux extrémités.

Rien n'égale l'affection du mâle pour sa femelle et ses petits. Ce sentiment de l'amour paternel lui fait surmonter le chagrin de la liberté perdue, pour nourrir, si on lui en fournit les moyens, sa famille prisonnière, lorsque le sort l'a enveloppé dans la même disgrâce. Dans les champs, quand il survient un accident à la mère, le père prend à lui seul les charges de l'éducation.

Nourriture. — Ainsi que la précédente, la Fauvette à tête noire, se nourrit, l'été, de mouches, d'insectes, de chenilles lisses, et à l'automne, de baies. Le même régime lui convient. Si on veut la régaler, c'est de lui donner du vermicelle au lait.

Captivité. — Avec des soins on parvient à faire nicher cette espèce en captivité, pourvu que la volière soit garnie d'arbustes verts, tels que fusains, ocubas, orangers ou lauriers.

Pour la bonne santé de ces oiseaux, il faut les tenir, l'hiver, dans une pièce chauffée.

Afin de se donner le plaisir de posséder des Fauvettes familières et bien apprivoisées (nul autre oiseau, en effet, ne montre plus de reconnaissance), beaucoup d'amateurs se donnent la peine de les élever eux-mêmes. Pour cela, il faut prendre les petits au nid de bonne heure, c'est-à-dire lorsqu'ils ont une dizaine de jours au plus. On les nourrit de pain mouillé de lait bouilli, expurgé de son liquide, avec addition d'un peu d'œillette et d'œufs de fourmis conservés ou frais. Quelques personnes y ajoutent du jaune d'œuf. Devenus grands, ils doivent être traités comme ceux de la Fauvette des jardins.

Placées auprès d'un Rossignol, les jeunes Fauvettes retiennent quelques-unes de ses belles notes. Elles s'assimilent de même les refrains d'autres oiseaux. Pour ma part, je n'aime pas cette substitution d'accents d'emprunt au chant naturel. A mon avis, ce qui fait le charme d'une volière, c'est précisément le ramage particulier de chaque oiseau, que malheureusement la cohabitation dénature trop souvent.

La Fauvette à tête noire subit, comme la précédente, lorsque le moment approche, la fièvre du départ. Ainsi qu'elle, elle meurt souvent des conséquences de l'instinct contrarié. Pendant la nuit, il serait bon de couvrir la cage pour l'empêcher de se blesser aux barreaux. Cette précaution est également utile à prendre en temps ordinaire, car cet oiseau, quelque privé qu'il soit, a l'habitude de voleter dans la nuit, de donner ainsi de la tête contre les fils de fer de sa cage et de se meurtrir le dessus du bec. Une fois blessé, il cesse de se faire entendre.

Le chant de cette Fauvette, bien qu'un peu court, a de la puissance et de l'éclat. Il peut être comparé à celui de la Fauvette des jardins. Certaines personnes le mettent au-dessus, ou tout au moins le placent à côté de celui du Rossignol. En faisant la part de l'exagération, il est certain qu'elle rachète son infériorité par l'entrain qu'elle met à chanter et les longs mois que dure son ramage.

A propos de la femelle de cette espèce, Bechstein et quelques autres naturalistes sont tombés dans l'erreur, en lui attribuant le don du chant. Ils ont pris pour la compagne de la Fauvette à tête noire un autre Motacillidé à tête rousse; mais d'après des observations très exactes sur le plumage et le chant particuliers de cette Fauvette, il est certain qu'on se trouve en présence, sinon d'une espèce différente, tout au moins d'une variété. A Paris, on vend sur le marché le mâle et la femelle de ce genre d'oiseaux, ce qui paraît établir d'une manière certaine l'exactitude des observations en question.

3. **La Fauvette babillarde.** — Motacilla garulla. — *Caractères.* — Taille 13 centimètres; sommet de la tête gris cendré; dos brun-roussâtre; ailes noirâtres bordées de cendré, tirant sur le roux; gorge blanche, même nuance sur la partie inférieure du corps; côtés de la poitrine lavés de gris roussâtre; plumes de la queue brun foncé, avec les externes tachetées de blanc et les autres bordées de roux. Telle est la physionomie de cette Fauvette.

Le plumage de la tête, un peu plus clair, constitue toute la différence qui existe entre le mâle et la femelle. Aussi faut-il avoir le couple sous les yeux pour les distinguer l'un de l'autre.

Distribution géographique. — Elle est commune dans tout le centre de l'Europe; on la rencontre dans le sud de la Suède et de la Norwège. A l'exception de l'Italie et de la Provence, elle ne se montre partout ailleurs, au dire de Brehm, que comme oiseau de passage. Suivant Jerdon, elle apparaît aux Indes.

Mœurs et habitudes. — Elle arrive en France au commencement de mai, pour quitter notre pays vers la fin de septembre. Durant la belle saison, partout où il y a un buisson, une haie, une touffe de lilas, on est sûr de l'entendre chanter. On la rencontre dans les jeunes taillis, près des endroits habités et jusque dans l'intérieur des villes.

La Fauvette babillarde niche près de terre, dans les buissons, les haies d'épine noire ou blanche. Elle fait deux pontes de 4 à 6 œufs.

Son régime est le même que celui des précédentes. Elle réclame les mêmes soins. Les jeunes, pris au nid, s'élèvent de même.

4. La Fauvette du Brésil. — Hypothymis azurea. — *Distribution géographique*. — Il existe, au Brésil et au Mexique, une foule de petits oiseaux au plumage éclatant, assez semblables, par leur forme, à nos Fauvettes ; leur vivacité les en rapproche beaucoup. De ce nombre est un splendide Passereau que les oiseleurs expédient quelquefois en Europe, sous le nom de *Fauvette du Brésil*, en compagnie de Tangaras.

Caractères. — Sa taille est à peu près celle du *Fastueux*, mais elle est plus élancée. Le bec, brun de corne, est effilé et pointu ; le plumage, d'un beau bleu d'azur, avec des reflets d'algue marine, diversifié de noir sur les ailes, les épaules et la queue. Une tache de même nuance colore la gorge et le haut de la poitrine. Sous l'éclat de la lumière, avec le ton changeant de ses couleurs, cette Fauvette produit un véritable éblouissement.

Mœurs. — On ne sait rien de ses mœurs en liberté.

Captivité. — A en juger par la façon dont les marchands la traitent, elle ne paraît point difficile dans le choix de sa nourriture. Celles que j'ai vues étaient soignées comme des Fauvettes ordinaires, avec une pâtée faite de chou haché, de mie de pain blanc et de chènevis broyé. Une orange ou une poire complétait le régime. A mon avis, cette alimentation est insuffisante, et lorsqu'arrive l'époque de la mue, elle doit succomber. Pour donner à cette pâtée les qualités nutritives nécessaires, il est indispensable d'y incorporer soit un peu de sang desséché, soit du cœur de bœuf haché finement, soit enfin des œufs de fourmis passés au four avec quelques vers de farine coupés en morceaux, et un peu de poudre Duquesne.

5. Le Pouillot. — Motacilla trochilus. — *Caractères*. — La taille de ce charmant Passereau est de 13 centimètres, et de forme allongée. Il a le bec grêle et effilé, d'un brun luisant en dehors et jaune en dedans et sur les bords. Le dos et la tête sont gris verdâtre ; les pennes des ailes, ainsi que celles de la queue gris sombre, frangées de jaune verdâtre ; la gorge est jaunâtre, le ventre blanchâtre lavé de jaune pâle. Une ligne jaunâtre part du bec, passe près de l'œil et s'étend sur la tempe.

Le plumage de la femelle ressemble à celui du mâle, avec des nuances plus ternes.

Distribution géographique. — Ce Motacillidé, qui a beaucoup de rapports avec les Fauvettes, est originaire du centre de l'Europe. On le rencontre depuis le nord de la Scandinavie jusque dans l'Asie septentrionale. L'espèce est représentée dans l'Amérique du Nord.

Il arrive dans nos contrées vers la fin d'avril pour repartir vers la fin d'août et aller passer la mauvaise saison dans le nord de l'Afrique. Ces migrations s'étendent jusqu'aux Indes.

Mœurs et habitudes. — Le retour s'effectue par troupes de quinze à vingt. Les mâles précèdent de quelques jours les femelles. Parvenus au terme de leur voyage, les uns s'établissent sur la lisière des bois, les autres dans les jardins ou dans les endroits couverts de buissons épais, au voisinage des cours d'eau. A moins de circonstances particulières, ils reviennent, chaque année, dans les mêmes lieux. Comme la plupart des insectivores, ils ne supportent dans le canton qu'ils se sont choisi aucun voisin de leur espèce.

Il est vif, alerte et toujours en mouvement. « Il voltige, dit Buffon, de branche en branche. Il part de celle où il se trouve pour attraper une mouche ; il revient, repart en furetant sans cesse dessus et dessous les feuilles pour chercher les insectes qui s'y cachent. » Bien qu'il ne redoute pas la présence de l'homme, il se montre d'une grande prudence, et lors même que sa voix trahit sa présence, il est difficile de le découvrir, tant il met de soin à se dissimuler.

Il fait ordinairement deux pontes par an : la première au

commencement de mai, et la seconde dans les premiers jours de juin. Les œufs, au nombre de 5 à 7, sont d'un brun terne piqueté de rougeâtre. Le mâle et la femelle se relayent pendant l'incubation. Le premier couve pendant la journée et la femelle le reste du temps. Ces oiseaux apportent autant de soin à la construction de leur nid qu'ils mettent de précaution à le cacher. On le trouve tantôt dans un buisson touffu, près du sol, tantôt dans une excavation, ou bien encore dans une touffe d'herbes épaisses. Ils emploient de la mousse au dehors, de la laine et du crin en dedans, et pour donner à la couche plus de moelleux, ils tapissent l'intérieur de plumes. Ce nid a la forme d'une boule et ressemble à celui de la Mésange à longue queue.

Le Pouillot montre un grand attachement à ses petits. Un jour, je dénichai un nid, et, à l'aide d'un trébuchet, je pris la mère. Je plaçai toute la famille dans une cage, et dans mon ignorance alors du genre de vie de ce gracieux volatile, je mis à sa disposition quelques menues graines et un peu de mie de pain blanc. Le pauvre Pouillot chercha vainement dans cette nourriture quelque chose à donner à ses petits. Sentant la vie leur échapper, la prévoyante mère cherchait à les réchauffer en les couvant avec ardeur. Malgré la frayeur que lui causait ma présence, l'amour maternel l'emportait sur la peur. Elle n'abandonnait son nid que lorsque j'étais trop près d'elle, et pour y revenir au moindre éloignement. Nul doute que, si elle avait eu des vers de farine à sa disposition, elle eût donné la becquée à ses petits.

Le chant du Pouillot, composé de plusieurs phrases, est agréable par le ton flûté qu'il sait lui imprimer. Dans les jardins, on jouit de son ramage tout le printemps et l'été. Il ne cesse de se faire entendre qu'en août, époque de la mue.

Captivité. — Pris gros, il s'apprivoise assez vite ; mais il est fort délicat et demande à être traité comme le Rossignol. En septembre, à l'époque de la migration, il s'agite en cage. Il faut donc avoir soin de le couvrir pendant les nuits.

6. La Fauvette d'hiver. — MOTACILLA MODULARIS. — *Désignation*. — Si nous parlons de cette espèce, dont le plumage terne n'a rien qui attire l'attention, c'est qu'elle passe avec nous toute la mauvaise saison ; qu'elle arrive au moment où les autres Fauvettes nous quittent ; que son chant, alors que tous les autres oiseaux sont muets, jette une note gaie pendant les froides journées d'hiver. Les naturalistes lui donnent le nom de *Mouchet, Mouchet chanteur*. Suivant les localités, on la désigne encore sous ceux de *Traîne-buisson, Rossignol d'hiver, Gratte-Paille*. En Angleterre, elle est connue sous le nom de *Moineau des haies (Hedge sparow)*.

Caractères. — Cette Fauvette a 14 centimètres, c'est-à-dire à peu près la taille du Rouge-Gorge. Le bec est très pointu, de couleur rose à l'intérieur ; la tête étroite ; le cou cendré tacheté de brun ; les tempes marquées d'une tache roussâtre, le ventre d'un blanc sale. Sur un fond noirâtre, les pennes et les plumes sont bordées de roux.

La femelle porte la même livrée, mais elle est plus petite et, chez elle, la tête et le cou sont plus cendrés.

Distribution géographique. — Il est commun en Angleterre, ainsi qu'en Suède et en Russie.

Mœurs et habitudes. — Arrive dans les régions centrales et méridionales vers la fin d'octobre ou au commencement de novembre, par petites bandes ; ils s'abattent sur les haies et vont de buisson en buisson, toujours assez près de terre. C'est de cette habitude que lui est venu le nom de *Traîne-Buisson*.

Au fort de l'hiver, il s'approche des fermes ; il va dans les cours, autour des granges, pour chercher dans les pailles les grains qui y sont restés, ce qui lui a valu dans certaines localités, d'être appelé *Gratte-Paille*. Sur les routes, à le voir fouiller les tas de pierres, on le prendrait, sous son costume sombre, pour une souris. C'est un oiseau gracieux, confiant et robuste. Son ramage a d'autant plus de charme, qu'il se fait entendre dans une saison où tout se tait. Au

6.

moindre rayon de soleil, quel que soit le degré de la température, il redit sa gracieuse chanson, assez semblable à celle du Troglodyte.

Il disparaît au printemps des lieux où on l'a vu l'hiver, pour se retirer plus au nord et s'y reproduire. Il place son nid, composé de feuilles sèches, de mousse et de crin, dans le voisinage des forêts, dans les haies, sur les buissons. La femelle y dépose de 4 à 5 œufs d'un joli bleu clair, qu'elle couve, relayée par le mâle, durant treize à quatorze jours. L'espèce fait deux pontes, l'une en mai et l'autre en juillet.

Nourriture. — En liberté, il vit d'insectes, de larves et de graines. On le nourrit, en cage, d'un mélange d'échaudé écrasé, de chènevis broyé mêlé à un peu d'œillette. En ajoutant à ce régime quelques vers de farine, du millet et de l'alpiste, il se maintient bien portant durant de nombreuses années. Si l'on veut lui faire plaisir, c'est de lui donner de la mie de pain blanc mouillé de lait bouilli.

Captivité. — Lorsqu'il est pris, ce charmant oiseau fait vite le sacrifice de sa liberté ; il lui faut peu de temps pour devenir familier.

7. **La Fauvette bleue**. — Sylvia Sialis. — Connu dans le commerce sous le nom de *Rossignol d'Amérique*, cette Fauvette, dit le journal *l'Acclimatation illustrée* du 14 mars 1886, « est un peu plus grosse que notre Rossignol européen et se rapproche sensiblement, par ses mœurs, son chant et son mode d'existence, de notre Rouge-Gorge commun. Le nom de *Chanteur des chaumières*, que lui donnent les Allemands, est peut-être le mieux choisi de tous, car n'importe où un colon construit une cabane, dans l'Amérique du Nord, l'*Oiseau bleu* l'y salue, se rapproche de sa demeure en toute confiance et construit de suite son nid sous le chaume de la cabane, dans un trou de mur ou une cavité de l'arbre le plus proche. Nullement timide, l'Oiseau bleu ne se préoccupe pas de se cacher dans des arbres touffus, mais peut être vu du matin au soir, assis sur une branche morte,

sur une pierre, sur les auvents d'une maison ou une autre saillie, en chantant sa chanson mélodieuse, mais sans prétention, et en guettant les insectes qu'il prend selon la manière des Rouges-Gorges. »

Le nom de Rossignol que lui donnent les oiseleurs pourrait faire croire que sa voix rappelle, par quelques accents, les mélodies du chantre de nos bois. Il n'en est rien : son chant est un petit gazouillement faible et timide, qui ne provoque dans l'esprit aucune comparaison entre son ramage et celui de son homonyme.

Caractères. — Le plumage est splendide : elle a la tête, toute la partie supérieure du dos, les ailes et la queue d'un bleu céleste, la gorge et la poitrine marron, le ventre blanc; le bec est noir extérieurement et jaune intérieurement; les pattes sont également noires; l'œil est grand. La robe de la femelle est d'un bleu plus pâle, poudrée de gris; le marron de la gorge roussâtre et le ventre d'un blanc sale. Au premier âge, les jeunes portent la livrée de la mère.

Distribution géographique. — La Fauvette bleue habite tout l'est de l'Amérique du Nord, elle est commune dans l'Ohio, au Mississipi, où elle fréquente les bosquets et les jardins, rendant à la culture de grands services par la chasse qu'elle fait aux insectes de toutes sortes. « C'est le premier hôte, le mieux accueilli dans le voisinage des blockhaus des colons nouvellement installés, dit le Dr Russ. Dans les régions très peuplées, où les vieux arbres deviennent rares, on suspend pour elle des nids artificiels, car on la protège, pour sa beauté, pour son chant et comme oiseau utile. »

Nourriture. — A part quelques graines mêlées à quelques baies, son régime est complètement animal.

Captivité. — Elle s'accommode fort bien d'une pâtée faite de mie de pain blanc, de chènevis broyé, de jaune d'œufs durs, alliés à un peu de verdure : laitue, feuilles de choux ou pissenlit; on la conserve en bonne santé en ajoutant à cette nourriture un ou deux vers de farine par jour, et de la mie de pain blanc imbibée de lait bouilli. Au Jardin d'acclimatation de Paris, on traite cette Fauvette avec un mélange de cœur de bœuf, de mie de pain blanc et de chènevis écrasé. Aux miennes, je donne une composition à peu près semblable. Le cœur de bœuf est remplacé par une viande maigre quelconque : bœuf, mouton, veau ou volaille, et la verdure par de la carotte râpée. J'y ajoute un peu de biscuit et d'œillette. Cet oiseau est friand des vers de farine, d'œufs de fourmis ; il mange également avec plaisir de l'échaudé, du riz cuit, des fruits doux, tels que : poires, figues, baies de sureau. Il ne dédaigne pas un peu de millet blanc et d'alpiste.

A la beauté du plumage, la Fauvette bleue joint une grande douceur de mœurs. Elle s'apprivoise vite. Il suffit de lui montrer un ver de farine pour la faire accourir. Son grand appétit la rend jalouse de tout nouvel arrivant. Pendant un ou deux jours, il est l'objet de ses poursuites. Je dois ajouter même qu'à la suite d'une dispute survenue entre elle et un Pape, je dus la retirer pour la mettre avec des Sgnicolores et des Paddas. Depuis elle n'a cessé de vivre en bonne intelligence avec ses nouveaux compagnons.

Une disposition prononcée à se reproduire la rend chère aux amateurs. Pour l'y inviter, il faut placer dans la volière ou la cage, une bûche à perruches, un boulin ou simplement une boîte avec un trou percé sur un des côtés, et les matériaux nécessaires pour le garnir, c'est-à-dire du foin, du chiendent et des plumes. La ponte varie de 4 à 5 œufs, que la femelle couve seule pendant treize jours. Durant ce temps le mâle pourvoit à sa nourriture.

Pour faciliter les soins des parents, il est indispensable de leur procurer à ce moment le plus d'insectes possible : vers de farine, mouches, asticots, sauterelles, œufs de fourmis.

Les variations de température paraissent impressionner

Fig. 4. — Le Tarier rubicole.

assez peu cette Fauvette ; néanmoins, il est prudent de la tenir l'hiver dans une volière vitrée ou dans une chambre chauffée.

Le Tarier rubicole. — Pratincola rubicola (fig. 4). — *Caractères.* — La taille du Tarier rubicole, qu'on désigne également sous le nom de Traquet, est de 15 centimètres environ. Son plumage richement coloré le recommande à l'attention des amateurs. Il a la tête, le dos et la gorge noirs ; la poitrine d'un rouge-bai, qui va en s'affaiblissant sous le ventre. De chaque côté du cou, une tache blanche sépare le noir de la gorge. L'aile est égayée par une autre tache de même couleur. Le croupion est blanc ; les pieds sont noirs.

Chez la femelle, le noir du dos, de la tête et de la gorge est remplacé par un gris noirâtre et le rouge bai de la poitrine par une nuance jaune roux.

Distribution géographique. — Il est répandu dans toute l'Europe et plusieurs parties de l'Asie et de l'Afrique septentrionale.

Mœurs et habitudes. — Pendant l'été, le Tarier rubicole se tient dans les jeunes taillis, sur les coteaux couverts de bruyères, au milieu des landes, où il vole de buisson en buisson, toujours perché sur les branches les plus élevées. L'hiver, il descend dans les plaines, et fréquente les prairies et les cours d'eau. Rien n'égale sa vivacité et sa légèreté. Au repos, il s'incline brusquement et hoche la queue.

Il fait son nid dans les terres incultes, au milieu des pierres, au pied des buissons ou dans les rochers, dès les premiers jours d'avril. La ponte est de 5 à 6 œufs d'un vert bleuâtre, tachetés de roux, que la femelle paraît couver seule durant treize ou quatorze jours. Le père et la mère témoignent un grand attachement pour leurs petits. « Tant qu'un homme est dans le voisinage, dit Naumann, ils ne se rendent pas à leur nid, même s'ils ont des œufs ; ils ne poussent pas de cris qui pourraient les trahir. »

Son chant, composé d'une phrase courte, ne manque pas d'agrément.

C'est une croyance populaire, en Suisse, que, si l'on tue un Tarier rubicole, aussitôt toutes les vaches de l'Alpe, où le méfait a été commis, donnent du lait rouge.

Nourriture. — En liberté, le Tarier vit de sauterelles, de chenilles, de mouches, de fourmis, de larves, de coléoptères et d'insectes de toute sorte.

Captivité. — En cage, il se trouve très bien de la nourriture du Rossignol ou d'une pâtée faite de pommes de terre et d'œufs durs écrasés ensemble, additionnée d'une cuillerée de poudre Duquesne. On varie cette alimentation par des vers de farine, des œufs de fourmis et des insectes à la saison.

Chasse. — L'habitude du Tarier de se poser sur les arbustes isolés ou les branches proéminentes rend sa capture facile. Il suffit de ficher en terre un bâton garni d'un gluau amorcé d'un ver de farine pour le prendre.

La Gorge-bleue. — CYANECULA LEUCOCYANA (fig. 5). — *Caractères.* — Le mâle est un magnifique oiseau : il a le dos brun foncé, le ventre blanc sale, la gorge d'un beau bleu d'azur. Au milieu de cette espèce de plastron, rehaussé par une bande noire, qui se fond elle-même dans un bel orangé, brille, comme un miroir, une tache blanche et ronde. L'œil est surmonté d'un trait blanc roussâtre. Les rémiges sont gris brun ; les rectrices médianes, noir brun, et toutes les autres d'un roux brun foncé dans leur moitié basilaire et d'un brun foncé dans leur extrémité. L'œil est de cette dernière nuance ; le bec pointu et noirâtre avec les ongles jaunes.

La couleur de la gorge est à peine indiquée chez la femelle.

Quoi qu'on en ait dit, la Gorge-Bleue ne perd pas son beau plumage en captivité. Elle fait une double mue : l'une complète à l'automne, qui lui laisse à peine un demi-croissant de bleu, et l'autre, au printemps, qui lui rend la belle livrée que nous avons décrite.

Les jeunes ont le dos de nuance foncée, égayé de taches roussâtres, le ventre rayé longitudinalement et la gorge blanchâtre.

La longueur de la Gorge-Bleue est de 15 centimètres, dont 6 pour la queue.

D'après quelques naturalistes, il existerait trois espèces différentes de Gorges-Bleues : La *Gorge-Bleue à miroir blanc (Cyanecula leucocyana)*; dont il est question ici; *la Gorge-Bleue suédoise (Cyanecula suecica)* et la *Gorge-Bleue de Wolf (Cyanecula Wolfii)*, caractérisées, chacune, par la couleur particulière de la gorge. Chez le mâle de la Gorge-Bleue à miroir blanc, la tache du plastron est blanche ; chez celui de la Gorge-Bleue suédoise, elle est de couleur rouge, tandis qu'elle fait défaut chez le mâle de la Gorge-Bleue de Wolf. Au reste, les mœurs et les habitudes de ces diverses espèces sont les mêmes. Ce sont des oiseaux vifs et gais. Ils avancent par bonds si précipités qu'ils semblent courir.

Distribution géographique. — La Gorge-Bleue est particulière au nord de l'Europe, d'où elle se répand dans l'Asie et le nord de l'Afrique. Elle fait son apparition dans certaines contrées de la France vers le commencement d'avril, et en repart en septembre.

Mœurs et habitudes. — Les Gorges-Bleues fréquentent les terrains marécageux, les prairies humides. On les trouve le long des cours d'eau, couverts de broussailles, d'oseraies et de roseaux. A leur arrivée, au printemps, lorsqu'elles sont surprises par un retour de froid, elles viennent jusque dans les cours des fermes, sur les fumiers.

Pour se reproduire, la Gorge-Bleue recherche les buissons épais, placés au bord des marais, des lacs et des étangs. La ponte, de 6 à 7 œufs, de nuance verdâtre, marqués de points bruns, a lieu vers le mois de mai. L'incubation dure quinze

Fig. 5. — La Gorge-Bleue.

jours. Le nid est formé de feuilles sèches, de chaumes, d'herbes extérieurement, et tapissé intérieurement de bourre et de crin. On le trouve toujours près de l'eau, au bord d'un fossé, ou placé dans un trou entre des racines.

A l'automne, sans pousser très loin ses migrations, ce Passereau va demander au ciel d'Egypte, de l'Asie et de l'Inde, un climat plus doux. Au retour, les mâles précèdent les femelles ; le départ, au contraire, s'effectue, jeunes et vieux réunis.

Nourriture. — La Gorge-Bleue vit de vers, d'insectes et de baies à l'automne.

Chasse. — Sa capture ne présente aucune difficulté. Il suffit d'amorcer un piège à Rossignol avec un ver de farine pour la faire tomber dans l'embûche.

Jusqu'à présent, elle ne paraît point s'être reproduite en captivité.

Captivité. — Son chant et son plumage en font un charmant habitant de volière. Elle devient promptement familière. On la nourrit comme le Rossignol.

Bergerettes, Bergeronnettes, Lavandières. — Motacillæ (fig. 6). — C'est sous ces noms divers qu'on désigne ces charmants oiseaux que nous voyons, au printemps, courir derrière le laboureur pour saisir le vers que la charrue a mis a découvert, ou l'été, suivre les troupeaux pour saisir au vol les mouches et les tipules qui s'attachent à leurs flancs.

Le retour de ces émigrantes s'effectue dans le courant de février, fin mars au plus tard. Les couples se forment aussitôt, mais ces unions donnent lieu à de nombreux combats. L'humeur batailleuse des Bergeronnettes ne s'exerce pas seulement entre elles, mais encore contre les oiseaux de leur taille ou plus faibles qu'elles, qui fréquentent les mêmes lieux.

Bergeronnettes blanches, grises, jaunes, printanières et *Lavandières*, sous des livrées différentes, ne sont, pour Blasius, que les individus diversement habillés d'une seule espèce. Tout en laissant à d'autres naturalistes le soin de

Fig. 6. — La Hochequeue grise. Bergeronnette.

trancher la question, Brehm ne paraît pas éloigné de partager cette opinion[1]. Ce qu'il y a de certain, c'est qu'à quelques nuances près, « résultat de circonstances particulières plutôt que de faits », les mœurs et les habitudes de ces divers Motacillidés sont les mêmes. Parler de l'un, c'est décrire l'autre. Je me contenterai donc de faire la monographie de la Bergeronnette blanche, la plus généralement connue.

Caractères. — Elle a la tête, la gorge, jusqu'au milieu de la poitrine noires, le reste inférieur du corps blanc. Un gris cendré, avec des reflets bleuâtres, couvre le dos, les côtés de la poitrine et les petites couvertures; les joues et les côtés du cou sont blancs. Les rémiges, de couleur noirâtre, sont bordées de gris blanc; les moyennes et grandes couvertures, terminées de blanc, produisent une double bande transversale. Les rectrices médianes sont noires et les autres blanches. La queue est longue et fréquemment agitée par l'oiseau, d'où lui est venu le nom de *Hochequeue* et de *Lavandière*, sous lequel il est connu dans certaines parties de la France.

La femelle se distingue du mâle par la dimension restreinte de la tache noire, qui descend, en forme de bavette sur la poitrine des deux sexes.

Les Bergeronnettes ont une double mue. Dans le plumage d'automne, un plastron blanc, encadré d'une bande noire en forme de fer à cheval, remplace, chez l'un et l'autre, la tache noire de la gorge du plumage d'été.

Les jeunes ont le dos gris cendré, la face inférieure du corps gris blanc sale, à l'exception de la gorge, qui est noire.

La taille des Bergeronnettes est, à peu de chose près, la même chez les différentes espèces. Celle de la Bergeronnette blanche est de 20 centimètres environ, dont 10 pour la queue.

Distribution géographique. — On la rencontre dans

---

[1] Brehm, *Les Oiseaux*, édition française revue par Gerbe, t. I.

toute l'Europe, en Afrique, dans l'Asie occidentale, jusqu'aux environs d'Aden. D'après les observations de Brehm, elle fréquente également tout le nord et le centre de l'Asie, et pousse même ses excursions jusqu'aux Indes, où on la voit apparaître régulièrement tous les hivers.

Mœurs et habitudes. — Elle est vive et gaie, toujours en mouvement. Lorsque la Bergeronnette marche, elle tient son corps et sa queue dans une position horizontale, le cou légèrement rentré. Elle avance par petits pas, mais très prestes. Sur la grève des rivages, on la voit entrer dans l'eau jusqu'à mi-jambe pour y saisir les insectes aquatiques emportés par le courant.

On la trouve dans le voisinage des fermes, autour des fumiers, au milieu des prairies humides, dans les champs de labour ou placée non loin des cours d'eau, près des écluses des moulins, partout où les insectes, les vers et les mouches sont abondants. Au printemps, elle ne craint pas de s'aventurer jusque sous les murs des habitations, où elle est attirée par la présence des mouches que la chaleur fait éclore. Elle est, du reste, peu craintive : elle s'approche familièrement des laveuses pour ramasser les miettes de leurs repas.

La Bergeronnette blanche, ainsi que ses congénères, fait généralement deux pontes, la première de 6 à 8 œufs et la seconde de 4 à 6, d'un blanc bleuâtre tacheté de noir, que la femelle couve seule. Elle pose son nid tantôt au bord de l'eau, dans un trou ou une crevasse, entre les pierres, même sous les toits des métairies ; tantôt à terre, sous quelques racines, dans les piles de bois élevées, le long des rivières. Elle se sert, comme matériaux, d'herbes sèches, de petites racines entremêlées de mousse, le tout lié assez négligemment et garni à l'intérieur de plume ou de crin. Rien n'égale la propreté dont elle entoure sa couvée. La moindre ordure est rejetée hors du nid. Au dire de Buffon, elle va même jusqu'à porter au loin les morceaux de papier ou les pailles qu'on a semés pour reconnaître l'endroit où est le berceau de sa famille.

Le père et la mère nourrissent leurs petits de larves, de mouches et de fourmis. Quand ils sont en état de voler, les parents leur continuent leurs soins pendant plusieurs semaines encore, après quoi, ils les abandonnent à leurs propres ressources.

Vers la fin de l'automne, les Bergeronnettes se réunissent en bandes nombreuses. A ce moment, elles paraissent redoubler de gaieté. « On les voit se balancer en l'air, se poursuivre, passer d'un pâturage à un autre, d'un champ fraîchement labouré à un champ cultivé, mais toujours dans la direction de leur départ; puis, un jour, à la tombée de la nuit, toute la troupe s'envole, en poussant de grands cris, dans la direction du sud-ouest. » (Brehm.)

Toutes cependant ne partent pas; il n'est même pas rare d'en apercevoir quelques-unes en plein hiver. Elles se tiennent, durant la mauvaise saison, près des eaux de source ou des cours d'eau qui ne gèlent pas; elles font la chasse aux insectes aquatiques et aux mollusques terrestres.

Chasse. — Avec un ver de farine fixé à un gluau légèrement planté, on est sûr d'un prendre quelques-unes.

Captivité. — La Bergeronnette se plie assez facilement à la captivité, pourvu qu'elle soit placée dans une grande volière.

Rien ne la familiarise mieux que des œufs de fourmis, des vers de farine, des mouches et autres insectes. Peu à peu, elle s'habitue à la pâtée du Rossignol. En cage, on la traite de même. De temps à autre on joint à ce régime une pâtée faite d'échaudé et de millet, broyés et tamisés.

Lorsqu'on veut élever des jeunes, il faut leur donner des œufs de fourmis et du pain blanc trempé dans du lait bouilli. Ils s'apprivoisent, dit Bechstein, au point d'aller et de venir comme des pigeons, de nicher dans la chambre et voler à la campagne, à la recherche de la becquée pour leurs petits.

Le chant de la Bergeronnette, sans avoir rien d'éclatant, ne manque pas de variété. Hors le temps de la mue, elle se fait entendre toute l'année.

LES ASTRILDIENS. — Estreldæ.

Caractères. — Les Astrilds sont de petits oiseaux, dont la taille varie de 9 à 13 centimètres. Chez plusieurs, elle n'atteint même pas celle du Roitelet d'Europe. Leur forme est allongée; leur plumage doux, soyeux, chaud de tons, souvent même agréablement coloré. A la mue, les uns conservent leurs couleurs, d'autres, au contraire, revêtent un costume d'hiver complètement différent. L'aile, plus ou moins arrondie, est de moyenne grandeur, avec la seconde, la troisième ou la quatrième rémige plus longue. La queue, en général, est d'une certaine dimension, étagée ou conique, rarement carrée. Les pieds sont hauts, légers et armés d'ongles courts. Le bec se distingue par sa forme fine et allongée; il est brillant et d'un rouge éclatant chez un grand nombre. Les Astrilds sont gais, vifs et sociables.

Distribution géographique. — Ils appartiennent à l'Afrique, au sud de l'Asie et à la Nouvelle-Hollande.

Mœurs, habitudes et régime. — Ils peuplent, les uns, les forêts des steppes, les autres, les buissons qui croissent le long des cours d'eau. Quelques espèces se tiennent dans les endroits déserts et arides. Malgré les querelles entre mâles, il n'est pas rare de voir plusieurs couples nicher non loin les uns des autres, ils se construisent des nids ronds ou allongés, rarement en forme de bourse. Les uns les établissent dans les creux d'arbres, d'autres dans des touffes d'herbe près du sol, et un certain nombre dans le voisinage des habitations, et jusque sous le toit des cases ou des gourbis. La ponte varie de 3 à 8 œufs; mais, le plus souvent, elle n'est que de 3 ou 4. Selon la zone, elle se renouvelle une ou plusieurs fois. Le mâle et la femelle couvent alternativement et se partagent les soins de l'éducation. La nourriture se compose particulièrement de petites graines auxquelles les

Astrilds ajoutent quelques insectes et larves. En captivité, ils se montrent robustes et faciles à acclimater, quand on a soin de les protéger, au début, contre les variations trop brusques de la température. Leur disposition à nicher, pour la plupart, avec succès, mérite la faveur des amateurs. Aussi, sont-ils représentés dans les volières par de nombreuses espèces, en particulier par :

L'Astrild gris, l'Astrild ondulé, le Ventre orange, l'Astrild à joues oranges, le Bengali gris bleu, le Bengali moucheté, le Bengali vert, le Sénégali nain, le Cordon bleu, le Grenadin, le Beau-Marquet, le Bec de cire.

1. L'Astrild gris. — ESTRELDA CINEREA (fig. 7). — C'est sous le nom de *Bec de corail*, que ce charmant Astrild, si répandu aujourd'hui sur tous les marchés d'Europe, est connu des amateurs.

Caractères. — Sa taille est celle du Roitelet, c'est-à-dire de 9 centimètres.

L'ensemble du plumage est gris, sombre un peu sur le dos, plus clair sur la poitrine et les parties latérales. Une teinte rosée, très légère, à peine perceptible, lustre le bas de la poitrine et le ventre. L'œil est entouré d'un cercle rouge, la couleur corail du bec lui a valu le nom sous lequel les marchands d'oiseaux le vendent. Un trait de même nuance, qui va du bec à l'oreille, à travers l'œil, donne à la physionomie quelque chose d'espiègle et de charmant.

Rien ne distingue le mâle de la femelle. Au mois de septembre, époque de leur arrivée en Europe et du printemps de leur pays, on remarque chez le premier, revêtu de son habit de noces, le ton plus chaud, qui colore le ventre. Le trait de l'œil est également un peu plus allongé.

Distribution géographique. — A l'exception des parties septentrionales, l'aire de dispersion de cet Astrild paraît s'étendre à toute l'Afrique. Th. Heuglin l'a rencontré par

Fig. 7. — L'Astrild gris ou le Bec de corail.

volées nombreuses, de janvier à mai, dans la Nubie méridionale, le Kordofan, ainsi que dans le bassin du Nil blanc [1]. En avançant vers l'ouest, il a constaté sa présence sur les rives du Kosanga, jusqu'à une altitude de 2000 mètres au dessus du niveau de la mer. De son côté, le docteur Dhorn l'a observé au Cap-Vert et dans quelques vallées fertiles de Santiago. D'après ce voyageur, la propagation de l'Astrild gris dans ces parages, ne serait due qu'à un fait accidentel. Les représentants de la race descendraient d'un certain nombre de ces oiseaux échappés d'une pacotille, en 1865, à la suite du naufrage du vaisseau qui les portait.

Mœurs et habitudes. — L'Astrild gris est sociable ; il vit par groupes, en volées plus ou moins nombreuses. On le voit errer, dans les endroits couverts de buissons et de graminées, à la recherche des petites graines, qui constituent une partie de sa nourriture. A l'époque des amours, les couples se séparent.

Captivité. — La manière dont ces Bengalis font leur nid en captivité ne doit guère différer de celle qui leur est propre à l'état libre ; le mode, toutefois, en est assez varié. En volière, ils s'emparent le plus souvent d'un panier d'osier ou de toute autre plate-forme ; quelquefois, ils s'établissent à terre, sur le gazon, et rarement dans un arbuste. Ils donnent à leur nid la forme sphérique, en ménageant sur une des faces une sortie étroite et arrondie. L'intérieur en est garni, avec art, de menu foin, de bourre, de crin et de coton. Parmi les matériaux, les Astrilds semblent affectionner l'emploi des branches d'asperges, dont ils savent détacher les barbes avec une dextérité remarquable. Lorsque la saison ne permet pas de donner satisfaction à cette préférence, le couple entasse en forme de tour, qui ne mesure pas moins de 15 à

---

[1] Heuglin, *Systematische Uebersicht der Vögel nord-öst Afrikas mit Einschluss der arabischen Küste des rothen Meeres und der Nil-Quellenländer sudwärts*, Wien, 1856.

16 centimètres de haut, de la surface du panier au sommet de la pyramide, des matériaux de toute sorte. Sur ce lit, il pratique une excavation peu profonde, qu'il recouvre d'un dôme léger. D'autres fois, le nid, fait d'herbe et de filasse, présente une entrée débordant de 8 ou 9 centimètres, et soigneusement tressée de crin et de brindilles. Le Docteur Russ prétend avoir vu ces oiseaux charrier des débris de sèche, de petits coquillages et des parcelles de coquilles d'œufs, qu'ils incrustent, pour ainsi dire, dans les matériaux du nid, pour orner l'aspect de leur couche. Avant de songer sérieusement à se reproduire, il arrive parfois que l'Astrild fait des nids de côté et d'autre, plusieurs souvent les uns sous les autres.

La ponte est de 3 à 5 œufs blancs, petits et oblongs que le mâle et la femelle couvent alternativement pendant onze jours.

A la sortie du nid, les petits ont la tête et le dos gris-souris ; le bec noirâtre, la poitrine et le ventre brun clair. Le trait de l'œil et la couleur rose du ventre font défaut. Ce n'est que vers la quatrième semaine que les jeunes Astrilds commencent à revêtir le costume des adultes qu'ils ne quittent plus. L'habit de noce ne se distingue que par le ton plus chaud du plumage.

C'est vers le mois d'août ou de septembre que les becs de corail cherchent à nicher ; quand la couvée n'a pas réussi, ils recommencent en mars ou en avril. Il importe, à ce moment, de maintenir, nuit et jour, dans l'appartement ou la volière, une température de 15 à 20 degrés. Un abaissement de thermomètre deviendrait fatal aussi bien à la mère qu'aux petits. En liberté, les parents élèvent leur famille avec des insectes de différentes sortes. Pour suppléer à cette exigence, il est nécessaire, faute de cette ressource, de varier leur nourriture journalière. Au millet en grain et en branches, à la graine de chicorée et d'œillette, on joindra un peu de jaune d'œuf écrasé menu et mêlé d'échaudé, en y ajoutant encore quelques vers de farine coupés en morceaux ainsi que des larves de fourmis, fraîches, ou, à défaut, conservées. Il est bon, à ce moment, de faire attendrir les graines dans un peu de lait bouilli.

Durant deux années de suite, une dame de ma connaissance a vu ses Becs de corail nicher et conduire à bien l'éducation de leurs petits sans autre raffinement de nourriture qu'un peu de pain blanc et quelques grains de froment macérés ensemble dans du lait, ajoutés à leur ordinaire. Les deux pontes ont été de deux œufs chaque fois. La troisième année, les œufs se sont trouvés clairs par la stérilité peut-être d'un des deux époux.

La reproduction de l'Astrild réussit mieux en volière qu'en cage. Dans ce dernier cas, elle exige l'isolement du couple, le plus d'espace possible, et une exposition méridionale avec une installation destinée à protéger les oiseaux contre la trop grande ardeur du soleil ; on dissimule le nid par une touffe de genêts ou de verdure.

Des petits Passereaux qui nous arrivent de l'Afrique, l'Astrild gris est un des plus vifs et des plus gais. Il manifeste ses sentiments par des mouvements de queue, de droite et de gauche. Entre eux, ces oiseaux se témoignent beaucoup d'affection sans distinction de sexe. Au moindre éloignement, ils s'appellent. Ils vont à l'auge ensemble ; ils se baignent ensemble. Tout chez eux semble se régler d'un commun accord.

2. L'Astrild ondulé. — ESTRELDA ONDULATA (fig. 8). — Les naturalistes donnent à ce Bengali les noms divers d'*Astrild ondulé*, de *Sénégali rayé*, de *Bec de corail ondulé*, et de *Sainte-Hélène*. C'est sous ce dernier nom qu'il est vendu dans le commerce.

Caractères. — La taille est un peu plus forte que celle de l'Astrid gris; il mesure 10 centimètres, dont 4 1/2 pour la queue.

Toute la partie supérieure du corps est gris sombre, la

Fig. 8. — L'Astrild ondulé.

face inférieure de nuance plus claire. Des lignes blanches et grises finement dessinées produisent des ondulations brun foncé sur les joues et la gorge ; cette teinte est éclairée, sur la poitrine et le ventre, par un fond rose. La queue est noire avec des stries grises ; la même couleur se reproduit sous les sous-caudales ainsi que sur les parties avoisinantes. Un trait rouge, qui n'est pour ainsi dire que la continuation de la nuance du bec, traverse l'œil, le souligne dessus et dessous et s'étend jusqu'à l'oreille. Les pattes sont brun foncé.

La femelle se reconnaît facilement à sa taille plus faible, au rose moins accusé de la face inférieure, au gris jaunâtre des parties anales ainsi qu'aux ondulations moins nettes.

Vieillot fait un portrait charmant des qualités de ce petit oiseau[1], mais sa relation se borne à peu près à cela : « Avec des soins et de la chaleur, dit-il, le *Sénégali rayé* peut vivre de neuf à dix ans. » L'expérience a montré l'exactitude de son affirmation.

Distribution géographique. — L'aire de dispersion de l'Astrild ondulé n'est pas déterminée avec certitude. C'est de la zone centrale, d'où il a dû se répandre dans tout le sud, dans l'est et l'ouest de l'Afrique, que paraît venir ce Passereau. Comme l'Astrild gris, le Hasard a vraisemblablement présidé à son apparition à Madagascar, à Bourbon, à l'île Maurice et à Sainte-Hélène. Dans cette dernière île en particulier, sa propagation a pris des proportions considérables. C'est de là qu'est importée en Europe la plus grande partie de ces oiseaux, circonstance qui leur a valu le nom de *Sainte-Hélène*, qu'ils portent dans le commerce.

Mœurs et habitudes. — On sait peu de choses de la vie de ce Bengali en liberté. Les observations des explorateurs ainsi que des voyageurs peuvent se résumer dans les quelques données suivantes. De tous les Passereaux, il est le

---

[1] Vieillot, *Histoire naturelle des plus beaux oiseaux chanteurs de la zone torride*, Paris, Dufour, 1806.

plus commun au Natal. A l'entrée de l'hiver, on le voit par volées innombrables. Il recherche de préférence les terres cultivées.

Heuglin l'a rencontré, du mois d'octobre au mois de mai, dans les mêmes contrées que l'Astrild gris où, comme lui, il erre constamment [1], mêlé à d'autres oiseaux d'espèces similaires. On le trouve en bandes plus ou moins nombreuses au milieu des hautes herbes, des steppes et des marais. Il se tient également dans les broussailles, au milieu des plantations de coton, le long des cours d'eau, mais jamais dans les endroits arides et privés d'eau.

Dans l'Habesch, sa présence en certain nombre, à une altitude de plus de 2500 mètres au-dessus du niveau de la mer, a été constatée par Heuglin; mais ce voyageur pense qu'il ne s'y reproduit pas. Réunis par groupes détachés, ces oiseaux se glissent de buisson en buisson, volent d'une touffe d'herbe à une autre en poussant leur cris d'appel : *zip...zip*. D'autres fois, la volée tout entière s'abat sur les tiges des grandes graminées, ou sur le sol, pour y chercher les graines tombées à terre.

L'Astrild ondulé est vif, remuant, défiant. Il s'approche néanmoins des habitations. On peut alors l'observer à quelques pas seulement. Au Cap où, par son nombre, il cause aux récoltes des dégâts considérables, les colons l'empoisonnent à l'aide de l'arsenic ou de la strychnine. Il en meure ainsi des milliers.

Tout ce qu'on sait jusqu'à présent sur la façon dont ce Bengali fait son nid, c'est qu'il l'établit près de terre, au milieu des herbes les plus fourrées; qu'il lui donne une forme allongée; qu'il le couvre par le haut en ménageant une sortie sur l'un des côtés. Le chaume, les brins d'herbe, les filaments de plantes sont les matériaux employés.

[1] Heuglin, *Systematische Uebersicht der Vögel nord-öst Afrikas mit Einschluss der arabischen Küste des rothen Meeres und der Nil-Quellenländer sudwärts*, Wien, 1856.

Récemment, le Dʳ Fischer a rencontré un nid posé, à hauteur d'homme, à l'extrémité touffue d'une branche de Manguier.

Nourriture. — La nourriture se compose de petites graines, auxquelles il ajoute des insectes, principalement des fourmis qu'il saisit au vol.

Captivité. — Dans ces dernières années, un certain nombre d'amateurs ont obtenu des reproductions de l'Astrild ondulé. La manière dont nichent ces oiseaux en captivité rappelle leurs habitudes à l'état libre. Ils tapissent de coton, de crin et d'herbes fines le nid tout fait qu'on met à leur disposition, sans toutefois le couvrir. En volière, ils l'établissent sur la première plate-forme venue, quelquefois dans un buisson. C'est le mâle qui charrie les matériaux, qui leur donne la forme extérieure, pendant que la femelle se charge de l'arrangement intérieur. La ponte est de 3 à 5 œufs oblongs, d'un blanc éclatant, couvés alternativement par les deux époux. Toutes les deux heures environ, la femelle est relayée par son mari durant une demi-heure et souvent même pendant une heure. La nuit, le mâle se tient au bord du nid; si le temps est froid, il partage la couche avec elle. Comme leurs congénères gris, les Astrilds ondulés réclament une température constante de 15 à 16 degrés. L'incubation dure onze jours.

Au sortir du nid, les jeunes Astrilds ont le dessus de la tête, le dos cendrés, les pennes des ailes et les couvertures supérieures de la queue brun foncé. La gorge est gris blanc; la poitrine et le ventre gris clair. Déjà apparaît une légère teinte rose; sur le corps en général se dessinent des ondulations; le trait rouge qui enveloppe l'œil commence à se manifester, mais faiblement. Le bec est d'un noir brillant et les pattes de couleur brune. Insensiblement, le rouge s'accentue sur la face inférieure de la poitrine et du ventre; le plumage devient de plus en plus foncé, et vers la cinquième semaine, le bec, de dégradations en dégradations plus claires, passe au rouge de corail.

La jeune nichée réclame la même nourriture que les petits Astrilds gris, c'est-à-dire : pain mouillé de lait, échaudé écrasé avec du jaune d'œuf, vers de farine coupés en morceaux, larves de fourmis et asticots.

La Sainte-Hélène entre en amour à deux époques différentes : vers la fin de l'été et au commencement d'avril.

C'est un oiseau charmant, plein de grâces, d'un caractère doux avec ses compagnons de captivité. Au moment de la reproduction, cependant, il faut isoler les couples pour éviter entre mâles des luttes toujours préjudiciables aux couvées et souvent à l'un des combattants. Quelques amateurs reprochent à ces Bengalis de maltraiter leurs petits, lorsqu'ils commencent à être forts, et même de les tuer. On attribue ce sentiment dénaturé à un besoin impérieux d'une nourriture animalisée qu'éprouvent les parents à l'époque de l'éducation. Heureusement le fait est rare.

Signalons, en terminant, un fait qui prouve la parenté de ces petits oiseaux entre eux. Plusieurs amateurs ont vu prospérer des mariages entre Astrild ondulé et Astrild gris, voire même avec Joues-Oranges.

Millet en branches et en grain, œillette, graine de chicorée, chardon mélangé, mouron ou salade, œufs de fourmis à la saison, vers de farine, voilà pour le régime quotidien. A l'époque des nids, pâtée d'échaudé, de jaune d'œuf en plus.

3. **Le Ventre-Orange.** — ESTRELDA SUBFLAVA. — Ce Bengali est connu sous les noms divers de *Bengali zébré*, *Sénégali à ventre jaune*, *Sénégali à ventre Orange*, *Astrild à ventre orange*. Je lui conserve celui de *Ventre-Orange* que lui donnent les marchands et le plus usité par les amateurs.

Caractères. — La taille de cet Astrildien est celle du Bec de corail. Il a le dessus du corps brun olive, les pennes des ailes de couleur plus foncée, celles de la queue tirant sur le noir, le croupion et les tectrices supérieures de la queue rouge orange. La gorge, la poitrine et le ventre sont jaune citron, ondulé de bandes orangées ; chez les vieux mâles, la poitrine et quelquefois le ventre sont rouge orange. Sur la poitrine et les flancs, de teinte brun olive, des taches blanches mêlées de zones brunes forment des stries finement dessinées. Un trait rouge entoure l'œil et s'étend jusque vers l'oreille ; le bec est coloré d'un rouge corail ; les pieds sont gris rougeâtre.

Chez la femelle, ces tons chauds sont affaiblis par des teintes sombres.

Distribution géographique. — Le Ventre-Orange habite l'Afrique occidentale, en particulier la Gambie, d'où il a dû se répandre dans la plus grande partie de cette région. Sa présence à Madagascar et dans quelques îles voisines ainsi que dans celles du Cap-Vert, doit être le résultat d'un fait accidentel. Les explorateurs Lefebvre, Verreaux et Layard ne disent presque rien de sa vie en liberté. Heuglin en parle un peu plus longuement. Il a rencontré ce Bengali, au mois de mars, dans deux contrées fort éloignées l'une de l'autre, sur le territoire de Dembea et dans la province de Fogara, vers les sources du lac des Gazelles, par famille de cinq à dix membres, au milieu desquels quelques mâles se faisaient remarquer par l'éclat de leurs couleurs.

Mœurs et habitudes. — Heuglin les a vus errer autour des villages, dans les chaumes et les hautes herbes, ainsi qu'au milieu des roseaux. Rarement il a vu la troupe s'abattre dans les buissons ou les basses branches dépouillées des arbres. Ces Passereaux se tenaient ordinairement dans des touffes de tanaisie, en compagnie de l'Astrild gris et d'autres volatiles de même espèce. Suivant ce voyageur, ils rappellent, par leurs cris et leurs attroupements, les volées de Moineaux. Vieillot se contente de signaler le Ventre-Orange.

Captivité. — En cage comme en volière, ces Bengalis montrent les plus grandes dispositions à se reproduire. Ils construisent leur nid de bandes de papier, de tiges flexibles, de chaume, de coton, le tout soigneusement entrelacé. Le haut en est fermé ; une sortie assez large, à peine arrondie, ménagée sur le côté, donne accès dans l'intérieur qui est feutré de crin, de ouate et de plumes. Ils choisissent la place la plus élevée de la cage ou de la volière, soit qu'ils édifient leur nid de toute pièce, soit qu'ils s'installent dans un panier.

La ponte varie de trois à quatre œufs ; quelquefois, mais rarement, elle est de neuf. Ils sont blancs, légèrement brillants, de forme allongée et de couleur foncée vers le bout. Le mâle et la femelle se relaient toutes les deux heures, dans les soins de l'incubation.

En tout temps, les mâles aiment à se tenir perchés sur les plus hautes branches d'un arbuste isolé de la volière, pour y passer la nuit ou s'y reposer durant le jour. De tous les Bengalis, le Ventre-Orange est celui qui se fait entendre le plus souvent et le plus longtemps. Il chante pendant toute la saison des amours. On l'entend le matin, dès le jour naissant, et vers le soir, jusqu'à six ou huit heures, suivant la saison.

A l'aube, ses compagnons sont à l'auge depuis longtemps, qu'il ne songe pas à s'interrompre. Quand ils sont plusieurs mâles ensemble, c'est un assaut d'harmonie, chacun cherchant à couvrir la voix de son voisin. Puis tout à coup, les chants cessent, tous se précipitent sur la nourriture, chassant à droite, à gauche leurs petits compagnons, voire même des oiseaux plus gros qu'eux.

Le chant du Ventre-Orange ne le cède en rien, comme harmonie, à celui du Bengali moucheté, dont il rappelle les notes argentines.

A en juger par son ardeur en cage, il n'est pas téméraire de penser que le nombre de couvées à l'état libre ne doit pas être inférieur à quatre. Malheureusement, cette fécondité est souvent la cause de la mort de la femelle. A chaque couvée non réussie, succède immédiatement un nouveau nid, si bien qu'on a pu constater la production de cent vingt œufs par la même femelle. On comprend qu'un pareil excès prolifique amène son épuisement et sa fin.

Le costume du premier âge est gris clair, avec nuance foncée des pennes des ailes et de la queue. Sur le croupion, apparaissent de bonne heure quelques plumes jaune orange, signe distinctif du sexe. Vers la troisième semaine, apparaissent les stries de la poitrine et des flancs. A la huitième, l'oiseau a revêtu le plumage des adultes. Un mois et demi plus tard, les jeunes Ventres-Oranges sont aptes à se reproduire. Chez les mâles, toutefois, la belle couleur orange ne se manifeste que la seconde année, et ce n'est que dans la cinquième que les nuances sont régulièrement réparties.

Nourriture. — Ce Bengali réclame, comme les précédents, la même nourriture et les même soins. En temps ordinaire : du millet blanc en grain et en grappe, œillette, mouron, œufs de fourmis ; à l'époque de la nidification, pâtée faite d'échaudée de jaunes d'œufs et de larves de fourmis, ver de farine coupés en morceaux ou asticots.

4. **L'Astrild à joues oranges.** — Estrelda melpoda. — *Caractères.* — Connu des amateurs et des marchands sous le nom de *Joues-Oranges*, il a tout le dessus du corps, le dos et les ailes brun cendré, le croupion roux, la queue noirâtre ; la tête et le cou gris bleuté, les joues oranges. Le bec est rouge, l'œil souligné au-dessus et au-dessous par un trait brun jaune, qui s'étend des mandibules à l'oreille. La gorge est lustrée de gris brun, la face supérieure teintée de gris cendré tirant sur le bleu, la poitrine et le ventre variés de gris clair et les parties postérieures colorées de jaunâtre. Les pieds sont gris brun.

Les couleurs chez la femelle sont moins accusées, la tache des joues est plus restreinte et la couleur du croupion plus pâle.

Ce Bengali est un des plus jolis Passereaux d'Afrique. Son plumage est toujours lisse et propre. Sa taille est de 10 centimètres ; la queue en compte 5.

Par ses mouvements il ressemble à tous ses congénères ; mais il est plus vif et plus gai. Quand les Joues-Oranges sont en certain nombre elles semblent être sous la surveillance d'une sentinelle. Au moindre bruit insolite, le chef pousse un cri et toute la bande s'envole.

Distribution géographique. — Son aire de dispersion paraît être la même que celle de l'Astrild gris, mais beaucoup plus étendue vers l'ouest. On le trouve également au Sénégal, au cap Lopez, à Angola. Tout récemment Reichenbach l'a rencontré dans les terrains plats de la côte de Guinée. Il pense qu'il fait défaut dans les parties montagneuses.

Mœurs et habitudes. — Jusqu'à présent les voyageurs sont muets sur son genre de vie en liberté, ce qui peut paraître d'autant plus étonnant que ces Passereaux sont en nombre considérable en Afrique.

Contrairement à l'assertion de Vieillot [1], cet Astrild n'exige pas, pour vivre sous notre climat, les 22 à 25 degrés de chaleur dont parle ce naturaliste. Il est aussi robuste que ses compatriotes. Reichenbach n'ajoute rien de plus aux traits généraux esquissés par le voyageur français, qu'une affirmation erronée sur la délicatesse et le charme de sa voix, qui est tout à fait insignifiante. Sa pose seule, quand il chante, est amusante. Il étale sa queue, relève la tête, et fait des mouvements cadencés de droite et de gauche, au son d'une musique bizarre.

Captivité. — Rien ne saurait dépeindre l'agitation des Joues-Oranges lorsqu'il s'agit de faire choix d'un endroit pour y établir leur nid. Au mouvement de leur queue on comprend toute l'importance de la question. En effet, la place répond au caractère timide de l'oiseau. Ou bien elles le dissimulent dans un buisson épais, ou bien elles l'établissent dans un panier haut placé et à découvert. Le mâle et la femelle rivalisent d'ardeur pour y transporter les matériaux nécessaires. Ils lui donnent une forme sphérique, avec une sortie

---

[1] Vieillot, *Histoire naturelle des plus beaux Oiseaux chanteurs de la zone torride*, Paris, 1806.

ronde, étroite et tressée avec soin, sans la faire déborder extérieurement. Si l'on met à leur disposition des barbes d'asperges, ils les emploient de préférence; à défaut, ils se servent de matériaux minces et flexibles, brins d'herbe, fibres d'aloès ou de cocos. Il faut y ajouter du crin, du coton et des plumes.

Les deux époux couvent ensemble si pressés l'un contre l'autre qu'ils ne semblent faire qu'un. L'incubation et le développement des jeunes Joues-Oranges exigent le même temps que celui des Astrilds gris. Le duvet de la naissance est d'un gris tirant sur le jaune.

Le plumage du premier âge est gris cendré sur la partie supérieure du corps, d'une nuance plus claire avec fond brunâtre sur la face inférieure. Les plumes des ailes et de la queue, légèrement rosées sont sombres. Un jaune orange paraît comme soufflé sur le croupion. A ce moment, les joues commencent à être éclaircies faiblement par un jaune pâle. Le bec et les pieds sont noirs. Dès la troisième semaine, la coloration s'accentue si rapidement qu'à la cinquième le bec passant par des nuances de plus en plus pâles arrive au rouge éclatant.

Les Joues-Oranges nichent assez facilement; mais le grand écueil à la réussite des couvées vient du caractère sauvage de ces oiseaux. Au moindre bruit insolite, les parents quittent le nid, disparaissent dans un arbuste de la volière, et sont quelquefois plus d'une heure avant de revenir. Quelqu'apprivoisé que soit le couple il n'arrive jamais à surmonter complètement cette terreur innée.

On obtient, sans trop de difficultés, des couvées fécondes avec l'Astrild ondulé.

Nourriture. — Nourriture et soins sont les mêmes que ceux dont nous avons parlé au chapitre de l'Astrild gris.

5. **Le Bengali gris-bleu.** — Estrelda incana. — *Caractères.* — Bengali gris-bleu, Cul-beau-cendré, Cul-beau de Port-Natal, Queue de vinaigre sont les noms divers

sous lesquels on désigne cet oiseau. *Queue de vinaigre* est le seul usité par les marchands.

Il mesure près de 10 centimètres ; la queue en compte 4 1/2.

A l'exception de la queue et du croupion, qui sont d'un beau rouge cramoisi, tout le corps est gris bleu foncé vers les parties postérieures et gris argenté sur la face antérieure. Le bec est rouge brun, noirâtre vers l'extrémité. Un trait noir traverse l'œil. Les pieds sont bruns.

Le vêtement des jeunes diffère un peu de celui des parents. La tête et le cou sont gris bleuté ; les joues argentées ; les ailes grisâtres ; les côtés gris foncé, le dos gris souris ; la poitrine et la face antérieure gris clair ; le croupion, les caudales supérieures et inférieures bruns, tirant sur le rouge ; le bec couleur de chair.

Malgré la ressemblance du plumage, plusieurs naturalistes, en raison de légères différences de détails, ont établi trois variétés de Gris-Bleu : l'*Estrelda cœrulescens*, l'*Estrelda incana* (dont il est ici question, le seul ou presque le seul, tant les autres sont rares, qu'on voit dans le commerce), et l'*Estrelda Perreini*. Le premier a les tectrices supérieures et inférieures de la queue cramoisies ainsi que le croupion et le bas du dos. Chez le second, hormis les sous-caudales et les pennes de la queue, qui sont brun olive ; les autres parties ne présentent pas de différences. La couleur noire répandue sur les sous-caudales ainsi que sur les extrémités postérieures du corps caractérisent le troisième.

Ce Bengali est vif, remuant, batailleur avec les petits oiseaux de sa famille, à moins qu'il ne soit seul au milieu d'eux. Au temps des amours, les mâles se querellent entre eux. De plus, il a la mauvaise habitude de plumer ses compagnons de cage pour en sucer les plumes. On attribue ce goût au manque d'insectes et au besoin de nourriture animalisée. Il sera donc préférable de le mettre à part.

Distribution géographique. — Quant au pays d'origine, il serait également différent. L'*Estrelda cœrulescens* habiterait toute l'Afrique occidentale, particulièrement la Sénégambie et le Congo ; l'*Estrelda incana* ne se trouverait qu'au Natal, dans le Mozambique méridional et les en bas de la basse-Cafrerie. Enfin l'*Estrelda Perreini* serait plus répandu dans l'ouest de l'Afrique et du Congo.

Captivité. — Ainsi que tous les autres, le Bengali gris-bleu, dit Vieillot, peut s'acclimater sous notre climat et s'y reproduire. Comme eux, il demande une température élevée. Ce naturaliste conseille de planter quelques arbustes dans la volière.

Cet oiseau arrive en Europe, mêlé en très petit nombre, aux Amandines, aux Astrilds apportés par les navires, qui font la pacotille, des côtes de l'Afrique occidentale. Vieillot le donne comme délicat. C'est également le sentiment des marchands d'oiseaux. Amateurs et oiseliers, en effet, le conservent peu de temps. La raison en est très simple. Ce Passereau est insectivore-granivore ; mais plus particulièrement insectivore. Durant la traversée, il s'habitue à manger le millet qu'on donne à ses compagnons de route, et lorsqu'il passe dans les mains des amateurs, il retrouve chez eux la même nourriture. Insensiblement il s'affaiblit et à la première mue, il meurt. Si donc on veut le conserver et le voir nicher, il faut l'isoler et l'amener à manger la pâtée d'insectivores. Pour y parvenir plus sûrement on l'associe à un oiseau qui vit de ce régime, Manakin, Rossignol du Japon ou autre Bec-Fin. En attendant, on continue de lui donner du millet jusqu'à ce qu'il ait pris goût à son nouvel aliment. En voici la recette :

Nourriture. — « Mettez cuire pommes de terres et œufs. Après les avoir épluchés, faites un mélange du tout ou d'une partie selon le nombre d'oiseaux ; ajoutez-y un tiers de mie de pain imbibé de lait bouilli, mais bien expurgé de son liquide, écrasez fin avec une fourchette ou un pilon, en incorporant à ces éléments un peu de poudre de viande. Quand la pâtée est bien faite, elle est onctueuse et solide. Vous pro-

curerez ainsi à ce petit oiseau beau plumage et longue vie [1]. »
A ce régime vous joindrez quelques fruits doux, des vers de farine de temps à autre, et dans la saison, des larves de fourmis surtout à l'époque de la nidification.

De tous les Bengalis, c'est celui qui se familiarise le plus promptement. En peu de temps il vient prendre le ver ou la mouche qu'on lui présente. Pour le faire nicher, il faut suspendre, dans un coin de sa cage ou à une paroi de la volière, un petit panier rond, percé d'une ouverture sur un des côtés. Il le remplit d'herbe, de foin, de crin et de plumes. Sa ponte est de 5 à 6 œufs blancs relativement gros.

6. **Le Bengali moucheté.** — ESTRELDA AMANDAVA. — Ce Bengali est de la taille du Bec de corail. Il arrive sur les marchés d'Europe sous deux costumes différents, suivant l'époque. Dans son habit d'hiver, le mâle est brun sur le dos, gris-jaunâtre sous le ventre avec quelques points blancs sur les ailes et la queue, dont les pennes sont couleur foncée. Un trait noir au-dessus et au-dessous encadre l'œil; le bec est rouge sanguin obscur; les pieds jaune chair. Le plumage de la femelle, avec des nuances plus claires, présente le même aspect. Toutefois, les points blancs sur les ailes font défaut ou sont à peine perceptibles. La taille est également plus petite. Au moment des amours, le mâle se colore d'une teinte rouillée sur le corps, tirant sur le rouge orange vers le croupion. La poitrine et le ventre prennent une nuance vermillon, mêlée de brun, plus pâle sur les côtés et le bas-ventre, égayée par un semis de points blancs répandus sur la face antérieure, les côtés, les ailes et les plumes de la queue.

Au plumage, le Bengali joint aussi le charme de la voix. Son chant, composé de plusieurs strophes, a quelque chose d'argentin. Les notes sonnent clair comme détaillées par un timbre. La femelle, malgré les assertions contraires de

---

[1] Chiapella, *Manuel de l'oiseleur et de l'oiselier*, Bordeaux, 1874.

quelques naturalistes, comme Buffon et Bechstein[1], jouit de la même prérogative. Depuis, Vieillot en a consigné la particularité dans ses ouvrages et les amateurs ont pu s'en convaincre eux-mêmes.

Aux environs de Bombay, il existe une variété qu'on importe également en Europe et qui se distingue de la précédente par la taille qui est plus forte, par le rouge brique du plumage et par les points blancs plus accentués et répandus en plus grand nombre sur toute la robe. Le chant de cette espèce est aussi plus court. Du reste, les marchands vendent cet oiseau sous le nom de Bombay et l'autre sous celui de Bengali de l'Inde.

Ce charmant Passereau habite une grande partie de l'Inde et du Bengale. On le trouve également à Java, à Malacca et dans diverses îles des Indes Orientales.

Mœurs et habitudes. — D'après Jerdon[2], il fréquente les contrées couvertes de buissons et les prairies. On le voit quelquefois dans les jardins des villes situées dans le voisinage des forêts. Il s'y nourrit de graines de toute sorte et cause ainsi pas mal de dégâts. Blyth l'a rencontré dans un grand nombre d'endroits. De son côté, Hamilton l'a trouvé en bandes considérables pendant la saison des pluies, errant de ci et de là, le long des cours d'eau et des marais, au milieu des roseaux. Il a remarqué que le mâle, après la ponte, revêtait le costume de la femelle. Au dire d'Elliot, le Bengali est commun dans tout le Dharwa. On le trouve par grandes volées dans les champs de cannes à sucre en compagnie de la Nonne de Malacca.

Il niche dans de hautes herbes assez semblables à notre chiendent. « De forme ovale et couvert par le haut, le nid,

---

[1] Bechstein, *Histoire naturelle des Oiseaux de chambre*, trad. en français, Genève, 1825.
[2] Jerdon, *Catalogue of the Birds of the Peninsula of India, arranged according to the modern system of classification*, Madras, 1839-1840.

dit Reichenbach, est établi à une faible hauteur du sol, au milieu des feuilles et des tiges de ces graminées, attaché par des herbes fines. Il mesure environ 12 centimètres de hauteur et 7 de diamètre. Sur l'un des côtés, vers le sommet, est ménagée une sortie ronde et allongée de 6 centimètres de haut et 4 de large. Il est fait de feuilles étroites et de brins d'herbe; le fond en est garni de tiges menues, comme des fils, d'une espèce de Carex. Je n'y ai jamais trouvé de plumes par cette raison sans doute que cette couche de fibres fines en rend l'emploi inutile. »

Cette description se rapporte à celle qu'en donne le docteur Bernstein, de Java. « Ici, écrit-il, ces charmants petits oiseaux fréquentent particulièrement les lieux retirés, couverts d'*alang-alang*. Ils paraissent rarement dans le voisinage habité de ma résidence. Aidé de quelques indigènes faisant partie de mes domestiques, par trois fois, j'ai trouvé des nids de Bengalis, tous édifiés près du sol, sur les basses branches d'un buisson, au milieu de touffes d'*alang-alang*. Ces nids avaient la forme sphérique avec une sortie juste assez large pour donner passage à l'oiseau. Ils étaient construits extérieurement de chaume et d'herbe, intérieurement de coton de plantes. C'est sur cette couche molle et chaude que la femelle dépose de 5 à 6 œufs. »

Ces œufs sont d'un blanc mat et brillant, de forme légèrement ovale.

Captivité. — Vieillot le regarde comme délicat et réclamant, pour se reproduire sous notre climat, une température de 25 à 30 degrés. Des observations récentes ne confirment pas cette affirmation. Ce Passereau n'est pas moins robuste que les Astrilds et les petits oiseaux de ce genre. Sans doute, comme la plupart de ces charmants étrangers, il demande à être tenu dans une volière ou une pièce chauffée durant l'hiver, mais il n'exige pas davantage de chaleur. Son caractère sociable non seulement avec ceux de son espèce, mais encore avec ses autres compagnons de captivité, le rend intéressant Les mâles ne se querellent entre eux qu'au moment de s'apparier.

La saison des amours commence en automne et va jusqu'en janvier. A ce moment, le mâle, un brin d'herbe ou une plume au bec, exécute de petits saluts devant sa femelle et fait entendre sa chanson argentine. Trois ou quatre couvées se succèdent sans interruption. Il n'est donc pas difficile de l'amener à nicher à l'époque de notre printemps et de notre arrière-saison. Pour la construction du nid on mettra à sa disposition des matériaux semblables à ceux qu'il emploie en liberté, c'est-à-dire des feuilles de laiche, du crin, du foin et du coton. Si c'est en cage, on lui procurera le plus d'espace possible.

La captivité et notre ciel terne pâlissent, à la première mue, son brillant plumage. Il arrive même assez souvent que le vermillon de la robe de noces est remplacé par une couleur brune plus ou moins sombre. Pour éviter cet accident, il faut tenir le petit prisonnier exposé à la lumière et le soumettre quelque temps à l'eau de la Bourboule.

Nourriture. — En liberté, le Bengali, vit de petites graines et d'insectes. Il est cependant plus particulièrement granivore. Un mélange de millet blanc et de Bordeaux, additionné de graines d'œillette, de chicorée doit composer sa nourriture. Il aime les œufs de fourmis et les vers de farine. Un peu de mouron, de mâche ou de laitue, complètera ce régime auquel on ajoutera, durant l'éducation, le supplément que nous avons indiqué en parlant de l'Astrild gris.

7. **Le Bengali vert.** — Estrelda formosa. — Comme le précédent, ce Bengali mesure environ 9 centimètres; la queue en compte plus de 4 1/2.

Son plumage lui assigne une des premières places parmi les plus jolis Passereaux étrangers. Toute la partie supérieure du corps est vert olive, les ailes et la queue vert foncé, la gorge jaune pâle, la poitrine, le ventre et les parties inférieures, jaune vif. Enfin, les flancs finement zébrés de blanc. Le bec brille d'un beau rouge corail ; les pieds sont gris. Rien ne distingue le mâle de la femelle. Elle ne se reconnaît qu'à la teinte, un peu plus pâle, mélangée de blanc, du jaune de la poitrine, du ventre et des parties inférieures.

Son chant consiste dans une note longue que l'oiseau émet et laisse mourir lentement.

Distribution géographique. — Il a pour patrie l'île de Formose.

Captivité. — On ne l'apporte en Europe que depuis un très petit nombre d'années. Aussi, manque-t-il généralement dans les galeries d'histoire naturelle. En 1884, j'ai constaté son absence dans les collections ornithologiques du Jardin des Plantes, à Paris.

Russ indique la fin de 1873, comme date de sa première apparition sur les marchés d'Allemagne[1]. Sans autre renseignement, Hartlaub se contente de dire qu'il a vu, à Londres, ce Bengali vivant, vers le commencement de 1860. On ne connaît rien de sa vie en liberté. Il habite l'Inde, particulièrement les contrées centrales où il est assez commun, et les habitants le tiennent fréquemment en cage (Verreaux et Jerdon). Il est donc surprenant qu'il n'arrive pas plus souvent et en plus grand nombre en Europe. Depuis 1884, époque à laquelle je fis l'acquisition d'un mâle, je n'ai plus revu ce Passereau chez les marchands qu'en 1888 et 1890.

Durant tout l'été, il vécut en bonne santé, mais il mourut à la première mue.

Karl Russ a possédé, en 1874, 4 mâles et 3 femelles.

« Ces oiseaux, dit-il, avaient l'habitude, mâles et femelles, de se percher paisiblement les uns près des autres, à hauteur d'homme, dans un buisson planté en un coin demi-éclairé de la volière. Ils descendaient ensemble à terre pour chercher leur nourriture. Ils paraissaient vifs, alertes, faisant l'effet d'oiseaux heureux et paisibles. Au moment de la nidification,

[1] Russ, *Monographie des Oiseaux de chambre exotiques*, trad. par Faucheux, Paris, Deyrolle.

ils montrèrent peu de surexcitation. Leur timidité ainsi que leur façon de se tenir cachés rendent difficiles les observations sur leurs habitudes particulières. La femelle exprime par des ébats ses sentiments d'amour, comme celle du Bengali moucheté. Le mâle, par des cris semblables à ceux de son congénère, cherche à éloigner du voisinage du nid tout oiseau qui s'en approche, mais il ne s'attaque qu'aux plus faibles, et à la première apparition d'une personne, il s'enfonce, effrayé, dans les arbustes de la volière. Le premier nid construit, sans art, exclusivement de filasse et de tiges flexibles, avait la forme d'une tour grossière, haute de trois mains, avec une entrée vers le haut donnant accès dans l'intérieur. Le couple en fut dépossédé par des Diamants; il en reconstruisit un second avec les mêmes matériaux, mais de forme sphérique, avec une sortie sur le côté. En raison de la timidité de ces Passereaux et de leur facilité à se laisser effrayer par leurs compagnons, la couvée ne réussit pas. »

Karl Russ ajoute que, sans cause apparente et dans tout l'éclat de leur plumage, ses Bengalis moururent l'un après l'autre. Il a dû en être ainsi dans toutes les volières. Voilà pourquoi nous ne savons rien de la reproduction en captivité de ce Bengali, mais la disposition constatée par cet éleveur ne laisse aucun doute sur le résultat à venir, surtout si les oiseleurs nous envoient en plus grand nombre et moins rarement ces charmants oisillons.

Nourriture. — Tant pour le régime ordinaire que pour celui de la reproduction, on suivra ceux que nous avons indiqués en parlant du Bec de corail. On y ajoutera, tout l'été, des larves de fourmis, et, durant le reste de l'année, quelques vers de farine.

8. **Le Sénégali nain.** — Estrelda sénégala *(minima).* — *Caractères.* — Le Sénégali nain est l'Amaranthe des oiseleurs et des marchands d'oiseaux. Sa taille est celle du *Bec de corail;* il mesure 9 centimètres. Toute la face antérieure ainsi que le croupion sont d'un beau rouge pourpre. Vers

les parties postérieures, cette nuance est remplacée par un gris chamois. De petits points blancs égayent les côtés de la poitrine et le croupion. Sur le dos, le rouge passe au brun noir, avec un mélange de ton olive. L'œil est entouré d'un cercle jaune ; le bec et les pieds sont rougeâtres. Le costume plus modeste de la femelle est gris brun teinté de rouge obscur. De rares points blancs sont également semés sur les flancs. Les jeunes portent la livrée de la mère.

Chez un certain nombre, les points blancs font complètement défaut ; la couleur rouge est plus ou moins accentuée et s'étend sur le manteau et la couverture des ailes ; chez d'autres, le ton olive est répandu sur tout le dos. Ces différences de plumage paraissent tenir à des conditions d'âge ou de milieu.

Distribution géographique. — L'aire de dispersion du Sénégali nain s'étend de la côte orientale à la côte occidentale. Il est également très commun dans le bassin du Nil ; vers la zone tropicale, au Dongola, en Nubie, au Soudan, en Abyssinie, au Kordofan et au Sennaar.

Dans ces dernières années, on a cherché à l'acclimater à la Nouvelle-Calédonie. De nombreux couples y ont été apportés. J'ignore comment ils s'y sont comportés ; mais la tentative ne laisse pas de doute quant au résultat.

Mœurs et habitudes. — Ce Passereau se tient autour des habitations, dont les toits abritent le nid. On le rencontre dans le moindre village de la Nubie ou du Soudan méridional. Aussi, Hartmann le compare-t-il à notre Friquet ou au Moineau domestique. Il en a, en effet, toutes les mœurs. Hors la saison des amours, il erre dans le voisinage des lieux habités. Il fréquente les jardins et les champs. On le trouve aussi dans les steppes, sur les lisières des forêts, mêlé en grand nombre à d'autres petits oiseaux. Le voyageur que je viens de citer l'a vu en bandes innombrables sur les bords du Nil Bleu. En Abyssinie, on a signalé sa présence dans les montagnes, à une altitude de 3000 mètres au dessus du niveau de la mer. Heuglin en a remarqué des volées nombreuses

autour de Dongola et jusque dans l'intérieur de cette ville :
« Les Sénégalis, dit-il, sont des oiseaux vifs et charmants, qui viennent, sans défiance, dans les fermes et jusque dans les maisons, becqueter les grains et les miettes. Leur cri d'appel consiste en un pépiement animé. Bien que simple, leur chant ne manque pas de mélodie. Je ne les ai jamais vus de jour posés sur les arbres et les buissons. Ils se tiennent de préférence sur le sol, près des fossés d'irrigation, sur le fumier, les murs, les toits ou les fenêtres. Une fois fixés dans un endroit, ils ne l'abandonnent qu'à regret, tant qu'il est animé par la présence de l'homme. Durant l'été, ils recherchent, pour se garantir contre la chaleur, ou tout au moins pour y passer la nuit, l'ombrage des citronniers. Au soleil couchant, ils se réunissent en poussant des cris bruyants, et longtemps avant qu'ils ne s'endorment, on les entend encore.

« Le Petit Sénégali mue à la fin de la saison sèche, et, au commencement de septembre, c'est-à-dire aux premières pluies, il songe à se reproduire Les bandes, à ce moment, se séparent par paires, et celles-ci pénètrent hardiment dans les villes et les villages, cherchant un abri convenable sous le toit de chaume conique de la hutte d'argile des indigènes. Là, ils font dans un trou un grossier amas de feuilles desséchées, au centre duquel ils ménagent une cavité arrondie, négligemment construite. Au besoin, les petits Sénégalis nichent sur les arbres ou même à terre. C'est ainsi qu'au mois de janvier, dans les forêts des bords du Nil Bleu, je vis une femelle qui volait, inquiète, aux alentours d'une même place ; je soupçonnai la présence d'un nid et, effectivement, je le trouvai à terre, au milieu des herbes sèches. Les œufs sont blancs, lisses et arrondis, un peu plus gros que ceux du Roitelet. » (Brehm.)

Voici, d'un autre côté, le portrait qu'esquisse Vieillot, qui l'a fait reproduire, du *Petit Sénégali rouge* :

« Ces petits oiseaux, dit-il, sont doux, confiants, très

aimants l'un pour l'autre ; ils se recherchent sans cesse et se tiennent, d'ordinaire, la nuit surtout, serrés l'un contre l'autre. A l'époque de la reproduction, les époux seuls restent ensemble ; les mâles ayant entre eux de fréquentes disputes, on est obligé de séparer les couples. Le mâle est très affectueux pour sa femelle et se consacre entièrement à elle. Avant l'accouplement, il se perche près d'elle, une tige d'herbe dans le bec, fait de petits sauts, lève une jambe, puis l'autre, chante de toutes ses forces et à plusieurs reprises.

« Après l'accouplement, le mâle et la femelle construisent le nid. Si la femelle se refuse à l'accouplement, le mâle devient méchant et la pourchasse. Le nid du Petit Sénégali est presque aussi gros qu'un œuf d'Autruche ; l'ouverture est au centre. Le dehors est fait d'herbes et de mousse entrelacées, le dedans est tapissé de plumes et de duvet. Lorsque la femelle ne trouve pas de plumes, elle en arrache aux autres oiseaux qui passent près d'elle et même à son mâle. Si on veut lui donner un nid artificiel, il faut qu'il soit couvert par le haut et ouvert sur le côté. Les deux parents couvent alternativement pendant treize jours. Les jeunes sont couverts d'un duvet brun. Le père et la mère les élèvent soigneusement, leur donnent des graines déjà à demi digérées, des insectes surtout, des chenilles et des larves. »

Captivité. — Il ne change pas de plumage. Les marchands le tiennent pour très délicat. On a constaté que les femelles résistaient mieux ; mais on diminuerait sensiblement la mortalité si, à son arrivée, on le réconfortait avec des œufs de fourmis. Une fois acclimaté, il vit de longues années.

Pendant qu'ils couvent, ces oiseaux ont besoin d'une grande chaleur. Ils nichent en hiver. En laissant le mâle et la femelle séparés, on peut retarder l'accouplement jusqu'au mois de mai ; mais on n'a alors que deux couvées, l'une dans ce mois, l'autre en septembre.

Nourriture. — A l'éclosion des petits, on variera la

nourriture des parents, en ajoutant au millet, à l'œillette, à l'alpiste, aux criblures, leur régime ordinaire, une pâtée faite de jaune d'œufs, d'échaudé et de chènevis écrasé, de larves de fourmis et quelques vers de farine, coupés en morceaux. Ils aiment également la verdure.

9. Le Cordon-Bleu. — Estrelda phœnicotis. — Plusieurs inexactitudes se sont produites, au siècle dernier, au sujet de ce petit oiseau, appelé *Astrild papillon*, et plus communément *Cordon-Bleu*; Brisson, le croyant originaire du Bengale, en a fait le *Bengali*. Cette erreur a été suivie par Le Vaillant. Daudin [1] et plusieurs autres naturalistes ont pris, le mâle et la femelle pour deux espèces différentes, le *Mariposa* et le *Cordon-Bleu*. A l'une ils rattachaient le mâle, caractérisé par la tache rouge de la joue ; à l'autre la femelle, prise pour une variété par suite de l'absence de ce signe particulier. Malgré les affirmations certaines du chevalier Bruce, qui avait étudié l'oiseau dans son pays, Buffon a adopté la même opinion.

Caractères. — Cet Astrild est un des plus charmants qui nous viennent de l'Afrique. Il est un peu plus fort que le Sainte-Hélène. Sa taille est de 10 centimètres ; la queue à elle seule en compte 5 passés, ce qui lui donne une forme élancée et élégante.

Le manteau et les ailes sont gris chamois ; la même nuance, répandue sous le ventre et les parties postérieures, est encadrée par un beau bleu de ciel, qui couvre à la fois les joues, la gorge, la poitrine, court le long des flancs et s'étend sur la queue, qui est conique. Le mâle est marqué à la joue d'une tache carmin. Les pieds sont jaune gris. A l'exception de la tache, qui manque à la femelle, le costume est le même.

On connaît peu de chose de sa vie en liberté.

Distribution géographique. — Son aire de dispersion

---

[1] Daudin, *Traité élémentaire d'ornithologie*, Paris, 1799-1800.

paraît comprendre une grande partie de l'Afrique ; les explorateurs et les voyageurs l'ont rencontré partout où ils ont pu pénétrer. Il est au nombre des oiseaux que le Dr Dohrn a observés dans les îles du Cap-Vert.

Mœurs et habitudes. — Voici ce qu'en dit Heuglin : « Ce petit Passereau se rencontre en Abyssinie, jusqu'à une altitude de 2300 mètres au-dessus du niveau de la mer ; je l'ai trouvé plus avant vers Takah, dans le Sennaar, sur les bords du Nil Blanc et dans le Kordofan. Il n'est commun nul part. Il ne se réunit jamais en bandes nombreuses, comme les autres espèces de la même famille. Il se montre isolé ou par paire, sur les buissons, autour des villages et des fermes, dans les régions boisées, particulièrement dans le voisinage des cours d'eau.

« C'est un oiseau sédentaire. Son nid, au premier aspect, n'a aucune forme ; il ressemble à un amas de chaume resté accroché à un buisson ; il est établi négligemment entre des branches d'arbre, au mileu des broussailles, à 1^m,25 ou 2 mètres de hauteur. Il se compose presque exclusivement de brins d'herbes dont les têtes, dirigées dans le même sens vertical, viennent se réunir vers le haut. Une entrée étroite et dissimulée donne accès dans l'intérieur, moelleusement matelassé d'herbes, de plumes et de coton. J'y ai trouvé, avant, pendant et après la saison des pluies, de 3 à 6 œufs, blanc pur, de forme un peu allongée, rendus opaques et laités par l'incubation. Cet Astrild doit se servir de temps à autre, comme le fait le Bec d'argent, des nids de Tesserins de petite taille. »

A l'exception de cette dernière particularité, les observations de Brehm [1] s'accordent avec celles d'Heuglin. A côté de cela, le professeur Hartmann prétend avoir rencontré, sur divers points de l'Afrique occidentale, au milieu des forêts

---

[1] Brehm, *Les Oiseaux*, édition française, revue par Z. Gerbe, t. I. p. 175.

vierges, les Cordons-Bleus réunis en grandes bandes. Il lui paraît invraisemblable que cette espèce fasse exception à la règle commune de la famille. Cet explorateur compare cet Astrild et le Bengali à nos Moineaux.

Captivité. — Je ne connais rien de plus charmant que cet Astrild. Il a pour lui la grâce et le charme en même temps que la fixité du plumage. Son chant, s'il n'a pas de variété et d'étendue, ne manque pas d'agrément. Il est difficile de dépeindre le coup d'œil que présente le Cordon-Bleu lorsque, un jour de gaieté, il se livre à ses ébats. Voletant dans l'air, il imprime à ses ailes un mouvement si rapide que l'œil en perd les vibrations. On dirait alors un papillon emporté par la brise qui va se poser dans un coin de la cage. C'est de cette observation sans doute que lui est venu le nom d'*Astrild papillon* que lui donnent quelques ornithologistes.

La reproduction de ce Bengali n'est plus un fait isolé. On est arrivé à le faire nicher assez facilement en cage et en volière, en lui procurant une température uniforme et élevée. La manière de faire son nid, quand il a un arbuste à sa disposition, est la même que celle qu'il emploie en liberté. En cage, on lui fournit un panier ou une boîte avec un trou sur une des faces, qu'il remplit de foin, de plumes et de coton.

Au moment des amours, on voit le mâle, un brin d'herbe ou de mouron au bec, faire des saluts et de petits sauts autour de sa femelle, en accompagnant sa mimique de sa voie clairette. C'est sa déclaration.

La ponte est de 3 à 5 œufs que la femelle couve durant dix à quatorze jours. Pendant tout ce temps, le mâle veille avec un soin jaloux sur sa compagne. Il ne la remplace que dans les courts instants qu'elle consacre à sa nourriture. Au moindre bruit, il pousse des cris qui ont assez d'analogie avec la voix de crécelle de la cigale.

Dans son ensemble, la livrée des jeunes est gris tanné. Sur la poitrine, particulièrement la gorge et les flancs, apparaît de bonne heure la teinte bleue qui permet de reconnaître le sexe; la tache de la joue fait encore défaut; ce n'est qu'à partir de la cinquième semaine que les couleurs s'accentuent pour ne plus varier, malgré les deux mues que fait l'oiseau chaque année.

En captivité il se montre d'un caractère doux avec ses compagnons de volière; il n'y a de querelle qu'entre mâles de leur espèce au moment des amours. Pour n'avoir pas de conséquences fâcheuses, la bataille n'en est pas moins vive. Après une provocation plus ou moins longue, manifestée par des cris aigus, les deux adversaires se précipitent l'un sur l'autre, se poursuivent, se quittent, reviennent à la charge, roulent à terre, et à ce moment leur colère est telle, qu'il m'est arrivé plus d'une fois, pour séparer les combattants, de les prendre sur la main sans qu'ils s'en aperçussent et voir la lutte continuer.

Nourriture. — Il n'est pas plus difficile que les autres Bengalis, mais il réclame davantage de soins. Il est sensible au froid; au moindre abaissement de température, on les voit s'ils sont plusieurs, se presser les uns contre les autres, la tête sous l'aile. On évitera donc, à leur arrivée en Europe, de les laisser exposés aux courants d'air. On leur donnera du millet en branche et, comme grain, du millet blanc mélangé d'alpiste, d'œillette, de chardon et de graine de chicorée amère. Ils aiment la mie de pain blanc imbibée de lait bouilli, mais bien essoré. Cet ordinaire sera complété par du mouron, de la salade, quelques vers de farine, des œufs de fourmis ou des asticots.

A l'époque des nids, on variera le régime par la pâtée que nous avons indiquée pour l'Astrild gris (p. 118).

10. Le Grenadin. — Estrelda granatina. — *Caractères.* — Autant le Cordon-Bleu est aujourd'hui commun sur les marchés, autant est rare son proche parent le *Grenadin*. Outre le nom de Grenadin, il porte encore celui de *Capitaine d'Orénoque* et de *Pinson rouge et bleu*.

« Cet oiseau a le bec et le tour des yeux d'un rouge vif; les yeux noirs; sur les côtés de la tête une grande plaque pourpre presque ronde, dont le centre est sur le bord postérieur de l'œil, et qui est interrompue entre l'œil et le bec par une tache brune. La gorge et la queue sont noires; les pennes des ailes gris brun bordées de gris clair; la partie postérieure du corps, tant dessus que dessous, d'un violet bleu; tout le reste du plumage est mordoré, mais sur le dos il est varié de brun verdâtre, et cette même couleur mordorée borde antérieurement les couvertures des ailes. Les pieds sont de nuance chair obscure. Dans quelques individus, la base supérieure du bec est entourée d'une zone pourpre. » (Buffon.)

La femelle a le bec rouge et un peu de pourpre sous les yeux. Le sommet de la tête est orange; le dos est gris brun; la gorge et le dessous du corps sont orange clair; le bas du ventre est blanchâtre.

Distribution géographique. — Habite l'Afrique méridionale. On le trouve également sur la côte occidentale, mais son absence dans les pacotilles fait supposer qu'il doit y être en petit nombre.

Le premier individu vivant importé en Europe, en 1754, fut possédé par la marquise de Pompadour, grand amateur d'oiseaux étrangers, qui le conserva pendant deux ans. Vieillot dépeint le Grenadin comme un des Passereaux les plus remarquables, tant au point de vue de la beauté que du chant. Avant lui, Bechstein s'était exprimé de la même manière. De nos jours, Reichenbach et Heuglin ont également fait l'éloge de sa voix; erreur certaine, car, s'il a la beauté, la nature ne lui a pas donné un chant différent des autres Astrilds.

Mœurs et habitudes. — On ne sait rien de ses mœurs en liberté, si ce n'est qu'il établit son nid sur des arbustes à hauteur d'homme, qu'il est fait de mousse, de chaume et de duvet de plantes.

Nourriture. — Il est granivore et insectivore. Pour le conserver en bonne santé il importe de lui procurer, à la saison, des larves de fourmis, et durant le reste du temps, quelques vers de farine. En cas d'élevage, ce régime serait de rigueur. Quant au surplus de la nourriture, elle est semblable à celle des Astrilds.

Captivité. — Vieillot recommande de soustraire le Grenadin à l'influence du froid et de l'humidité pendant le moment de la reproduction, qui a lieu ordinairement durant notre automne ou notre hiver. La chaleur de la volière ne doit jamais être moindre de 16 degrés.

11. **Le Beau-Marquet.** — Fringilla melba. — La disparition sur les marchés de certains oiseaux, dont nous avons parlé à propos du Grenadin, s'applique également au Beau-Marquet que Buffon a décrit sous le nom de *Chardonneret vert*. Importé fréquemment autrefois, il est devenu fort rare de nos jours. Déjà du temps de Vieillot, on ne voyait plus guère que le mâle et ce naturaliste se plaint de son absence dans le commerce. A ses yeux, c'est un oiseau d'une complexion fort délicate exigeant pour vivre, une température régulière de 20 degrés, et pour se reproduire, la chaleur des serres.

Caractères. — Il a la taille du Chardonneret. Sa longueur est de 12 centimètres dont 4 pour la queue. Le bec un peu courbe se termine par une pointe allongée. Le front, les joues et la gorge sont rouges ainsi que les couvertures supérieures de la queue, dont les deux plumes médianes sont teintes de même couleur, tandis que les autres de nuance brune sont seulement bordées de rouge. Le haut de la poitrine est jaune orange ; les côtés sont égayés de points blancs ; le ventre est zébré de noir ; le dessus de la tête, le cou et le dos vert olive, chaque plume étant liserée de jaune ; les couvertures des ailes sont verdâtres, lustrées de rouge sur les barbes externes ; les pieds gris clair ; l'œil rouge ; le bec couleur corail.

La femelle n'a point de rouge à la gorge. Le bec est jaune

clair; le sommet de la tête et le cou gris; les petites couvertures des ailes et le croupion vert jaunâtre; le reste comme le mâle.

Distribution géographique. — Une erreur, commise par différents ornithologues et répétées par plusieurs écrivains modernes, lui assigne pour patrie tantôt le Brésil et tantôt l'Asie. Ce Passereau appartient à l'Afrique. On le rencontre en nombre assez considérable sur une grande partie de ce continent, pour s'étonner de sa rareté dans les volières. Il manque au Cap de Bonne-Espérance. Depuis peu, il a été signalé à Zanzibar, à Madagascar, aux îles Bourbon et Maurice. Sa propagation dans ces parages paraît être le résultat d'une importation ou d'une évasion.

Mœurs et habitudes. — Heuglin a constaté la présence du Beau-Marquet dans presque toutes les parties chaudes du nord de l'Afrique. D'après lui, c'est un oiseau sédentaire dont le plumage d'hiver diffère peu de celui d'été. « On le rencontre isolé, dit-il, ou par paires au milieu des bouquets d'arbres, dans les buissons épais ou les broussailles. Il semble préférer les contrées arides et sablonneuses, où il mène une vie paisible et sans intérêt. Je ne l'ai jamais vu sur le sommet des grands arbres ni dans les herbes des steppes. Bien qu'il ait l'habitude d'errer dans un vol bas à quelques pieds du sol, il ne s'y pose que par instant et sans y demeurer longtemps. Il est doux de caractère et nullement sauvage. Rarement il fait retentir les buissons desséchés de son chant faible et simple. Je n'ai malheureusement aucuns renseignements à donner sur sa manière de se reproduire. »

Comme le Combassou, cet oiseau ne supporte pas la société de ses semblables. En mettre deux ensemble c'est vouer l'un ou l'autre à une mort certaine.

Sa rareté n'a point permis jusqu'à ce jour de tenter des essais fructueux de reproduction.

Nourriture. — Le Beau-Marquet, en liberté, vit d'insectes et de graines. En cage, il demande, pour être conservé, certains soins.

« Il arrive du Sénégal, dit M. Chiapella, avec ces masses de petits oiseaux granivores-omnivores qui peuplent communément les volières des amateurs et des jardins zoologiques. A peine arrivé, il crève, et ce n'est que par hasard qu'on en sauve un sur mille.

« Pour moi, je sauvais tous ceux que j'achetais et voici la méthode que j'employais :

« Je plaçais d'abord le petit malade (ils arrivent tous malades) dans la société d'un Manakin débonnaire. Je mettais à demeure dans la cage une auge remplie de millet. Le Beau-Marquet mangeait d'abord le millet auquel il était habitué et qui l'avait fait vivre pendant le voyage.

« Mais, peu à peu et par imitation, il goûtait des fruits et de la pâtée n° 1 du Manakin (pommes de terre et œufs écrasés séparément et mêlés en égales parties et pétris ensemble de manière à former un tout homogène et farineux[1]). »

A défaut de Manakin on peut lui faire partager la cage d'un Rossignol du Japon. Il s'habituera de même à sa nourriture qui se compose de chènevis écrasé passé au tamis, d'amandes pilées, de mie de pain blanc humectée de lait bouilli et bien essorée, auxquels on ajoute quelques œufs de fourmis secs et deux ou trois vers de farine coupés en morceaux.

12. **Le Bec de cire.** — ŒGINTHA TEMPORALIS. — On désigne cet oiseau sous les noms divers d'*Œginthe*, d'*Astrild à cinq couleurs* et de *Bec de cire*. Le dernier est le seul usité parmi les marchands. Vieillot l'appelle *Sénégali quinticolor*. A sa description il n'ajoute aucun renseignement.

Caractères. — Mesure 13 centimètres. Il a tout le dessus du corps vert olive, le front, le dessus de la tête, les

---

[1] Chiapella, *Manuel de l'oiseleur et de l'oiselier*, Bordeaux, 1874.

joues gris, les côtés du cou jusqu'aux épaules lustrés de jaune pâle ; les pennes des ailes brunes, frangées de jaune foncé ; la gorge, la poitrine et le ventre blancs ; les flancs gris cendré ; le croupion, les couvertures supérieures de la queue rouge écarlate ; le bec de même nuance, les pieds jaunâtres.

Pendant la saison des amours, les teintes grises de la poitrine et des flancs deviennent azurées. Hors cette époque, c'est-à-dire de mai à juillet, temps pendant lequel le mâle est revêtu de son habit de noces, les deux sexes sont semblables.

Distribution géographique. — D'après Gould[2], c'est un des Passereaux les plus communs de la Nouvelle-Galles et de l'Australie méridionale, où on le rencontre dans tous les jardins et les prairies à la recherche des semences de graminées et de plantes, dont il fait sa nourriture. Il se montre particulièrement en grand nombre dans les environs de Sydney, au milieu des champs de culture.

Mœurs et habitudes. — A l'automne, ils se réunissent en bandes et errent de côté et d'autre. Ces volées se dispersent au printemps : les couples s'isolent pour se reproduire. Le nid placé dans des buissons bas, fait d'herbes sèches et matelassé de duvet, de chardon est volumineux. La ponte varie de 5 à 6 œufs blancs, de forme allongée et arrondie, à coquille lisse et brillante.

Hutton croit que ces oiseaux ont été apportés à la Nouvelle-Zélande par les colons européens et qu'ils s'y sont multipliés rapidement.

Captivité. — Il a toujours été apporté en Europe en petit nombre. Si son plumage n'a pas tout l'éclat qui attire le regard il est, en retour, particulièrement recommandable par son caractère de sociabilité. Malgré sa vivacité, il s'apprivoise vite.

Il reproduit assez facilement sous notre climat et si je n'ai

---

[1] Gould, *The Birds of Australia*, London.

pas de nombreux cas à citer, cela tient à la rareté de l'oiseau. Russ est un des premiers qui ait eu la bonne fortune d'obtenir un résultat heureux.

« De la façon dont le Bec de cire, se comporte en volière, dit-il, j'en conclus que ce Passereau, en liberté, ne doit pas rechercher les broussailles ou les buissons sombres, mais une place bien exposée au soleil. Le nid construit dans ma chambre d'oiseaux était fait de brins d'herbes, de fibres de coco, et de chaume; il avait la forme presque sphérique. Soigneusement arrangé intérieurement, mais d'aspect assez négligé à l'extérieur il ressemblait à celui du Cordon-Bleu. Il s'établit généralement dans une caisse placée à découvert et rarement dans un buisson, même bien ensoleillé. Le mâle traîne seul les matériaux et s'occupe de la construction extérieure, pendant que la femelle s'installe à l'intérieur, en dirige la confection et l'arrondit. Le nombre d'œufs va quelquefois jusqu'à 8. L'incubation dure douze jours. Le mâle et la femelle se relayent dans cette tâche. Ils élèvent leurs petits avec des jaunes d'œufs et mieux encore avec des larves de fourmis et des vers de farine coupés en morceaux [1]. »

Nourriture. — Il vit d'alpiste, de millet mélangés et d'autres petites graines telles que la graine d'œillette et de chicorée sauvage ainsi que de verdure.

LES AMADINIDÉS. — *Amadinæ.*

Caractères. — Les Amadinidés se distinguent des Astrilds par un bec plus fort, une taille supérieure, qui atteint de 10 à 25 centimètres. Les formes sont également plus massives. Très fourni, le plumage est lisse, nuancé chez un certain nombre, de couleurs vives. L'aile est courte et arrondie, la

---

[1] Russ, *Monographie des Oiseaux en chambre exotiques*, trad. par Faucheux *(l'Acclimatation).*

queue généralement peu longue et carrée. Les pattes sont hautes et fortes avec des ongles puissants ; mais ces caractères ne sont point uniformes. Aussi, les naturalistes ne s'entendent-ils pas sur le nombre des groupes génériques dans lesquels les Amadinidés se répartissent.

Distribution géographique. — Ces oiseaux sont originaires de l'Afrique et de l'Australie.

Mœurs, habitudes et régime. — Le nid est fait sans art ; l'intérieur, au contraire, est matelassé avec soin. On a peu de données sur leur genre de vie ; il paraît se rapprocher de celui des Astrilds. On les rencontre dans les bois de bambous, les buissons ou les roseaux : beaucoup fréquentent les plantations de cannes à sucre. Les uns se tiennent loin des habitations, les autres, au contraire s'en rapprochent. A l'époque des amours, ils vivent seuls ou par paires ; mais plus tard en bandes ou par familles ; ils errent de côté et d'autre à la recherche de leur nourriture, qui consiste tout particulièrement en petites graines et en verdure de différentes sortes. Lors de la maturité des récoltes, ils s'abattent dans les rizières et les champs de dourah, où ils causent des dégâts considérables. Pour protéger leurs moissons contre ces pillards, les indigènes leur font une guerre acharnée, dans laquelle il en succombe des milliers. Au nombre de leurs ennemis, il faut encore ajouter les oiseaux de proie et les serpents. Un certain nombre d'Amadinidés se sont reproduits en captivité, mais beaucoup se sont montrés réfractaires jusqu'à ce jour.

La classe est représentée dans les volières par trois espèces charmantes : l'*Amadine à collier*, l'*Amadine à tête rouge* et le *Mandarin*.

1. L'Amadine à collier. — Amadina fasciata. — *Caractères.* — Le nom de *Cou coupé* que cette Amadine porte dans le commerce lui vient d'une bande rouge, qui va d'une joue à l'autre et forme, sous le cou, une sorte de jugulaire écarlate assez semblable à une traînée de sang. Le bec brun clair est court et fort ; la queue courte ; les pattes couleur de chair. Sur un fond gris teinté de roux, qui forme le ton du plumage se détachent des mouchetures noires et blanches, foncées sur le dos, claires vers le cou et la tête. Les pennes sont brunes, les rectrices noirâtres. La poitrine se distingue par un plastron en forme de V, quadrillé de roux et de blanc.

Le gris domine dans la robe de la femelle, qui manque de la bande rouge du cou.

Distribution géographique. — L'Amadine habite l'Afrique occidentale ; on la rencontre également dans la partie orientale et dans le bassin du Nil, à partir du 16e degré de latitude Nord, d'après Brehm.

Mœurs et habitudes. — Elle fréquente les steppes, où elle vit par volée de vingt à trente. Si on la trouve dans les grandes forêts, ce n'est qu'accidentellement. Elle se tient de préférence dans les lieux couverts de buissons, où elle trouve dans les graminées une nourriture variée. Comme la Linotte d'Europe, elle erre de côté et d'autre, et dans ses excursions, s'approche des villages.

Les Amadines passent la matinée sur le sol, occupées à chercher leur vie. Au moment de la grande chaleur, elles se retirent dans des buissons touffus pour y faire la sieste. Les unes s'y livrent au sommeil, les autres lissent leurs plumes pendant que les mâles chantent. Dans la journée, quand la température s'est un peu abaissée, la troupe redescend à terre. Si, d'aventure, quelque chose jette l'effroi dans ses rangs, toute la troupe se précipite dans le premier buisson venu comme hypnotisée, puis les mâles s'enhardissent et se mettent à chanter. Il n'est pas d'oiseau qui passe plus vite de la crainte à la confiance.

Après la saison des pluies, c'est-à-dire au mois de janvier, époque du printemps de l'Afrique centrale, les Amadines s'apparient. Le nid, fait extérieurement d'herbes sèches, tapissé intérieurement de plumes et de duvet de plantes, présente l'aspect d'une boule ; sur la circonférence est ménagée une ouverture. La ponte est de 4 à 5 œufs, ponctués de rouge, que la femelle couve durant quinze jours. Le mâle, à ce moment, se montre plein de bienveillance pour elle ; il la visite souvent, passe la nuit et même une partie de la journée couché dans le nid à ses côtés.

Les petits naissent couverts de duvet. Leur première nourriture se compose d'insectes que les parents remplacent plus tard par des graines. De janvier au mois d'août, époque de la mue, les couvées se succèdent sans interruption.

Captivité. — Des oiseaux exotiques, c'est un de ceux qui se familiarisent le plus promptement. Il aime, comme la Mésange, à se reposer pendant le jour dans un boulin ou dans un nid couvert. De temps à autre on l'entend faire retentir sa retraite d'un *Trr... Trr... Trr...*, répété trois à quatre fois sur le même ton, avec des mouvements de tête de droite à gauche qu'on dirait automatiques par leur raideur. C'est là tout son chant. La voix est faible et enrouée, si bien que le son paraît sortir avec peine de la gorge. Quand l'Amadine fait sa cour, elle accompagne sa chanson de petit sauts sans quitter le barreau.

Le mâle est très ardent et cette ardeur est quelquefois un obstacle à la réussite des couvées, par suite des disputes qu'il cherche à sa compagne. Afin de parer à cet inconvénient, on met le mâle avec deux femelles. Pendant qu'il courtise l'une, il laisse l'autre accomplir sa tâche.

Quand elles sont bien soignées, les Amadines à collier ne font aucune difficulté de nicher aussi bien en cage qu'en volière. Il suffit de leur donner une bûche à perruche pour les voir se mettre à l'œuvre tout aussitôt et la garnir de foin et de plumes.

Sous notre climat, elles ne changent en rien l'époque de leurs amours. C'est toujours au mois de janvier qu'elles s'accouplent. La date en est plutôt avancée que reculée. J'ai vu des Amadines nicher en octobre.

Leur pays d'origine indique suffisamment qu'elles doivent être tenues l'hiver dans une salle chauffée.

A l'exception des Bengalis, avec lesquels elle n'est pas toujours correcte, surtout en temps d'amour, l'Amadine vit en bons rapports avec les autres oiseaux.

Nourriture. — Toutes les petites graines : millet, navette, alpiste, œillette, chènevis, lui sont agréables. Elle aime la salade, le mouron, le pain imbibé de lait bouilli, les œufs de fourmis et les vers de farine. Au moment de l'éclosion des petits, il importe de mettre à la disposition des parents une pâtée faite de mie de pain imprégnée de lait et mélangée de jaunes d'œufs, de vers de farine et de larves de fourmis.

2. L'Amadine à tête rouge. — AMADINA ERYTHROCEPHALA.
— *Caractères.* — Désignée dans les ouvrages anciens sous les noms divers de *Cardinal d'Angola*, de *Grivelin* ou de *Moineau de Paradis*, cette Amadine se rapproche complètement de la précédente, par la forme, la taille et la manière d'être. Même chant, même façon de sauter, en faisant entendre son ramage. A l'exception de la nuque, de la tête et de la gorge, qui sont d'un beau rouge vif, et d'une double barre blanche qui coupe l'aile, tout le reste du plumage ressemble à celui de l'Amadine à collier, dont elle n'est qu'une variété. La femelle n'a point de rouge à la tête.

Distribution géographique. — Edwards d'abord, et Vieillot plus tard, ont redressé l'erreur commise par Buffon et Latham, qui avaient assigné l'Amérique comme pays d'origine de ce Passereau, en le restituant au Catalogue ornithologique de l'Afrique.

Lefebvre a rencontré, en mai 1841, l'Amadine à tête rouge en Abyssinie, où elle ne paraît être qu'un oiseau de passage. Elle est abondante dans l'Afrique méridionale. C'est par bandes entières qu'elle s'abat dans les jardins, où elle vient chercher les graines des légumes. L'aire de son habitat semble limitée à la zone torride de ce continent. Toutefois, elle a été vue plusieurs fois dans l'Ouest.

Mœurs et habitudes. — On ne sait rien de plus de ces oiseaux, qui, du temps de Vieillot, paraissent avoir été moins rares qu'aujourd'hui, car, depuis 1885, il n'en a pas paru chez les marchands de Paris.

Captivité. — Ce naturaliste vante sa familiarité, son tempérament robuste et sa facilité à se reproduire en volière ; mais il ajoute que le caractère inquiet de la femelle et sa disposition à abandonner son nid pour un rien s'oppose, la plupart du temps, au succès des couvées. « Le mâle chante toute l'année, dit Bechstein, mais sa voix est si faible que le moindre bruit la couvre. On a essayé, avec succès, en Angleterre, de faire couver cette espèce dans une volière. »

Russ a fait reproduire cette Amadine avec sa congénère, l'Amadine à collier [1]. De son côté, M. Schödter a vu pondre chez lui, dans une noix de coco, dont elle s'était fait un nid, une paire de ces oiseaux.

Comme le précédent, ce Passereau est un hôte désagréable dans une volière. Si, par hasard, il niche tranquillement en respectant le nid des autres, cette qualité est détruite par son acharnement à poursuivre les petits oiseaux et à les déplumer.

Nourriture. — Tout ce que nous avons dit de la nourriture et de la reproduction à la monographie précédente s'applique à cette Amadine.

3. **Le Mandarin.** — AMADINA CASTANOTIS (fig. 9). — Cette Amadine est connue dans le commerce et des amateurs sous le nom de *Moineau-Mandarin* ou de *Mandarin* tout court.

Caractères. — Elle a 10 centimètres. Le dessus du corps, la tête, le cou sont cendrés ; les ailes gris foncé, frangées de gris pâle. Chaque plume de la queue, qui est noire, est traversée par des bandes blanches. De chaque côté des joues,

---

[1] Russ, *Monographie des Oiseaux de chambre exotiques*. Paris.

Fig. 9 — Le Mandarin.

marquées d'une tache orange, descend une raie blanche, encadrée entre deux traits noirs, qui rappelle assez bien la forme des moustaches des habitants du Céleste-Empire. C'est à cette particularité, très vraisemblablement que l'oiseau doit son double nom de *Mandarin* ou de *Diamant à moustaches*. La gorge et la poitrine sont pointillées de blanc et de noir, dessin limité sur le ventre par une ligne noire. Tout le dessous du corps est blanc. Le long des flancs court une bande orange égayée de points blancs. Le bec et les pieds sont couleur orange. La tache des joues manque chez la femelle, ainsi que la plaque oblongue, de nuance orange, pointillée de blanc au-dessous des ailes.

Distribution géographique. — Le Mandarin est répandu dans tout l'intérieur de l'Australie. Gould et d'autres voyageurs l'ont rencontré dans les plaines parsemées d'arbres et surtout couvertes d'herbes où on le voit, par petites bandes, courir sur le sol, à la recherches des semences de graminées [1].

Mœurs et habitudes. — Comme nos Moineaux, les mâles se querellent entre eux. Cet esprit batailleur les suit jusqu'en captivité. Il est rare de voir deux mâles réunis dans la même cage vivre en bonne intelligence. Entre couple règne la plus parfaite amitié. Au moindre appel, ils accourent l'un près de l'autre et se témoignent les sentiments les plus tendres. Même en dehors de la saison des amours, le Mandarin cherche à charmer sa compagne par son chant qu'il accompagne de petits sauts.

En liberté, ces oiseaux nichent dans les creux d'arbres, les anfractuosités de rochers, où ils se composent des nids faits d'herbes sèches et de duvet de plantes. La ponte est de 5 à 6 œufs, de forme allongée, à coquille lisse et de couleur blanche légèrement bleutée. La femelle et le mâle couvent alternativement, le mâle plus particulièrement dans la mati-

---

[1] Gould, *The Birds of Australia*, London.

née. Le soir, ils couchent l'un à côté de l'autre. Les petits éclosent au onzième jour, prennent leur essor à trois semaines et mangent seuls huit jours après. Durant quelque temps, ils reviennent encore au nid.

Captivité. — De toutes les Amadines, le Mandarin est une des plus charmantes. Elle anime agréablement une cage par sa vivacité et son petit ramage qui ressemble au son nasillard des trompettes d'enfants. Son cri d'appel est formé d'une intonation claire et haute, répétée plusieurs fois.

En cage, le tempérament chaud des Mandarins les porte à se reproduire toute l'année, sans distinction de saisons. Il importe de mettre obstacle à ces ardeurs en séparant les sexes, car les pontes d'hiver sont souvent fatales à la femelle. Le vrai moment est la fin d'avril ou le commencement de mai. On met à leur disposition un panier d'osier couvert, avec une ouverture sur le côté, du foin, du chiendent, de l'étoupe, du coton et des plumes. La première couvée est promptement suivie d'une seconde et souvent d'une troisième. Le développement des jeunes est rapide. A deux mois, ils ont revêtu le plumage des adultes et sont propres à reproduire. Ce passage rapide du jeune âge à l'état adulte a des inconvénients. Ils tourmentent leurs parents et même les autres oiseaux. Il convient de les retirer de bonne heure et de les mettre à part dans une grande cage, en ayant soin de leur donner des boulins pour qu'ils puissent y trouver un refuge contre les refroidissements, généralement mortels pour eux.

Nourriture. — Pour les entretenir en bonne santé, à leur nourriture ordinaire, qui consiste en millet blanc, alpiste, graine d'œillette et de chicorée sauvage mélangés, on ajoute un peu de mie de pain blanc, émiettée, imbibée de lait bouilli et bien essorée. Durant l'élevage, on complète cette alimentation par une pâtée faite de jaunes d'œufs, d'échaudé et de larves de fourmis.

4. **Le Pape des Prairies.** — ERYTHRURA PRASINA. — Ce Passereau auquel les oiseleurs donnent le nom de *Pape des*

Prairies en raison d'une certaine ressemblance de tons et de couleurs avec l'oiseau de la Louisiane, porte celui de *Diamant quadricolore*. Il est désigné dans Buffon sous la dénomination de *Gros-Bec de Java*. Ce naturaliste se contente de dépeindre son plumage, sans détails sur ses mœurs et son genre de vie. De son côté, Vieillot en dit peu de chose.

On ignore à quelle époque il a été apporté en Europe.

Caractères. — Sa taille est a peu près celle de la Veuve Dominicaine. Le bec est fort et noir ; la tête, le dos et les ailes sont vert foncé ; le croupion et la queue rouge brique. Cette dernière est ornée de deux longues plumes effilées, qui donnent à l'oiseau un air élancé des plus coquets. Au bleu ciel de la gorge et de la poitrine succède un rouge ponceau, qui s'étend sur toute la face inférieure. Les pieds sont couleur de chair.

La toilette de la femelle est plus modeste. Elle a le dessus du corps vert, le croupion et la queue rouge pâle. Le bleu du cou fait défaut, la couleur ponceau du ventre est remplacée par une nuance noisette.

Le plumage des jeunes est vert bleu ; les ailes brun foncé, la poitrine gris cendré ; le ventre un peu plus foncé, teinté de vert olive.

Sans changer de nuance, les couleurs de ce Passereau s'accentuent en novembre et prennent tout leur éclat en décembre. A ce moment, il ne cesse de se faire entendre, à en juger aux mouvements de la gorge plutôt qu'à la voix, car elle est à peine perceptible, et les sons qui s'échappent de son gosier ressemblent au bruissement produit par les sauterelles en été.

Distribution géographique. — Son habitat paraît limité aux îles de Java de Sumatra et de Bornéo.

Mœurs et habitudes. — Il se rapproche, par son genre de vie, de tous les petits Passereaux qui viennent de l'Océanie. A l'époque de la maturité du riz, il cause dans les rizières des dégâts considérables. Il établit, sans art, son nid, dans les fentes des rochers et dans les ruines.

Captivité. — Ce charmant oiseau, bien que moins rare actuellement qu'il y a quelques années, est encore d'un prix élevé. Il est doux de caractère et bon compagnon de captivité.

Quelques amateurs se plaignent de sa constitution délicate, et l'accusent de mal supporter le climat d'Europe. Nos observations personnelles contredisent cette affirmation, et nous pouvons assurer que, lorsqu'il arrive bien portant, il se montre aussi robuste que tout autre oiseau.

Dans ces dernières années, on a obtenu, en Allemagne, la reproduction du Pape des Prairies. En 1882, il a réussi à élever ses petits chez M. Bargheer à Baselet et, en 1886, chez le lieutenant Hauth.

« Un couple que j'avais en volière, en 1877, raconte de son côté le docteur Russ, nicha pendant un voyage que je fis dans l'été de cette année. Le mâle mourut à ce moment. A l'automne, lorsqu'on nettoya la volière, je trouvai le nid, et tout auprès, assez forts pour voler, les petits à l'état de squelettes. Leur charmant plumage, et particulièrement les plumes des ailes et de la queue, ne me laissèrent aucun doute sur l'identité de leur espèce [1]. »

Nourriture. — Il est peu difficile sur la nourriture. Avec l'alpiste, le principal élément de son régime, il mange avec beaucoup de plaisir le gruau d'avoine, le pain au lait, le riz en balle et, à défaut, le riz attendri dans l'eau bouillante et égoutté sur un tamis. Il ne dédaigne pas les graines de soleil concassées, le chènevis écrasé, ainsi que le millet. Toute espèce de verdure lui est agréable.

---

[1] Russ, *Monographie des Oiseaux en chambre exotiques*, trad. par Faucheux.

LES DIAMANTS

Caractères. — Le nom de Diamant donné primitivement à quelques Fringillidés de l'Australie, à cause des points blancs semés sur leur robe, s'est étendu abusivement à la plupart des Passereaux de cette contrée. Du reste, sans être autrement justifiée, d'autres oiseaux tout à fait étrangers aux terres océaniennes, tels que la *Spermète naine* de Zanzibar et l'*Œginthe aurore* de l'Afrique centrale ont reçu du commerce la même dénomination.

Le Fringillidés australiens présentent, ainsi que la plupart des êtres de ce pays, une physionomie à part, soit par leur attitude, soit par leur pause, soit par la distribution des couleurs, qui est particulière. Plusieurs peuvent rivaliser d'éclat avec les Tangaras du Nouveau-Monde.

Distribution géographique. — Ils sont répandus sur divers points de l'Australie et dans les îles avoisinantes, mais principalement dans les vastes prairies de cette région.

Mœurs, habitudes et régime. — Ils habitent, les uns, sur les bords des rivières et des lacs, au milieu des prairies de joncs et des fourrés de roseaux, qui poussent sur leurs rives; les autres, dans les vastes plaines arrosées par le Murray, où croît une variété considérable de graminées, dont ils mangent les graines tombées sur le sol ou qu'ils détachent de leurs épis en grimpant aux tiges. D'autres, enfin, vivent dans le voisinage des habitations et pénètrent jusqu'au centre des villes. Au régime des graines, ils ajoutent vraisemblablement des insectes.

On ne sait rien ou peu de chose de leurs mœurs et de leurs habitudes. Le plus grand nombre est sédentaire; quelques espèces paraissent migratrices ou tout au moins erratiques. Malgré l'envoi fort restreint de ces Passereaux et leur apparition sur les marchés de date relativement récente, l'observation a pu constater déjà leur disposition à se reproduire. Le fait est acquis pour tous ou presque tous. La façon dont ils supportent les fatigues de la longue traversée qui sépare l'Australie de l'Europe, au milieu des vicissitudes de la température, variant avec la marche du vaisseau, témoigne d'une constitution assez robuste; mais pour leur installation en cage ou en volière, il ne faut pas perdre de vue que le thermomètre, durant les hivers de leur patrie, se maintient toujours de 6 à 8 degrés au-dessus de zéro. Ils ne sauraient donc passer notre saison rigoureuse en plein air. L'amateur soucieux de leur santé leur procurera, pendant la période froide de notre climat, une chambre chauffée.

De caractère vif et gai, ils animent par leurs ébats une réunion de petits oiseaux. Leur régime est des plus simples: alpiste, millet, échaudé et verdure. A leur arrivée, on rétablit leurs forces avec des vers de farine, dont plusieurs sont friands.

En raison de leur apparition relativement récente sur les marchés d'Europe, nous leur accordons ici une place importante en parlant des dix espèces suivantes : *Diamant Kittlitz, à tête rouge, à gouttelettes, à bavette, modeste, Phaéton, Emblème peinte, Diamant de Bichenow, aurore, amadine*, et les *Spermètes*, leurs proches parentes.

1. Le Diamant de Kittlitz. — ERYTHRURA TRICHROA. — *Caractères*. — Il a beaucoup de ressemblance, comme taille et comme physionomie, avec le Pape des prairies. La partie supérieure du corps est vert foncé; la face inférieure de nuance plus claire. A partir du sommet de la tête, toute la région des joues, la gorge et les côtés du cou sont d'un beau bleu violet; le bas du dos et le croupion d'un rouge sang. La queue, de forme conique, avec deux plumes médianes plus longues, est teinte de même couleur. Le bec est noir. Chez la femelle, les nuances sont plus ternes; le bleu de la tête, plus pâle, s'étend moins loin. Sur les côtés, le vert tire sur le gris, il domine sur la poitrine. Grises également sont les parties inférieures ; mais la différence la plus caractéristique entre les deux sexes est la couleur bronze doré qui règne dans tout le plumage de la femelle et qui est absente chez le mâle.

Dans le commerce, ce Passereau porte le nom de *Diamant bicolore*.

Mœurs. — « Il est beaucoup moins rare dans l'île Ualan, lieu de son habitat, qu'il ne le paraît, par suite de son caractère défiant et de l'existence cachée qu'il y mène. On le rencontre isolé ou par paire, partout où il y a des plantations de bananes. Il s'y tient à l'abri du regard, près du sol. Si on le fait lever, il s'enfuit fort loin en faisant entendre son cri d'appel, une espèce de *zit... zit...* faible mais perçant. Sa nourriture consiste en petites graines et principalement dans celle d'une espèce de chardon. Il ne paraît y avoir aucune différence entre le mâle et la femelle. Un beau vert-perroquet, avec du bleu aux joues et du rouge sur la queue, qui est conique, est répandu sur tout le plumage. Le bec est noir ; l'œil brun ; les pieds couleur de chair ; la taille de 12 centimètres. » (Kittlitz.)

Le chant est aussi faible et n'a pas plus de brillant que celui du Pape des prairies.

Captivité. — La douceur de son caractère et ses bons rapports avec ses compagnons de captivité font regretter son excessive rareté. En volière, il aime à se tenir sur le sol ou sur un arbrisseau peu élevé. Son vol est vif et léger. Il se montre non moins robuste que le Pape des prairies.

En Allemagne, dans les premiers jours de janvier 1887, le lieutenant Hauth fut assez heureux pour voir ses Diamants bicolores se reproduire dans un boulin placé à 2 pieds du sol de sa volière, et garni par eux de fibres de coco, de filasse et de crin. La durée de l'incubation fut de quatorze jours. Les parents expulsaient du nid les excréments des petits.

Les jeunes mâles se distinguent de bonne heure à un peu de bleu à la tête.

Nourriture. — Pendant deux ans, j'ai observé, au Jardin d'acclimation de Paris, un de ces oiseaux, qui m'a toujours paru bien portant, malgré la simplicité du régime, qui consistait en un peu d'alpiste et de millet, sans verdure.

Cette alimentation par trop simple doit être complétée par du gruau d'avoine, du riz en balle ou attendri dans de l'eau bouillante et égoutté sur un tamis, du pain au lait et de la verdure. A l'époque des nids on y ajoute des œufs de fourmis, des vers de farine, de l'échaudé et quelques graines de chènevis.

2. **Le Diamant à tête rouge.** — ERYTHRURA CYANOVIRENS. — *Caractères*. — De même taille que le *Trichroa*, il a la tête écarlate, la queue rouge sang et tout le reste du plumage d'un beau vert bleu foncé sur le dos et clair sur la face antérieure, la poitrine et le ventre. Ses mœurs, dont on ignore les particularités, doivent se rapprocher de celles de son congénère, le précédent. On trouve, dans les documents du Dr Finsch, relatifs à l'ornithologie des îles Samoa, que, sur huit spécimens recueillis à Upolu, par le Dr Gräffe, il n'existe aucune différence entre adultes et jeunes oiseaux, si ce n'est la couleur du bec, qui est jaune orange avec pointe noire, ou noir avec une teinte jaune plus ou moins étendue à la naissance des mandibules, chez les derniers, tandis que chez les vieux le bec est tout noir.

Distribution géographique. — Non moins beau et beaucoup plus rare que le Diamant de Kittlitz, il appartient également à l'Australie, et habite les îles Samoa. Son excessive rareté doit tenir au petit nombre de l'espèce.

Nourriture. — Même régime que celui du Trichroa.

3. **Le Diamant à gouttelettes.** — SPERMESTES GUTTATA (fig. 10). — *Caractères*. — Est de forme courte et ramassée ; sa taille est de 12 centimètres ; a tout le dessus du corps gris foncé ; un trait noir du bec à l'œil ; le front, le dessus de la tête, le cou, les ailes gris blanc, nuance qui lui a fait donner le nom de *Fringille leucophore* par Vieillot et de *Pin-*

son à tête blanche par Latham. La gorge, la poitrine et le ventre sont d'un beau blanc de neige. Une large ceinture noire, en forme de fer à cheval, coupe la poitrine et court le long des ailes. Les deux branches de ce fer à cheval sont parsemées de points blancs. De cette particularité a prévalu, dans le commerce, la dénomination de Diamant à gouttelettes qu'il porte généralement. Le croupion, le bec et l'œil sont rouges ; la queue est noire.

Rien ne distingue la femelle du mâle. Le ton moins chaud des couleurs, quelques points blancs de moins sur la ceinture ne sont pas des caractères suffisants pour déterminer le sexe avec certitude. Le mieux est d'entendre chanter le mâle.

Une particularité à signaler, c'est que ce Passereau, au lieu de boire comme les autres, en prenant une goutte d'eau dans son bec et en rejetant la tête en arrière pour l'avaler, aspire comme le pigeon ou la tourterelle.

Distribution géographique. — D'après les données actuelles, l'aire de dispersion semble limitée aux parties méridionales de l'Australie. Gould l'a rencontré vers le sud [5], sur divers points de la Nouvelle-Galles, dans les plaines de Liverpool, particulièrement dans les contrées arides et pierreuses, couvertes seulement de buissons et de quelques arbres. Il se reconnaît au premier coup d'œil à son croupion écarlate, qui frappe le regard, lorsqu'il ouvre les ailes pour s'envoler.

Mœurs et habitudes. — Comme la plupart des Spermètes, ce Diamant fait son nid d'herbes. Il est volumineux, de forme ronde, couvert par le haut. Sur un des côtés est ménagée une étroite entrée ; il repose ordinairement dans les branches du gommier ou du pommier. La ponte varie de 5 à 6 œufs blanc brillant de forme ronde, à coquille lisse. A l'exemple fréquent des Moineaux d'Europe, qui élisent domicile au mi-

---

[1] Gould, *The Birds of Australia*, London.

Fig. 10. — Le Diamant à gouttelettes.

lieu de matériaux volumineux du nid des Cigognes, Gould a vu plusieurs fois celui du Diamant à gouttelettes établi dans les assises grossières des aires d'Aigle, sans que ce rapace avide songeât à détruire la progéniture du Passereau. Une année, au mois d'octobre, Natty, son compagnon de couleur, grimpa sur une haute casuarine, où couvait un Aigle et tout à côté, un peu plus bas, un Diamant à gouttelettes. Le noir rapporta les œufs des deux nids. Hors le temps des amours, le Diamant à gouttelettes vit par bandes.

Captivité. — Au point de vue de la familiarité et du plumage il est un des plus intéressants habitants de la cage ou de la volière connu depuis seulement 1792. Pendant longtemps il a été rare. De loin en loin il n'en venait que quelques-uns en Europe; mais, aujourd'hui, on le trouve sans trop de difficulté durant toute l'année. Son prix est abordable.

Son caractère laisse quelque peu à désirer. Seul au milieu d'autres oiseaux il se montre paisible; mais en temps de couvée, quelle que soit la dimension de la cage, c'est un vrai batailleur. En volière, il se montre très irascible contre tous ses compagnons plus faibles que lui, qui s'approchent de son nid.

Son cri d'appel a quelque chose du ton plaintif de la Chouette. Quant à son chant, extrêmement faible, il est mêlé de quelques notes graves et de fausset, assez semblables au son qu'une main inexpérimentée tirerait d'un violon.

Vieillot regarde cette Spermète comme moins délicate que les autres oiseaux australiens, ce qui fait dire au docteur Russ, qu'il n'en a jamais soigné lui-même [1]. Il est certain, de l'avis général des amateurs, qu'à leur arrivée en Europe, les Diamants paient un large tribut à la mortalité. « A ce moment, dit le célèbre éleveur allemand, la première précaution

---

[1] Russ, *Monographie des Oiseaux en chambre exotiques*, trad. par Faucheux. Paris, Deyrolle.

à prendre, c'est de les mettre à même de se constituer un nid de repos, afin qu'ils puissent, durant les nuits, y trouver la chaleur. Ils s'empressent d'y porter de l'étoupe, de le garnir moelleusement de plumes, et, pressés les uns contre les autre, ils s'y installent à 4 ou à 6, y passent la nuit, une grande partie du jour même et retrouvent ainsi leurs forces. » A côté de cela, il faut citer l'épreuve tentée par un amateur, qui fit passer, sans dommage pour sa santé, tout un hiver à un couple de ces oiseaux dans une chambre non chauffée, dont la température ne fut jamais supérieure à 6 degrés au-dessus de zéro. Non seulement ces Diamants ne souffrirent pas, mais encore ils nichèrent au retour de la belle saison. Le petit de cette couvée mourut, mais une seconde fut plus heureuse.

Le Diamant à gouttelettes est un des Passereaux étrangers qui a donné le plus de satisfaction aux amateurs au point de vue de la reproduction. Le nombre des couvées est, en général, de 2. Il s'installe de préférence, derrière une touffe de genêts ou de houx, haut placée dans la volière. Rarement il choisit une bûche creuse ou une excavation. Dans ce cas, il y transporte toute sorte de matériaux grossiers : filasse, chaume, fibres de coco, de préférence. En cage, on lui donne un panier d'osier qu'il garnit en forme de dôme, en ménageant une entrée sur un des côtés. L'incubation dure douze jours. Le mâle et la femelle se relayent à tour de rôle. Les petits se développent lentement et ne prennent leur essor que vers le vingt-quatrième jour. Chaque couvée demande cinq semaines du premier œuf à la croissance complète des petits. Le ton général du plumage chez les jeunes est gris foncé. Le mâle se reconnaît à la couleur écarlate du croupion, qui se manifeste de bonne heure.

Nourriture. — Le millet et l'alpiste sont les graines que ce Diamant préfère. Il aime beaucoup la verdure; il mange également le chènevis écrasé, les graines de chardon, de chicorée amère et d'œillette. A l'époque de l'incubation et durant l'éducation, on y ajoute du jaune d'œuf et de l'échaudé mêlés ensemble, des larves de fourmis et des vers de farine.

4. **Le Diamant à bavette.** — SPERMESTES CINCTA (fig. 11). — *Caractères*. — En 1861, un vaisseau venant de Sydney apporta vivants, au Jardin zoologique de Londres, les premiers Diamants à bavette. Ce n'est que plusieurs années plus tard qu'il en parut dans le commerce.

La taille de ce Diamant est à peu près celle de son compatriote à gouttelettes avec des formes moins massives. Il a la tête, le dessus du cou, les joues gris cendré, ces dernières légèrement bleutées ; le bec noir, une large bavette de même couleur, qui s'étale sur la gorge en forme de fer à cheval ; le dos, les ailes, la poitrine et le ventre chamois ; la queue noire ; le ventre et le croupion blancs. Une large bande noire, qui part de la région lombaire, descend sur la cuisse, d'où la désignation de *Cincta* donnée par les naturalistes.

Rien ne distingue la femelle du mâle, si ce n'est le ton plus assombri de la tête et la forme de la bavette, qui est moins large et plus allongée.

Cet oiseau est charmant de forme et de costume. Il est vif et gai et devient promptement familier. Sa voix est claire, mais son chant n'a rien d'agréable. On y retrouve quelques notes du cri de la poule. Bien souvent il harcèle ses compagnons de captivité. S'il est apparié, il s'attaque à des oiseaux beaucoup plus forts que lui.

Distribution géographique. — Suivant Gould, il habite les environs de Liverpool et les contrées découvertes de l'Australie septentrionale. On le rencontre rarement vers les côtes méridionales de la Nouvelle-Galles. Les grandes plaines de l'intérieur paraissent être le rayon particulier de son habitat, qui est encore imparfaitement connu. En dehors de ces quelques données, le naturaliste anglais ne fournit aucun autre renseignement.

Captivité. — Ses mœurs en captivité sont mieux connues ; car, il est particulièrement recherché des amateurs, d'abord

Fig. 11. — Le Diamant à bavette

parce qu'il est robuste, et, en second lieu, parce qu'il niche non moins facilement que le Diamant à gouttelettes. Russ cite un exemple frappant de cette disposition à se reproduire. Un amateur avait logé un couple de ces Passereaux dans une cage placée près d'un piano, dont on jouait tous les jours. Sans se laisser distraire ou effrayer, les Bavettes construisirent leur nid, couvèrent et élevèrent très bien leur petite famille composée de quatre petits. Il ajoute même que la cage dut être portée dans une autre pièce sans que le couple parût s'en préoccuper [1].

En tout temps le mâle et la femelle se témoignent le plus grand attachement. On les voit constamment régler leurs mouvements l'un sur l'autre.

Pour nicher, ils choisissent de préférence une caisse fermée ou une noix de coco percée d'un trou. Ils y entassent de menues racines, du chaume, de l'étoupe, des fibres de cocos et de la plume. A défaut de boulin, ils se contentent d'un panier de Serin. Dans ce cas, ils donnent à leur nid une forme sphérique en ménageant une sortie tissée de crin.

La ponte est de 4 à 5 œufs, de forme allongée, d'un blanc brillant, et à coquille lisse. L'incubation dure douze jours. Le mâle et la femelle se relayent à tour de rôle. Les petits quittent le nid vingt jours après l'éclosion. Leur plumage à ce moment est gris-souris et ne prend sa coloration qu'après le troisième mois.

Une première couvée est généralement suivie d'une seconde, souvent d'une troisième. L'hiver même ne ralentit pas leur ardeur. Le docteur Russ cite la fécondité surprenante d'une paire de Bavettes qui nicha deux ans sans interruption et éleva quatre-vingt-douze petits.

Nourriture. — Sa nourriture est celle du Diamant à gouttelettes, c'est-à-dire : millet, alpiste. Il mange avec plaisir

---

[1] Russ, *Monographie des Oiseaux en chambre exotiques*, trad. par Faucheux.

du chènevis écrasé, des graines d'œillette et de chardon et de la verdure. Au moment de l'éducation, on ajoute à cette alimentation des vers de farine, des œufs de fourmis, et une pâtée faite d'échaudé et de jaunes d'œufs.

5. **Le Diamant modeste.** — ŒGINTHA MODESTA. — C'est vers 1870 que le Modeste fit sa première apparition dans le commerce. Depuis cette époque, il en vient, chaque année, un certain nombre en Europe ; mais malgré cela, le prix en reste encore élevé.

Caractères. — A première vue, le nom de *Modeste* paraît bien convenir à ce charmant petit Australien. Rien, en effet, n'attire le regard. Toutefois, en l'examinant de près, on s'aperçoit que son costume ne manque ni de grâces ni de distinction. Une calotte rouge cerise couvre la tête et le front. La gorge est ornée d'une toute petite bavette noire. Sur le fond blanc des joues, des deux côtés du cou et de la face antérieure, de fines ondulations de couleur brune zèbrent le plumage. Les mêmes stries agrémentent les flancs, le dos et les couvertures supérieures de la queue. Les ailes sont brunes et constellées de petits points blancs. La queue noire se termine par deux plumes médianes effilées dépassant les autres. Le ventre et les sous-caudales sont blancs ; les pieds couleur chair.

La femelle porte la même livrée à l'exception de la bavette. Chez elle la calotte est brune.

Distribution géographique. — Ce Passereau est répandu dans tout le sud de l'Australie, principalement dans les vastes prairies de cette région.

Mœurs et habitudes. — Gould l'a rencontré fréquemment par paires ou par petites bandes, dans les buissons et sur le sol, cherchant sa nourriture au milieu des graminées. Son nid, d'après Gilbert, est fait d'herbes et couvert par le haut. C'est tout ce que l'on sait de ses habitudes en liberté.

A voir remuer le bec et le gosier de ce petit oiseau à ses

heures de gaîté ou d'amour, on prête volontiers l'oreille pour entendre résonner les mélodies qu'il semble égrener ; mais hélas ! tout cet effort se borne à quelques sons à peine perceptibles.

Captivité. — A de rares exceptions près, ce Diamant est de caractère doux et sociable. Ce n'est guère que dans des cages peu spacieuses que quelques individus se montrent taquins.

En France, on a obtenu assez facilement la reproduction du Modeste. Russ, en Allemagne, a vu ses oiseaux nicher plusieurs années de suite. Il raconte à ce sujet que, malgré la susceptibilité dont font preuve la plupart des Passereaux à l'époque des amours, deux couples de Modestes, dans une volière, s'étaient installés côte à côte, pour ainsi dire, sans jamais se témoigner d'hostilité, l'un dans un panier placé dans un pin, l'autre dans une corbeille fixée au milieu d'un buisson touffu, et qu'ils avaient ainsi élevé leur famille, chacun de son côté, avec la plus parfaite harmonie.

En captivité, le Modeste emploie à la construction de son nid du foin, de menues racines, du mouron, du coton et des plumes. La ponte est habituellement de 4 œufs, relativement assez gros, de couleur blanc mat et de forme allongée. L'incubation dure douze jours.

Le costume des jeunes, dans le premier âge, est de couleur brun foncé sur les parties supérieures et de nuance plus claire sur la face antérieure et inférieure. Seul un œil exercé peut reconnaître quelques traces d'ondulations. La calotte fait défaut.

Nourriture. — Comme tous ses compatriotes des terres australiennes, le Modeste réclame, à son arrivée, des soins particuliers. Il importe de refaire sa santé éprouvée par une longue traversée, en lui procurant des œufs de fourmis. A sa nourriture ordinaire, qui consiste particulièrement en alpiste et millet, on ajoutera un peu de chènevis écrasé, du jaune d'œuf additionné d'échaudé. Il aime également les petites graines : l'œillette, la graine de chicorée et de chardon, ainsi que la verdure.

Au moment de l'élevage, on ajoute à cette nourriture quelques vers de farine coupés en morceaux et des œufs de fourmis.

6. **Le Diamant phaéton**. — ŒGINTHA PHAETON. — C'est en 1841 que le premier Diamant phaéton fut décrit et peint par Hambron et Jacquinot[1]. Gilbert en donne une description complétée par Gould.

Mais les premiers Phaétons vivants ne furent expédiés de Sydney au Jardin zoologique de Londres qu'en 1861. Depuis, il en vient chaque année quelques couples, partant d'un prix toujours élevé.

L'éclat de la livrée de cet oiseau justifie les diverses dénominations de *Rubin d'Australie*, d'*Astrild-Soleil*, d'*Amaranthe australienne*, que lui donnent les amateurs ou les marchands.

Il est de la grosseur du Diamant modeste. La queue est longue et d'un bel effet, rouge en dessus, noire en dessous. Il a le dessus de la tête gris brun, le derrière du cou, le dos de nuance plus foncée. Chaque plume est bordée de rouge et donne à tout le plumage supérieur un ton rougeâtre. Les couvertures des ailes sont gris foncé largement frangées de rouge. Le bec est carmin avec une tache blanche en dessous. Les joues, le cou, la gorge, la poitrine, les flancs brillent d'un rouge écarlate. Les côtés sont mouchetés de petits points blancs. L'œil est brun, les pieds couleur de chair. Chez la femelle, les couleurs sont briquées; les joues, le bec et la queue rouges; la poitrine et les flancs gris.

Ce serait un des Passereaux les plus charmants de la Nouvelle-Australie s'il joignait à son brillant plumage les charmes de la voix. Malheureusement, tous les efforts qu'il

---

[1] Hombron et Jacquinot, *Voyage au pôle sud et dans l'Océanie de l'«Astrolabe» et de la «Zélée»*, Zoologie, Paris.

se donne, mouvements de bec, inflexions de la tête de droite à gauche, queue étalée, n'aboutissent qu'à une seule note sonore. A ce regret il faut en ajouter un autre. Il se montre généralement de mauvaise disposition avec ses compagnons de captivité. Au temps des amours il devient insupportable pour les Astrilds et autres oiseaux de cette taille. Il s'attaque même à de beaucoup plus forts que lui.

Distribution géographique. — Cet oiseau habite les prairies de l'Australie occidentale et septentrionale, où croissent les *pandanus* et les *cochléaires*.

Mœurs et habitudes. — On le rencontre au milieu des graminées dont il mange les semences. Lorsqu'il est effrayé il se réfugie dans les arbres. De juillet à novembre, il se réunit en bandes, souvent de plusieurs centaines, dans lesquelles on ne remarque qu'un très petit nombre de mâles en couleurs. A la fin de novembre, ils se séparent par paires ou en petites volées de quatre à six têtes. A ce moment les mâles se montrent dans tout l'éclat de leur plumage.

Captivité. — Dans ces dernières années, en France et en Allemagne, on a obtenu la reproduction des Phaétons. Pour nid on leur donne un panier ou un boulin. Le couple y entasse de l'étoupe, des brins d'herbes et garnit le fond de plumes. La ponte varie de 5 à 6 œufs d'un blanc pur, couvés par le mâle et la femelle durant onze à douze jours. Le plumage des jeunes est de couleur brun clair, plus pâle sur la poitrine. A la nuance rouge qui se manifeste de bonne heure sur le croupion, les couvertures des ailes et de la queue, on reconnaît les mâles.

Nourriture. — Ce Diamant vit de millet, d'alpiste, d'œillette et de verdure. Pour le maintenir en bonne santé, à la saison, il est utile de lui procurer des larves de fourmis, et, durant l'année, quelques vers de farine dont il est très friand. Au temps de la nichée, les parents font une grande consommation de ces derniers. Par surcroît, on pourra y ajouter du jaune d'œuf mêlé à de la poudre d'échaudé.

7. L'Emblème peinte. — ŒGINTHA PICTA. — L'Emblème peinte, qu'on nomme aussi *Diamant des montagnes australiennes*, n'est connue que depuis un petit nombre d'années. Le premier spécimen fut apporté en Europe, par M. Bynœ, de la côte occidentale de l'Australie, sans aucune indication sur son genre de vie.

Parmi un certain nombre de peaux d'oiseaux rares rapportées par Goulet, et qui lui furent volées à son débarquement, se trouvait celle de l'Emblème peinte, heureusement dessinée par sa femme [1]. C'est grâce à cette circonstance que l'oiseau fut connu. Depuis cette époque, quelques sujets vivants ont été apportés en Europe.

Caractères. — Elle a la tête, le manteau, les ailes et la queue bruns ; la face, la partie antérieure du cou, le croupion, d'un rouge cochenille ; la poitrine et toute la partie inférieure d'un noir de poix, avec les côtes constellées de blanc ; le milieu du ventre écarlate foncé ; la mandibule supérieure bleuâtre ; l'inférieure, rouge vif ; les pattes de même couleur (Gould).

La femelle est brun olive sur le dos, gris verdâtre sur la la gorge et la poitrine ; elle n'a pas de rouge dans le plumage.

La taille de l'Emblème peinte est celle de l'Astrild gris. Il est extrêmement rare, et, par conséquent, d'un prix fort élevé.

Nourriture. — Comme le Phaéton ou le Diamant mirabilis, ce Passereau paraît vivre de petites graines ; on le traitera donc de la même manière que ses compatriotes.

8. Le Diamant de Bichenow. — ŒGINTHA BICHENOWI. —
Caractères. — Le plumage est gracieux. Il a le sommet de la tête, la nuque, le dessus du corps, le dos gris foncé ; le croupion blanc ; les caudales supérieures et inférieures noir foncé ; la queue noirâtre ; les ailes parsemées de points

---

[1] Gould, *The Birds of Australia.*

blancs ; les joues, la gorge blanc mat, coupé d'une première bande noire, allant d'une oreille à l'autre, puis d'une seconde reliant les deux épaules. A partir de cette ligne, tout le dessus du corps est jaune pâle ; le bec gris argenté ; les pieds de couleur bleutée.

Distribution géographique. — Il est répandu dans tout le sud et l'ouest de l'Australie. Il s'y trouve en assez grand nombre.

Mœurs et habitudes. — Gould a rencontré ce Passereau en décembre, par petites volées de quatre à huit individus, dans les prairies du Centre, plus particulièrement dans les contrées coupées d'arbustes et de buissons. Il est très peu sauvage. Quand on l'approche, il se contente d'aller se poser sur l'arbre le plus proche. En raison de leurs ailes courtes et arrondies, cet explorateur ne croit pas ces Passereaux capables d'un vol long et soutenu. A ces quelques données, Gould n'ajoute aucun renseignement, ni sur leur genre de vie, ni sur leur reproduction. Il se contente de dire qu'ils vivent de petites graines.

Captivité. — Quand ils arrivent, particulièrement les plus vieux se montrent d'un caractère extrêmement sauvage. On est obligé de les isoler jusqu'à ce qu'ils se soient un peu familiarisés.

« J'avais lâché, dit Russ, dans une cage spacieuse, pour s'y refaire, quelques paires de Becs d'argent et d'autres oiseaux d'Australie mêlés à ces Diamants. Chaque fois que je m'approchais, ils se précipitaient, affolés, de tous côtés. Cette frayeur, au milieu de compagnons captifs depuis longtemps, contraire à leur manière d'être en liberté, mais compréhensible toutefois, se changeait en véritable panique, lorsque, le soir, j'entrais dans la pièce avec la lumière. Le lendemain, plusieurs d'entre eux gisaient sur le fond de la cage, la tête fracassée, en compagnie d'autres qui avaient partagé leur malheureux sort. Il importe donc, à leur arrivée, s'ils sont bien portants et vigoureux, de les lâcher

FIG. 12. — Le Diamant de Bichenow.

immédiatement dans la volière. Au cas contraire, on les mettra dans une cage en bois à barreaux serrés, afin qu'ils ne puissent pas se blesser aussi facilement. »

Une fois habitué, il devient charmant. A une grande familiarité, il joint la vivacité et une certaine disposition à se reproduire. Il place son nid tout au haut de la volière ; le plus souvent, il emprunte ceux des autres oiseaux, qu'il retape avec des brins d'herbe, du coton et des plumes. La ponte varie de 4 à 6 œufs ronds. L'incubation dure onze jours. Le manteau des jeunes est gris souris. Au front, autour du cou, sur le ventre, se montrent des lignes noires. La coloration se manifeste de bonne heure par l'apparition des anneaux ; mais ce n'est guère qu'à la seconde année que se dessinent le noir des couvertures supérieures et inférieures de la queue et le blanc du croupion.

La manière de nicher n'est pas toujours la même. Russ en cite un exemple qui s'éloigne tout à fait de leurs habitudes ordinaires. Dans sa volière, une paire de vieux Diamants se mit à construire avec ardeur, à l'exemple du Baya, plusieurs nids dont un seul fut achevé. Ils employèrent, comme ce Tisserin de l'Inde, de la filasse, des fibres de plantes et du duvet de roseaux. Le nid, une espèce de poche, avait la forme d'une bourse avec une entrée à la partie inférieure [1].

Nourriture. — En temps ordinaire, il se contente de millet, d'alpiste et de verdure. A l'époque des couvées, on y joint des jaunes d'œufs mêlés d'échaudé, des larves de fourmis et des vers de farine.

9. Le Diamant aurore. — ŒGINTHA PHŒNICOPTERA. — *Caractères.* — Le diamant aurore est aussi joli que rare. Il a tout le dessus du corps d'un beau gris cendré, la tête de même nuance ; les ailes, le croupion et les couvertures supérieures de la queue rouges ; les flancs gris cendré avec des

---

[1] Russ, *Monographie des Oiseaux en chambre exotiques*, trad. par Faucheux.

ondulations blanches. Le bec est noir, long et pointu ; l'œil brun, tirant sur le rouge. Les pieds sont couleur de chair. Chez la femelle le rouge est plus terne et les stries de la poitrine plus blanches.

La taille de ce Passereau est un peu plus forte que celle de l'Astrild ondulé, qu'il rappelle par les zébrures de son plumage.

Distribution géographique. — D'après Heuglin, on rencontre le Diamant aurore dans les clairières des forêts vierges de Wau et de Bongo, au milieu des hautes herbes de l'Afrique centrale et occidentale. L'aire de son habitat paraît limitée à ces régions, où il vit par paires et très rarement par petites bandes. De là sans doute le petit nombre importé en Europe.

En dehors de ces données générales, on ne sait rien de leurs mœurs et de leurs habitudes en liberté.

Captivité. — Depuis quelques années, en France comme en Allemagne, on a obtenu la reproduction du Diamant aurore en volière. Le couple se contente d'un panier placé dans une touffe de verdure, qu'il couvre d'une voûte, et sur une couche de brins d'herbes assez peu artistement arrangée, la femelle dépose 4 œufs, d'un blanc mat, de forme allongée et relativement gros. L'incubation dure douze jours.

Le plumage des jeunes Aurores est comme celui des parents, gris foncé. De bonne heure apparaissent sur les ailes, le croupion et la queue, les traces d'un rouge naissant qui s'accentue rapidement, car en moins d'un an ils ont revêtu le costume des adultes.

Nourriture. — A l'arrivée, pour l'acclimater, et pendant la saison des nids, pour lui faciliter l'éducation de ses petits, il est indispensable de donner des vers de farine et des œufs de fourmis au Diamant aurore. A cette alimentation, on ajoute du millet en grain et en branches, de l'alpiste, de la verdure, et lorsqu'il a des petits, du jaune d'œuf mêlé d'échaudé.

Il existe, dans l'Abyssinie occidentale, une variété de Diamant aurore *(Œgintha lineata)*. « Le ton général du plumage est plus clair que celui de l'espèce précédente; les stries de la poitrine sont mieux marquées; la queue est plus longue, la couleur rouge plus vive et plus largement distribuée. Le bec, plus grêle, est rouge. Je ne pus réunir que deux mâles de cette jolie variété. C'était au mois d'avril et de mai; je les trouvai dans le voisinage des sources du Goang et du Bahad, dans l'Abyssinie occidentale, en compagnie de Nonnettes et de Sénégalis, au milieu de buissons de bambous. Le Duc de Wurtemberg rencontra cet oiseau à Tazoyl. » (Heuglin.)

10. **Le Diamant amadine.** — ZONŒGINTHUS BELLUS. — *Caractères.* — Au premier coup d'œil, il n'a rien qui attire le regard; mais en l'examinant de plus près on est surpris de la richesse de son costume. Son plumage, en effet, d'un brun jaunâtre sur la partie supérieure du corps et de nuance gris cendré sur la face antérieure, est tout strié de noir et de blanc. Le dessin des ondulations est fin et serré vers le front, la nuque et la gorge, mais plus espacé vers les ailes, sur la poitrine et le ventre. L'aile est marquée d'un trait noir ainsi que le front. Un cercle de même couleur entoure l'œil. Les sous-caudales sont d'un noir pur, les couvertures supérieures de nuance brunâtre. Un beau rouge écarlate égaye le croupion, les tectrices supérieures et descend jusque vers le milieu des pennes médianes. Les autres plumes sont noirâtres en dessus, grises en dessous, et les externes traversées par des bandes noires. Le bec est rouge-sang, l'œil rougeâtre et les pieds de couleur corne.

Distribution géographique. — L'aire de dispersion de ce Passereau comprend les régions du Van Diémen ou de la Nouvelle-Galles, où on le rencontre par troupes de six à douze, dans les plaines et les forêts clair-semées.

Mœurs et habitudes. — C'est un oiseau sédentaire, qui vient jusque dans les jardins en quête de petites graines dont il fait sa nourriture. Comme le Diamant à gouttelettes, lorsqu'il s'envole, il laisse voir son croupion rouge qui est d'un bel effet. Son cri d'appel est long et plaintif. Il construit son nid en évidence, sur les branches basses des arbres, souvent dans le voisinage de celui d'un autre, séparé à peine par un pied d'intervalle. Gould trouva un grand nombre de ces nids dans le Van Diémen; ils étaient faits de brins d'herbes et de filaments de plantes. Leur forme affectait celle d'un dôme avec une entrée dans la partie supérieure conduisant à l'intérieur. Le nombre des œufs varie de 5 à 6; ils sont de forme allongée et couleur chair.

Captivité. — Est fort rare, et son apparition à de longs intervalles n'a point encore permis d'étudier ses mœurs en captivité. Russ le regarde comme fort délicat.

Nourriture. — Même régime que celui des divers Diamants dont la monographie précède.

11. La Nonnette de Calcutte — SPERMESTES CUCULLATA.

— Cette Spermète, qui porte les noms divers de *Bandelette*, *Nonne*, *Nonnette de Calcutte*, est connue dans le commerce sous celui d'*Hirondelle de Chine*.

Caractères. — 9 centimètres de longueur. La tête, la gorge, la poitrine sont brun-noir, à reflets métalliques; la nuque, les côtés du cou gris de plomb; les pennes bordées extérieurement de brun; les petites couvertures des ailes vert bronzé; le croupion, les tectrices supérieures de la queue brun, rayés de légères bandes noires; le dessous du corps blanc, le ventre et les côtés de la poitrine ondulés de larges bandes blanches, qui vont en diminuant vers les régions inférieures; les sous-caudales blanches, coupées de légères lignes brunes; le bec et la queue noirs; la mandibule inférieure du bec gris plombé et les pieds brun de corne.

Distribution géographique. — Répandue dans toute la zone tropicale de l'Afrique elle s'est acclimatée, suivant Bryant, à Porto-Rico, comme le Moineau d'Europe à la Havane.

Le Dr Falkenstein a vu ces oiseaux réunis en grandes volées, sur la côte de Loango.

Fischer a constaté leur présence en grand nombre à Zanzibar, où ils construisent leurs nids sur les orangers.

Mœurs et habitudes. — « J'ai rencontré ce petit Passereau avant et pendant la saison des pluies, dans l'Abyssinie occidentale, au milieu des bouquets de bambous, et dans l'Afrique centrale, particulièrement dans les hautes herbes et les buissons, au voisinage des clairières des champs de maïs. Il paraît être sédentaire et vivre par familles de quatre à huit membres qui se séparent rarement. C'est ainsi qu'ils errent sans cesse à la recherche des semences de graminées. Dans un vol rapide, tournoyant et en zigzags, toute la troupe se rend à l'abreuvoir, s'y baigne bruyamment et revient avec rapidité au point d'où elle est partie. De même, vers le soir, tous ses membres perchent les uns près des autres en gazouillant. » (Heuglin.)

« Malgré leur petite taille et la faiblesse de leur voix, dit de son côté Falkenstein, ils font un bruit semblable à celui de nos Moineaux quand ils se disputent une place pour dormir. »

Dans les *Comptes rendus de la Société zoologique de Londres,* de 1872, le Dr Dohrn a décrit la façon dont niche ce Passereau en liberté. De son côté, Reichnow l'a observé sur la côte de Guinée. « La Nonnette construit de préférence son nid sur le manguier. Cet arbre sans nid est une rareté. Maintes fois, au mois de septembre, j'y ai trouvé de 5 à 6 œufs et des petits. Négligemment faits d'herbes menues, ces nids paraissent sans ouverture et de dimensions hors de proportions avec l'oiseau. Ils servent plusieurs fois. La ponte est de 4 œufs. » (Reichnow.)

Captivité. — La fécondité de la Nonnette s'exerce non moins bien en cage qu'en liberté. Elle s'empare de la première cavité venue, ou d'une boîte percée d'un trou sur un des cotés. Elle y entasse du foin, du fil, de l'étoupe. Pour en rendre la couche plus moelleuse, elle y ajoute du coton et du crin, mais jamais de plumes. Les deux époux rivalisent d'activité dans cette construction, qui se trouve ainsi terminée en peu de jours. L'un et l'autre couvent en même temps; ils quittent le nid ensemble et y reviennent de même. L'incubation dure douze jours; les petits prennent leur essor entre le seizième et le dix-huitième jour. Dans leur costume de premier âge, ils sont de couleur brun-foncé en dessus et brun-jaunâtre en dessous. Leur complet développement exige environ trois mois; à ce moment, ils sont revêtus des nuances qu'ils conservent toujours.

Le mois de septembre est l'époque des amours. Trois à quatre couvées de 4 à 7 œufs chaque fois se succèdent sans interruption; quelquefois même les Nonnettes nichent encore au printemps. On suppose que le nombre des nichées n'est pas différent en liberté. Après chaque couvée, il faut avoir soin d'enlever les jeunes pour ne pas gêner les parents dans leurs nouvelles amours.

En cage, la Nonnette se montre d'humeur querelleuse et tyrannique à l'égard de ses compagnons; en volière, elle s'attaque même à des oiseaux plus gros qu'elle.

Son chant est une espèce de ventriloquie dont on ne perçoit aucun son. Les efforts qu'elle fait pour se faire entendre sont comiques. Elle se dresse, ouvre le bec, gonfle son gosier, et, comme si elle cherchait des applaudissements, elle tourne la tête de droite et de gauche.

Les mâles, qui se livrent des combats en volière, dès le début, nichent ensuite paisiblement.

Des amateurs ont obtenu deux couvées simultanées avec un seul mâle pour deux femelles; d'autres, des métis avec des espèces similaires.

Nourriture. — Mêmes soins à donner que ceux indiqués à la monographie de l'Astrild gris (p. 118).

12. Le Bec d'argent. — SPERMESTES CANTANS. — *Caractères.* — Doit son nom à la couleur gris-bleuté de son bec.

Il mesure 11 centimètres. Il a tout le dessous du corps brun crsme, mêlé de tons sombres ; le dessous blanc sale ; les pennes des ailes et de la queue, ainsi que le croupion, noirâtres. La femelle ne présente pas de différence.

Connu depuis 1776, a été décrit et dessiné par Pierre Brown.

Distribution géographique. — Son habitat s'étend fort loin vers le sud et le centre de l'Afrique.

Le docteur Fischer a constaté sa présence à Zanzibar. Il paraît être un oiseau sédentaire de la zone tropicale, qui ne s'élève jamais au-dessus de 1600 à 2000 mètres d'altitude.

Mœurs et habitudes. — Heuglin rencontra ces oiseaux par paires et par petites volées. Après la saison des pluies, ils se réunissent en plus grand nombre. Les couvées sont de 3 à 5 œufs, déposés souvent dans un nid abandonné de Tisserin et retapé pour la circonstance, avec des plumes, du crin et du coton. La saison des amours dure du mois de mai au mois d'octobre. Vierthaler a même rencontré un nid en janvier.

Il se tient sur les bords des marais, dans les îles, au bord des champs de maïs, dans les plantations de coton, au voisinage des fermes et près des sources. Rarement il court sur le sol. Il fréquente plutôt les broussailles et les buissons au maigre feuillage, ainsi que les prairies.

C'est à tort que Linné a gratifié ce Passereau de l'épithète de *Chanteur*. Son chant est aussi nul et aussi faible que celui du Maïa.

En parlant du Bec d'argent, Vieillot s'exprime ainsi :

« La *Loxie grise* est moins sensible aux influences de la température que les autres oiseaux de la zone tropicale. La chaleur de nos étés lui suffit pour se reproduire. Pourvu qu'on la protège contre les froids de l'hiver, elle vit de 9 à 10 ans. Sa sociabilité est telle qu'il n'est pas rare de voir couver, dans un même nid, quatre à cinq paires de ces oiseaux. Voilà pourquoi on y trouve jusqu'à 18 œufs ; mais il est préférable d'isoler les couples pour prévenir les discordes qui s'élèvent dans les sociétés et éviter que les petits plus jeunes ne soient pas étouffés par les plus gros ou que les plus forts n'enlèvent du bec la becquée aux plus faibles. »

De son côté, Ch. Bolle parle ainsi du Bec d'argent :

« Ces oiseaux aiment à percher par paires ou plusieurs ensemble, pressés les uns contre les autres. Cette société devient inséparable. Lorsqu'ils s'éloignent les uns des autres, ils s'appellent avec inquiétude en marquant leur impatience par des cris retentissants. En liberté, la brièveté de leurs ailes ne leur permet un vol ni long, ni élevé. Ils glissent au milieu des buissons avec une agilité de souris. Sur le sol, ils courent de côté, la queue relevée. En tout temps, un boulin leur est nécessaire, lors même qu'ils ne nichent pas, pour y passer la nuit. Le mâle construit seul le nid ; je n'ai jamais vu la femelle traîner le moindre brin d'herbe ; elle se contente d'entrer dans le nid ou de se poser à côté et de recevoir les hommages de son mari empressé. Cette particularité place le Bec d'argent et quelques autres Amadines de l'espèce, au premier rang des Passereaux. Nulle part, en effet, on ne rencontre le sentiment de l'amour conjugal poussé à un si haut degré, surtout dans une espèce qui, d'ordinaire, traite plus à la légère les devoirs de cette nature. Si le trou dans lequel est établi le nid est spacieux, il le remplit avec un soin tout particulier. Tout lui est bon : foin, mousse, coton, morceaux de papier, herbe fraîche ou mouron. Que ce soit dans une vaste caisse d'élevage, dans une cage étroite ou dans un buisson, à l'état libre, le nid est toujours voûté. Le fond en est étroit et garni de matériaux les plus moelleux. Au moindre bruit, le couple sort et n'y rentre qu'avec précaution. Les petits, au début, sont complètement nus et fort laids. Pendant les six premiers jours, ils se développent lentement ; dans la suite, la croissance marche plus rapidement. Ils restent longtemps sans plumes, se vêtent de brun et ressemblent plutôt à d'horribles amphibies qu'à des oiseaux. On peut exclure de leur nourriture les larves de fourmis et la verdure. Ils appartiennent, ainsi que leurs congénères, à la classe des Passereaux exclusivement granivores, qui ne donnent jamais à leurs petits des aliments animalisés. La durée de l'incubation est de onze jours. Les jeunes Becs d'argent abandonnent le nid au vingt et unième jour, et mangent seuls au vingt-cinquième. Ces oiseaux nichent jusqu'à cinq fois par an. »

Nourriture. — Ils vivent de millet, d'alpiste, de petites graines et d'échaudé. On y ajoute, à la saison des nids, des œufs de fourmis et du jaune d'œuf.

13. Le Bec de plomb. — SPERMESTES MALABARICA.—*Caractères.* — Beaucoup d'amateurs confondent cette espèce avec la précédente. La différence, en effet, est à peine appréciable. Elle consiste dans la taille qui est un peu plus petite et le plumage du dos légèrement plus sombre. Quant au chant et au cri d'appel, ils sont les mêmes.

Distribution géographique. — Est répandu dans les diverses régions de l'Inde.

Mœurs et habitudes. — Les détails fournis par les voyageurs sont assez curieux. Le nid affecte la forme ronde avec une sortie ménagée sur un côté. Il est fait de brins d'herbes, de plantes soyeuses, voûté avec soin et matelassé intérieurement de plumes et de matériaux moelleux. L'oiseau s'installe dans les creux d'arbres, les trous de rochers, sur les arbres ou dans les broussailles. Cykes en a trouvé un à la bifurcation d'une branche de mimosa, et Théobald dans un buisson au bord d'un chemin, exposé aux regards.

Le nombre d'œufs, pour chaque ponte, varie de 6 à 25 œufs. Dans ce dernier cas, il doit être attribué à plusieurs femelles. Des nichées trouvées en mai et en novembre font penser à Burgess que le Bec de plomb se reproduit deux fois par an. Cette opinion paraît confirmée par la découverte de nids en octobre et en décembre. Les faits, du reste, concordent avec ceux observés dans les volières. La plupart des Passereaux exotiques, en effet, nichent, soit de septembre à décembre, soit de mai à juillet, souvent même dans les deux saisons.

Captivité. — Hamilton raconte qu'à Calcutta, on tient fréquemment en cage un couple de ces oiseaux. On les expose à l'extérieur, et après avoir attaché l'un d'eux à un lacet, on donne la liberté à l'autre. Ce dernier ne manque jamais de revenir près de son compagnon.

Nourriture. — Il se nourrit d'un mélange d'alpiste et de millet. En ce qui concerne la reproduction et les soins à donner en cette circonstance, le lecteur trouvera à l'article du Bec d'argent, les renseignements voulus.

14. **La Spermète naine.** — SPERMESTES NANA. — Depuis quelques années seulement, les marchands vendent, sous le nom d'*Amadine Diamant*, un petit oiseau, dont la taille ne dépasse pas 7 centimètres. Ce gracieux Passereau, que Sganzin appelle le *Petit-Marteau*, est la Spermète naine mentionnée par Hartlaub [1].

Caractères. — Il a tout le dessus du corps brun, le dessous gris foncé. Une petite tache noire sur la gorge, en forme de bavette, égaye la face antérieure. La queue est de même nuance, ornée de reflets verts. Son bec, de la force de celui de la Nonnette de Calcutta, est brun de corne à la mandibule supérieure et de couleur de plomb à l'inférieure. On reconnaît la femelle, dont le plumage est le même, à la tache de la gorge, qui est à peine marquée.

Cette Spermète a toute la vivacité de l'Astrild gris, en même temps que la grâce.

Distribution géographique. — Il n'est point particulier à l'île de Madagascar ; on le trouve également dans celle de Zanzibar, d'où on l'expédie, de temps à autre, en Europe.

Mœurs et habitudes. — On ne sait rien de ses mœurs en liberté.

---

[1] Hartlaub, *Systematische Übersicht der Vögel Madagascar's* (Cabanis Journal für Ornithologie, 1860).

Captivité. — En captivité, elle montre une grande disposition à nicher. Elle s'est reproduite plusieurs fois déjà en Allemagne, notamment chez le lieutenant Hauth, dans un boulin, après l'avoir préalablement garni de fibres de coco, de ouate et de plumes. La ponte varie de 3 à 7 œufs. L'incubation dure treize jours. Les petits prennent leur essor à trois semaines. Le père et la mère leur continuent leurs soins pendant une huitaine de jours encore après la sortie du nid.

Cette Spermète, malgré sa petite taille, est d'humeur querelleuse, particulièrement à la saison des amours. Son chant, composé de trois à quatre strophes, qu'elle répète plusieurs fois, est agréable.

Nourriture. — Son régime est celui du Bec d'argent.

15. Le Moineau de Gould ou le Clœbé. — SPERMESTES GOULDIÆ (fig. 13). — Gould trouve ce Passereau si beau qu'il lui donna le nom de sa femme, hommage mérité, car, non seulement elle fut la compagne intrépide de tous ses voyages, mais, peintre de talent, elle fit vivre par sa palette les objets que décrivit son mari.

Caractères. — Ce superbe Moineau a le manteau et les ailes d'un beau vert émeraude ; le front, une partie de la tête, les côtés du cou et la face jusqu'à la gorge d'un beau noir velouté. Une bande vert pâle couvre le sommet de la tête, descend en s'amincissant en forme de collier sur la gorge et sépare du noir la couleur lilas qui orne la partie supérieure de la poitrine, à laquelle succède, sur la partie inférieure et le ventre, jusqu'aux sous-caudales, une belle nuance jaune vif. La queue est noire avec les deux plumes médianes dépassant les autres. Le bec est blanc avec la pointe rouge carmin ; les pieds sont couleur chair.

Le Moineau de Gould est de la taille du Chardonneret.

La femelle porte la même livrée que le mâle, avec des teintes moins vives. Le costume des jeunes est vert olive. Ils ont la tête grise, les joues blanches et la queue brune.

Fig. 13. — Le Moineau de Gould.

D'après Macgillivray, cette espèce ne serait point une race indépendante, mais un Diamant mirabilis sous une livrée particulière.

Distribution géographique. — L'habitat de ce Passereau paraît limité au territoire arrosé par le fleuve Victoria, sur la côte occidentale de l'Australie. Le premier mâle fut tué dans cette contrée par Bynoë, plus tard, deux jeunes par Gilbert, vers le Port-Essington. Ce furent les premiers individus envoyés à Gould. Gilbert rencontra ces oiseaux, par groupes de 4 à 7 sujets, sur la lisière d'un bois de mangliers. Ils lui parurent sauvages. A la première approche, ils s'envolèrent, effarouchés, sur les gommiers les plus élevés.

Captivité. — Ce Diamant s'est reproduit en France chez plusieurs amateurs, notamment chez M. le docteur Henry Adam, en 1886.

Nourriture. — En temps ordinaire, on nourrit le Clœbé de millet, d'alpiste et de verdure. A la saison des amours, on ajoute à cet ordinaire du jaune d'œuf, mêlé d'échaudé, des œufs de fourmis ainsi que des vers de farine. Une friandise est de l'alpiste macéré dans l'eau et préalablement égoutté avant distribution.

16. **Le Diamant mirabilis**. — SPERMESTES MIRABILIS. — *Diamant mirabilis, Pœphile merveilleux*, sont les termes admiratifs consacrés à désigner un des plus beaux Passereaux de la Nouvelle-Hollande. Il égale, en effet, par son plumage, les Tangaras les plus riches en couleurs. Le ton en est non moins vif et brillant.

Caractères. — « Le sommet et les côtés de la tête sont d'un rouge carmin, bordés de noir en arrière ; la gorge est noire ; le cou est entouré d'un collier bleu ciel, mince à la gorge, large à la nuque, où il passe insensiblement au vert jaunâtre et au brun vert, qui est la couleur du dos. Le croupion et les rectrices supérieures de la queue sont d'un bleu clair ; les pennes des ailes ont des bordures brun jaunâtre ;

les pennes caudales latérales sont d'un bleu clair ; les médianes varient du gris foncé au noir. A la face inférieure du corps, le collier bleu est limité par une large bande transversale bleu lilas, qui recouvre tout le haut de la poitrine et qu'un mince liseré orange sépare du jaune du ventre.

« La femelle a les couleurs moins vives que le mâle ; ses plumes caudales médianes sont aussi plus courtes. » (Brehm. [1])

Distribution géographique. — Hombron et Jacquinot découvrirent ce Passereau dans les environs de la baie de Roffles, sur la côte Nord de la Nouvelle-Hollande [2]. Son habitat paraît limité à la partie septentrionale de l'Australie.

« Je trouvai, écrit d'autre part Macgillivray, à White, près de la baie du Corail, aux environs du Port-Essington, une bande nombreuse de ces oiseaux qui cherchaient des graines et se réfugiaient sur des arbres à gomme. Il ne s'en trouvait pas deux dont le plumage fût complet ; la plupart n'avaient pas mué. Quelques-uns, à tête rouge, avaient des plumes noires sous les plumes rouges ; les deux prétendues espèces *(Spermestes Gouldiæ* et *Spermestes mirabilis)* étaient confondues et elles ne font réellement qu'une seule et même espèce. »

Mœurs et habitudes. — Ils habitent les prairies et les roseaux qui croissent sur les bords des cours d'eau ; se nourrissent de leurs graines et de semences de graminées ; sans être très sociables, on les rencontre cependant par petites bandes. Ils ne paraissent pas fuir le voisinage de l'homme. Il n'est pas rare de les voir s'approcher des habitations, venir dans les jardins et pénétrer jusque dans l'intérieur des villes.

D'après certaines observations, il semblerait que le Dia-

---

[1] Brehm, *Les Oiseaux*, édition française, revue par Z. Gerbe.
[2] Hombron et Jacquinot, *Voyage de l'« Astrolabe » et de la « Zélée »*, Zoologie.

mant mirabilis se livre à des excursions plus ou moins étendues. C'est ainsi que découvert en 1833 dans la presqu'île de Cobourg, il n'y reparut plus qu'en 1845, pour n'y faire qu'un court séjour. Les Pœphiles ne paraissent pas établir leur nid tous de la même manière ; les uns, le posent dans les roseaux, les autres, le construisent sur les arbres.

Captivité. — Sa rareté n'a point encore permis de constater sa reproduction en volière ; mais la question ne doit faire aucun doute, du moment que le Clœbé, son congénère ou son frère, a donné des preuves de sa fécondité sous notre climat.

Nourriture. — Son régime est le même que celui du Moineau de Gould.

17. L'Amadine psittaculaire. — SPERMESTES PSITTACEA. — C'est sous le nom de *Pape de Nouméa* que cette Spermète se vend dans le commerce. On la trouve dans les ouvrages d'ornithologie sous celui d'*Amadine de la Nouvelle-Calédonie*. Les habitants de cette île l'appellent *Tenie* ceux des îles voisines *Dumbéea* et *Guérubéea*. Vieillot l'a décrite sous la désignation de *Chardonneret acalanthe*.

Caractères. — C'est un Passereau charmant. Son plumage ressemble à celui de la Perruche inséparable. Il brille d'un beau vert bronzé, à l'exception de la tête, du cou, du croupion et de la queue, qui tranchent par leur rouge écarlate, sur le ton foncé du reste de la robe. Le bec est brun de corne, l'œil noir, les pattes brunes. Aucun signe particulier ne distingue le mâle de la femelle, si ce n'est l'éclat un peu plus vif du rouge de la tête et qui semble en même temps descendre un peu plus bas sur la gorge.

Le costume des jeunes est d'un ton verdâtre ; ce n'est qu'à trois mois qu'ils commencent à prendre leurs couleurs. Une particularité à signaler est l'apparition, durant le jeune âge, à la naissance du bec, de deux bulles de la grosseur d'une petite tête d'épingle, sur la mandibule supérieure et inférieure. Quand le bec est fermé elles paraissent se trouver sur la même ligne et brillent comme deux perles. Elles disparaissent quand les oiseaux sortent du nid.

Distribution géographique. — D'après les frères Layard, on rencontre cette Amadine dans l'île de la Nouvelle-Calédonie et les îles voisines.

Mœurs et habitudes. — Elle construit son nid de fibres d'aloès auquel elle donne une forme sphérique assez volumineuse. Sur l'une des faces est ménagée une sortie. L'intérieur est garni de quelques plumes de Perroquet. On ne sait rien de plus de ses mœurs en liberté; mais la façon dont elle se comporte en captivité peut donner une idée de ses habitudes à l'état libre.

Captivité. — Elle est vive et gaie, de caractère sociable. Bien que rare, on se la procure sans trop de difficulté. Notre climat ne paraît pas lui être défavorable. Avec des soins, on l'acclimate assez facilement. Elle montre même des dispositions à nicher. On cite plusieurs cas de reproduction tant en France qu'en Allemagne. Elle s'établit dans une boîte ou un boulin, de préférence dans ceux qui occupent la place la plus élevée de la volière ; le remplit de brins d'herbe et de fibres de coco, en ménageant une voûte au-dessus du nid avec une sortie sur un des côtés. Le mâle apporte les matériaux que la femelle dispose seule à l'intérieur.

La ponte varie de 3 à 4 œufs blancs sans brillant. L'incubation dure de treize à quatorze jours. Les petits quittent le nid entre le dix-neuvième et le vingtième jour. Le père et la mère s'entr'aident dans les soins de l'éducation.

Une première ponte est généralement suivie d'une seconde. A ce moment, il est bon de retirer les petits, afin de laisser aux parents la possibilité de s'adonner tout entier aux devoirs d'une nouvelle paternité.

Les saisons de l'Australie qui diffèrent de date avec les nôtres, l'amènent souvent à nicher en hiver. Il est donc bon de la tenir dans une pièce chauffée à 15 ou 18 degrés. De la sorte elle conduira ses petits à bien.

Nourriture. — En liberté elle vit de petites graines et d'insectes. En cage, au millet en branche et en grain, à l'alpiste, au mouron et autre verdure, son alimentation ordinaire, on ajoute pendant la saison des amours, de la mie de pain blanc au lait, de l'échaudé mêlé de jaune d'œufs et des larves de fourmis. Elle est friande des vers de farine, dont elle nourrit exclusivement ses petits aux premiers jours de leur naissance. En autre temps, ils lui sont salutaires pourvu qu'on en limite l'usage à quelques-uns par mois.

LES TISSERINS — *Plocei*.

Caractères. — Les voyageurs qui ont contemplé, sous le ciel africain, les Tisserins revêtus de leur robe de noces à la saison des amours, ne tarissent pas d'admiration. Plusieurs, en effet, comme les Euplectes et les Foudis, ne le cèdent en rien par la vivacité des tons et l'éclat des couleurs aux Tangaras du Nouveau-Monde.

Par leur forme, leurs habitudes, leur genre de vie et leur nourriture, ils rappellent nos Passereaux. Leur taille varie de la grosseur du Serin à celle de la Grive. Des 70 espèces actuellement connues, une quarantaine ont été apportées en Europe et une vingtaine s'y sont reproduites.

Distribution géographique. — Ils appartiennent aux zones chaudes de l'Afrique et de l'Asie.

Mœurs, habitudes et régimes. — Émigrent-ils ? Sont-ils sédentaires ou erratiques ? Rien n'est établi à ce sujet. Tout ce que l'on sait c'est qu'ils vivent, pour la plupart, en société, même à l'époque de la reproduction, mais au milieu de disputes continuelles. Ils sont insectivores et granivores à la fois. A ce régime, on ajoute des fruits doux et de la verdure pour ceux qu'on tient en captivité. Leurs nids sont de véritables chefs-d'œuvre, non seulement au point de vue de leur confection, mais encore de la façon dont ils sont tissés. Les matériaux qui les composent sont formés de brins d'herbe, de duvet et de filaments de plantes entrelacés avec un art infini. C'est le mâle qui, d'ordinaire, s'occupe du travail; la femelle n'y prend part que lorsqu'elle veut pondre. Ils les suspendent habituellement aux branches d'arbres surplombant sur les cours d'eau ou les vallées profondes. En dehors de ces nids destinés à la reproduction, les mâles se construisent des nids de repos. Il semble que ce soit un besoin chez eux de dépenser leur activité dans ces constructions. On les voit sans cesse commencer un nid, l'abandonner et en recommencer un autre.

Ce n'est qu'à l'approche de la saison des amours que les mâles se parent de leurs belles couleurs. Selon la région, cette livrée dure de six à huit mois. En captivité, elle se maintient plus ou moins longtemps suivant que leur nourriture est animalisée ou simplement composée de graines.

Le caractère remuant des Plocéidés ne permet guère de leur faire partager la cage d'oiseaux plus faibles qu'eux; même les espèces les plus petites se montrent turbulentes et détruisent les nids de leurs voisins, tandis que les Tisserins de forte taille donnent en pâture à leurs petits ceux des autres nouvellement éclos. Ce sont des animaux de construction robuste et peu difficiles.

Parmi les espèces nombreuses qui composent la classe des Plocéidés, nous avons fait choix de celles qui se voient le plus communément dans le commerce, pour en retracer les traits, ce sont: le *Cap moore*, le *Tisserin masqué*, le *Baya*, le *Quéléa*, le *Foudi rouge*, le *Foudi jaune*, le *Worabée*, l'*Ignicolore* ou *Euplecte franciscain*, l'*Oryx* ou *Monseigneur*.

1. **Le Cap moore.** — PLOCEUS MELANOCEPHALUS. — *Caractères*. — Ce Tisserin auquel le commerce donne le nom de Gendarme est de la grosseur de l'Étourneau. Il a la tête et la gorge noires; les côtés du cou et la partie supérieure de la poitrine mordorés; le ventre et les parties inférieures d'un

jaune vif; le dessus du corps de même nuance; les épaules, jusque vers le milieu du dos, variées de jaune; les plumes de la queue noirâtres, frangées de jaune. Le bec est long, fort et noir; l'œil couleur feu. La femelle se distingue par une nuance jaune sombre; le dessus de la tête, les épaules et le dos sont bruns; chaque penne des ailes est bordée d'un large liseré gris; les côtés du cou sont d'un beau jaune clair. En hiver, le plumage du mâle devient plus sombre; toutefois, le jaune mordoré se maintient; l'œil, à ce moment, est le signe le plus caractéristique du sexe.

Son chant est plus original qu'agréable. Il ne manque cependant pas de mélodie dans quelques notes.

Distribution géographique. — Il est répandu dans l'ouest, le centre et le nord de l'Afrique.

Mœurs et habitudes. — Ce Tisserin donne à son nid une forme à peu près pyramidale. Il le suspend habituellement au dessus de l'eau, à l'extrémité d'une petite branche. L'ouverture se trouve sur l'une des faces du cône, tournée du côté du levant. L'intérieur de cette pyramide est divisé en deux compartiments par une cloison, ce qui forme, pour ainsi dire, deux chambres; la première sert de vestibule par où s'introduit le Cap moore pour monter dans la cavité où se trouve les œufs.

« Par l'artifice assez compliqué de cette construction, dit Buffon, les œufs sont à couvert de la pluie, de quelque côté que souffle le vent, et il faut remarquer qu'en Abyssinie la saison des pluies dure six mois; car c'est une observation générale que les inconvénients exaltent l'industrie à moins que, étant excessifs, ils ne la rendent inutile et ne l'étouffent entièrement. Ici il y avait à se garantir non seulement de la pluie, mais encore des singes, des écureuils, des serpents, etc. »

Captivité. — Malgré son origine méridionale, le Cap moore, en captivité, se montre robuste.

Il se reproduit même en volière. Il donne à son nid à peu près la forme de celui que nous venons de décrire. Les ma-

Fig. 14. — Le Tisserin masqué.

tériaux à mettre à la disposition du couple sont : des herbes sèches, du chiendent, des fibres de cocos et du crin. La ponte varie de 3 à 5 œufs. L'incubation dure quatorze jours. A ce moment, outre les vers et les sauterelles, il est bon d'augmenter son régime de jaune d'œuf mêlé d'échaudé.

C'est un fort mauvais compagnon. Il est impossible de l'associer à des oiseaux plus faibles que lui ; il les maltraite sans relâche jusqu'à ce qu'ils succombent sous ses coups.

Nourriture. — A l'état libre, il vit d'insectes et de graines. En cage, on le nourrit d'alpiste et de millet en y ajoutant de la verdure, quelques vers de farine et des sauterelles. Il aime également les fruits doux.

2. **Le Tisserin masqué.** — PLOCEUS LARVATUS. — *Caractères*. — A beaucoup de ressemblance avec le Cap-moore. A la tête noire ; le derrière et les côtés du cou bruns ; les yeux rouge brun ; le bec noir ; les pieds couleur chair. Chez la femelle, les côtés de la tête et la gorge sont d'un jaune tirant sur le blanc ; le derrière de la tête et la partie supérieure de nuance olive foncée ; les rémiges vert olive, bordées extérieurement de jaune foncé ; les ailes traversées par une double bande cendrée ; les tectrices inférieures jaunes ; les plumes de la queue olive foncée, frangées de vert. Le ventre et les sous-caudales sont blancs ; l'œil est brun ; les pieds couleur de corne. Pendant l'hiver, le mâle porte un habit vert olive à la partie supérieure ; chaque plume est bordée de jaune ; un trait brun passe à travers l'œil ; deux bandes jaunes coupent l'aile. La face inférieure est de même nuance ; le bec noir ; la mandibule inférieure plus claire.

Distribution géographique. — Habite le cap de Bonne-Espérance, l'Abyssinie et la Sénégambie.

Mœurs et habitudes. — Vers les mois de juillet et d'août il forme des bandes nombreuses qui errent à travers le pays.

Captivité. — On le rencontre rarement dans le commerce. Comme le Cap moore, il s'est reproduit en volière.

FIG. 15. — Le Baya Nelicourvi.

Nourriture. — Son régime est le même que celui du Cap-moore.

3. Le Baya ou Nelicourvi. — Ploceus baya (fig. 15). — *Caractères*. — La partie supérieure de ce Tisserin est d'un brun foncé, égayé par une couleur fauve. La face, la partie antérieure du cou sont noires. Un beau jaune vif colore la tête, la poitrine et le ventre. Les rémiges sont frangées de la même nuance.

La femelle n'a ni jaune, ni noir à la tête. Un trait pâle passe au-dessus de l'œil. Ce costume est également celui du mâle durant l'hiver.

Distribution géographique. — D'après Jerdon, il est répandu dans toute l'Inde, particulièrement dans les bois en plaine.

Mœurs et habitudes. — Son chant ressemble à celui du Quéléa *(Travailleur)*. Les formes du nid ne sont pas toujours les mêmes. Tantôt elles affectent l'aspect d'une boule, tantôt celui d'une bourse, avec un long couloir sur le côté. Quelquefois ce genre d'entrée fait défaut. En dehors de ces nids, il se construit des lits de repos pour se protéger, pendant la saison des pluies, contre la fraîcheur des nuits, et durant l'été, contre les ardeurs du soleil. Ils ont l'apparence d'une cloche. La cavité destinée aux œufs manque. Il emploie, dans ces diverses constructions, des fibres de coco ou d'aloès. En cage, quand les femelles n'ont pas de mâles avec elles, elles se livrent avec ardeur à ce travail.

Captivité. — Malgré le peu de rareté de ce Tisserin, on le voit assez rarement en Europe. Une fois acclimaté, il se montre robuste, vif et gai.

Nourriture. — Ce Tisserin réclame la même nourriture et les mêmes soins que le Cap moore.

4. Le Quéléa à bec rouge. — Ploceus sanguinirostris. — *Caractères*. — Dans l'Afrique centrale, les indigènes donnent à cet oiseau le nom de *Dioch*; les marchands l'appellent *Travailleur* et les naturalistes *Quéléa à bec rouge*.

Il mesure 13 centimètres. Son costume de noces est d'un beau rouge-fauve ; la face, le front, les joues, la gorge sont noirs ; la queue et les ailes, de même nuance, bordées de jaune. Les flancs tirent sur le blanc, le dos est brunâtre, le bec d'un beau rouge corail, et les pattes couleur rougeâtre.

En hiver, le plumage de la gorge et du ventre est d'un blanc sale. Il a la poitrine et les flancs jaunâtres lavés de blanc ; le dessus du corps verdâtre. Sous cette livrée, le mâle ne se distingue de la femelle que par le ton plus chaud des couleurs. Il existe une variété considérable de nuances chez le Dioch. Cette différence paraît tenir à une grande diversité de races locales. Le chant de cet oiseau ne manque pas d'originalité, quoique court et sans variété.

Distribution géographique. — Il est répandu dans tout le Soudan et l'Éthiopie. Est également commun dans l'intérieur de l'Afrique. D'après Brehm, il ne niche pas au Soudan ; il ne paraît y être que de passage [1].

Mœurs et habitudes. — Ce Plocéidé, comme les autres espèces, vit en société. Il est vif et remuant, d'un tempérament robuste, supportant bien la captivité. Il ne paraît pas être sensible au froid. On l'a vu passer, sans accident, l'hiver dans des pièces non-chauffées.

Voilà le portrait qu'en fait Vieillot, et qui ne manque pas d'exactitude :

« Le Dioch est querelleur et méchant. On ne peut le mettre avec des Bengalis, des Sénégalis, car il les tourmente de toutes manières. Il les prend par la queue, les lève en l'air, les tient ainsi quelques secondes, en criant continuellement. Les malheureuses victimes ne lui résistent pas ; elles simulent la mort et il les laisse alors tranquilles. Si elles se défendent, il les déplume. Entre eux, les Diochs vivent en société, mais ils sont en guerre continuelle ; ils ne cessent de gron-

---

[1] Brehm, *Les Oiseaux*, édition française, revue par Z. Gerbe, t. I, page 186.

der et de crier ; la femelle même n'échappe pas aux taquineries de son mâle. Ils nichent en société, sur les arbres, les uns près des autres. Leurs nids pendent aux extrémités des branches. Ils sont formés d'herbes sèches et cassantes, mais auxquelles ils savent donner la solidité et la flexibilité des joncs, en les imbibant d'un liquide mucilagineux. Ils les fixent avec les pattes, les lissent avec le bec, les tournent, les retournent de tous côtés, les plient en zigzags, les tortillent en vrille. Ils suspendent trois ou quatre tiges d'herbe à un petit rameau, en en mettant d'autres en travers pour leur donner plus de solidité et pour rapprocher les petites branches qui forment la charpente du nid. Pendant la construction, mâles et femelles se disputent continuellement. Le nid est si artistement construit, qu'il ressemble à un panier d'osier finement tressé. Le mâle travaille d'ordinaire à l'extérieur, la femelle à l'intérieur, se tendant mutuellement les matériaux. Le nid est sphérique, sauf en avant, où il est droit ; au milieu de cette paroi intérieure, se trouve l'ouverture. Les oiseaux n'y travaillent que trois ou quatre heures chaque matin, mais avec tant d'ardeur, que le tout est fini en moins de huit jours. Si, après un repos de huit jours, la femelle ne cède pas aux ardeurs du mâle, celui-ci détruit le nid et, quinze jours après, recommence à en construire un autre [1]. »

Captivité. — Pour se donner le plaisir de les voir travailler, quelques personnes tiennent les Quéléas dans de petites cages et leur donnent des bouts de fils ou de filasse. Tout aussitôt, ils s'emparent de ces matériaux et en tapissent les barreaux. On prétend qu'ils choisissent de préférence les fils de couleurs voyantes, mais qu'ils ne touchent jamais aux fils bleu foncé.

Ils nichent en volière, surtout si on a soin d'en tenir quel-

---

[1] Vieillot, *Histoire naturelle des plus beaux oiseaux chanteurs de la zone torride,* Paris, 1806.

ques paires à part, dans un compartiment spécial. On met à leur disposition des chaumes, des brins d'herbes, du coton et des fibres de coco.

La ponte varie de 3 à 7 œufs ronds, d'un vert bleu brillant. L'incubation dure quatorze jours.

Nourriture. — En liberté, il vit d'insectes et de graines ; en captivité, on le nourrit de millet, d'alpiste et de chènevis, auxquels il est utile d'ajouter de la verdure et, pendant la saison, des larves de fourmis et des vers de farine. Il mange également des fruits, des oranges en particulier. A l'époque de l'incubation, il est nécessaire de lui procurer des œufs de fourmis et des vers de farine. Il aime également le pain blanc émietté imbibé de lait bouilli.

5. Le Foudi. — Fundia madagascariensis. — *Caractères*. — Taille 13 centimètres environ. Ce Passereau splendide à l'époque des amours a la tête, le cou, le dos, le croupion, la poitrine et le ventre d'un rouge vermillon splendide ; les pennes des ailes et de la queue grises, frangées de jaune. Un trait noir traverse l'œil. Le bec est d'un beau noir brillant ; les pieds sont gris rougeâtre.

Le costume d'hiver est beaucoup plus modeste ; c'est la robe du moineau. Le jaune dont est bordée chaque plume en rend le ton plus chaud. A ce moment, la femelle ressemble au mâle. La teinte olive domine chez elle. La livrée des jeunes est brun olive, chaque plume frangée de jaune.

L'époque de l'entrée en couleur dépend de la provenance. Les oiseaux qui viennent de Sainte-Hélène commencent à revêtir leur habit de noces dès la fin de janvier ; ceux qui viennent des autres contrées de l'Afrique ou de l'Inde, le prennent de juin à août.

Son chant n'a rien de remarquable. Il est précédé d'un *ti... ti...* long et complété par une sorte de gazouillement voilé.

Mœurs et habitudes. — Il pose son nid dans les buissons. La forme en est sphérique. L'extérieur est fait de brins d'herbe et de chaume. Vers le haut est ménagée une entrée que protège une sorte d'avancement. L'intérieur est tapissé de crin et de duvet de plantes.

La ponte est de 3 à 6 œufs uniformes, d'un bleu verdâtre, à coquille lisse. L'incubation dure quinze jours. Le mâle aide sa femelle pendant l'éducation. Lorsque les petits ont pris leur essor, ils voltigent autour des parents pour demander la becquée.

Quand il n'est pas troublé, le Foudi fait de 2 à 3 couvées par an.

Captivité. — En tout temps est fort remuant, mais au moment de la prise de ses couleurs, il devient turbulent, taquin envers ses compagnons, en un mot, fort mauvais voisin.

Il niche en volière ; la forme du nid varie peu de celle que je viens de décrire. Il est formé des mêmes matériaux. Les jeunes Foudis ne sont propres à se reproduire qu'après la seconde année. C'est là une des difficultés de leur multiplication en volière.

Nourriture. — Mange de tout : graines, fruits, pain émietté mouillé de lait, larves de fourmis, vers de farine, verdure, riz ramolli dans l'eau et essoré, graines de soleil.

A l'époque de la nidification, on tiendra à sa disposition des larves de fourmis, des vers de farine et du jaune d'œuf mélangé d'échaudé.

6. **Le Foudi jaune.** — Fundia flavicans. — A l'île de la Réunion, ainsi qu'à Maurice et dans le groupe de petites îles qui avoisinent ces parages, on trouve une charmante variété de l'espèce précédente. Chez ce Foudi, le rouge est remplacé par une belle teinte jaune doré sur toute la face antérieure et inférieure. Le dos est mêlé de brun, les grandes et petites couvertures sont bordées de blanc.

Par la taille, la physionomie et les mœurs, il rappelle complètement son congénère.

Bien qu'assez commun dans les régions qu'il habite, on le

voit peu souvent dans le commerce. Cependant, dans ces derniers temps, un mâle de cette espèce s'est reproduit au Jardin zoologique de Berlin avec une femelle de Foudi rouge. Il réclame les mêmes soins et la même nourriture.

7. **Le Worabée.** — Ploceus melanogaster. — Le Worabée a les côtés de la tête, jusqu'au-dessus des yeux, la gorge, le devant du cou, la poitrine, le haut du ventre noirs ; le dessus de la tête, les parties supérieures du corps, le bas-ventre d'un beau jaune vif, à l'exception d'une espèce de collier noir qui embrasse le cou par derrière. Les couvertures et les pennes des ailes sont noires, bordées de couleurs plus claires ; les pennes de la queue pareillement noires, mais frangées d'un jaune verdâtre. Le bec est noir et les pieds d'un brun clair.

La taille du Worabée est à peu près celle du Serin, mais plus ramassée, avec la queue plus courte.

La livrée d'hiver est celle de l'Euplecte. Le dessous du corps est brun foncé avec les bordures des plumes gris clair. La tête gris sombre avec une raie jaunâtre qui passe au-dessus des yeux ; le dessous du corps gris clair. Tel est également le costume de la femelle. La seule distinction, c'est que, chez elle, la raie qui passe au-dessus de l'œil est blanchâtre au lieu d'être jaune. Le plumage des jeunes ressemble à celui de la mère, avec teinte plus claire.

L'entrée en couleur dépend de la contrée de provenance. Chez les uns, la coloration se manifeste vers la fin d'avril ; chez les autres, elle se produit de juin au mois d'août.

Distribution géographique. — Est répandu dans l'ouest de l'Afrique et une partie du Nord. Il est fort commun en Abyssinie.

Au moment où ce Tisserin revêt son habit de noces, il devient fort agité ; il voltige dans la cage en poussant des cris. D'ordinaire paisible, il taquine ses compagnons de captivité par ses mouvements continuels. Pourtant il n'est ni colère, ni hargneux, sauf de rares exceptions.

Captivité. — Il niche assez difficilement en captivité. Pour l'y inciter, on mettra ses habitudes à profit. On fixera dans la volière des branches de bouleau ou autres branchages, pour y suspendre son nid auquel il donne la forme d'une bourse. Vers le haut il ménage une entrée qui donne accès à l'intérieur. L'étoupe, le fil, les brins d'herbe, les fibres de cocos sont les matériaux que ces oiseaux emploient à cette construction.

La ponte est habituellement de 4 œufs, d'un blanc bleuté, tirant sur le vert, de forme ronde, à coquille lisse.

Il est robuste. Son chant se compose d'une espèce de gazouillement voilé.

Nourriture. — Toutes les graines lui sont agréables : millet blanc, millet de Bordeaux, œillette, graine de chardons. Il aime également la verdure et le pain blanc émietté mouillé de lait bouilli. Une moitié d'orange lui fait plaisir. Il est également friand des œufs de fourmis et des vers de farine. A l'époque de l'élevage, il importe de lui en procurer.

8. L'Euplecte franciscain ou Ignicolore. — EUPLECTES FRANCISCANUS. — Il est connu des amateurs et des marchands sous le nom d'*Ignicolore*.

« Lorsque, dans le sud de la Nubie, les *verts dourrahs* qui couvrent tous les endroits cultivés des bords du Nil, commencent à mûrir, le voyageur est témoin d'un superbe spectacle. Un gazouillement attire son attention sur un point du champ, et là, il voit sur un des épis les plus élevés, brillant comme une flamme, un oiseau splendide, qui se tourne et se retourne de tous côtés. C'est le chanteur dont il a entendu la voix. Mais son chant trouve de l'écho ; d'autres lui répondent, et des douzaines, des centaines de ces oiseaux d'un rouge éclatant, se détachent sur le vert des végétaux. Chacun, en se montrant, semble vouloir faire admirer la beauté de son plumage. Il lève les ailes, il se baigne dans les rayons du soleil ; puis, aussi vite qu'il a apparu, il disparaît pour se montrer de nouveau quelques minutes plus tard. Aujourd'hui encore, je pense aux heures de bonheur que j'ai passées devant ce charmant spectacle ; encore aujourd'hui, je vois ces points brillants, paraissant et disparaissant, au milieu des épis verts. » (Brehm, t. I.)

Caractères. — « ... Hors le temps des amours, tous les Euplectes franciscains, quels que soient leur âge et leur sexe, ont une robe fort semblable à celle des Moineaux. Mais vers l'époque de la reproduction, le mâle change complètement de plumage, ses plumes deviennent molles, veloutées, très longues et finement découpées ; seules, les rémiges conservent leur type primitif, en même temps ses couleurs deviennent splendides.

« Le mâle, en amour, a le sommet de la tête, les joues, la poitrine, le ventre, d'un noir de velours ; le reste du corps vermillon ; les ailes brunes, marquées de brun fauve, le bord des plumes étant plus clair que le milieu. Les sus et sous-caudales sont assez longues pour couvrir presque totalement les rectrices. L'iris est brun, le bec noir, les pattes sont d'un jaune-brunâtre. » (Brehm, t. II.)

La femelle a le dos gris brun avec des taches longitudinales noirâtres, le ventre blanc jaunâtre. Cette livrée est également celle du mâle pendant l'hiver. Comme chez l'Oryx, l'œil est surmonté d'une raie blanchâtre, de couleur safran chez le mâle.

Son chant a quelque ressemblance avec celui de ce dernier Passereau. Loin d'avoir de la mélodie, il est une imitation du bruit de la scie sur la pierre.

Distribution géographique. — Son aire de dispersion paraît s'étendre à toute l'Afrique, à l'exception des contrées méridionales, où sa présence n'a point encore été signalée.

Mœurs et habitudes. — Il fréquente les terres cultivées de préférence aux localités désertes. Ce n'est que par nécessité, dit Brehm, qu'il se jette au désert, dans les roseaux.

Indépendamment de sa ressemblance comme plumage avec le moineau, durant une grande partie de l'année, il a avec lui d'autres points de comparaison. Comme lui, on le rencontre, par bandes plus ou moins nombreuses, au milieu des champs, à la saison des récoltes. Pour éloigner les pillards, des indigènes, postés sur la lisière des terrains ensemencés, cherchent à les effrayer en faisant mouvoir des épouvantails construits dans ce but.

Lorsque la moisson est faite, l'Euplecte se rapproche des habitations. On le voit errer dans le voisinage des villages, autour des gourbis.

Il ne suspend pas son nid aux branches des arbres comme beaucoup de Tisserins. Il le place dans les buissons entourés de hautes herbes. La forme en est tantôt ronde, tantôt allongée. Les parois, faites de chaume, de fibres de plantes, sont si lâches, bien qu'artistement tressées, qu'elles laissent voir l'intérieur. Une entrée, ménagée sur une des faces, y donne accès. La ponte varie de 3 à 5 œufs. Ils sont de forme ronde et d'un beau bleu tirant sur le vert.

Captivité. — Sa grande surexcitation au moment des amours est une cause de difficulté pour l'amener à se reproduire. L'apparier lorsqu'il porte déjà sa robe de noces, c'est courir au devant d'un échec. Pour arriver à un résultat heureux, il faut avoir le soin de l'associer à sa compagne bien longtemps avant la saison des nids, alors qu'il est encore en livrée grise.

Assez doux de caractère avec ses compagnons de captivité durant l'hiver, il se montre agressif et querelleur lorsqu'il arrive en couleurs. Il chasse tous les oiseaux qui s'approchent de son nid.

Nourriture. — En liberté, il vit de graines et d'insectes. En cage, il s'accommode d'un régime exclusivement composé de graines, varié par de la verdure ; mais, au retour du printemps, un jaune terne remplace la belle couleur rouge de sa robe de noces. Pour atténuer cet effet fâcheux de la captivité et du changement de nourriture, il importe de joindre à l'alpiste et au millet, dont il se contente, de la mie de pain blanc, mouillée de lait bouilli, des vers de farine et des larves de fourmis à la saison. Quelques jours de traitement à l'eau de la Bourboule, au moment de l'entrée en couleurs, rendra tout son lustre au plumage. S'il niche, on augmentera le nombre des vers de farine, en lui procurant, si c'est possible, des mouches et des sauterelles.

L'Oryx. — Loxia oryx. — *Caractères*. — Ce Passereau auquel les marchands donnent les noms de *Monseigneur* et de *Cardinal du Cap*, est désigné par les naturalistes sous celui de *Loxia Oryx*. Il a beaucoup de ressemblance avec l'Euplecte franciscain dont il n'est qu'une variété, et n'en diffère, du reste, que par le ton et la distribution des couleurs.

Il a le bec noir, l'iris brun. Un noir brillant et velouté colore le front, la région des yeux, le menton, le bas de la poitrine et le ventre, tandis qu'une belle nuance orange, tirant sur le rouge carmin, égaye les côtés du cou, le sommet de la tête, la gorge, la partie supérieure de la poitrine, le croupion et les parties anales. Cette même couleur obscurcie couvre le manteau et le dos. Les pennes des ailes et de la queue sont noires bordées de roux. Malgré son peu de rareté, quelques paires seulement, paraissent, chaque année, sur les marchés d'Europe. Son changement de couleur et la courte durée de son brillant plumage le font négliger par beaucoup d'amateurs. De septembre à mai, en effet, l'Oryx porte la livrée du Moineau avec des nuances plus claires. Sous ce costume gris, le mâle et la femelle présentent peu de différence. La dernière est plus petite; mais le signe le plus caractéristique du sexe se trouve dans la raie qui passe au dessus de l'œil. Chez le mâle, elle est jaune, et chez la femelle blanchâtre et à peine dessinée.

Distribution géographique. — Il est répandu dans toute la zone tropicale de l'Afrique ainsi que dans les parties méridionales de cette contrée. On le trouve également au Cap, où il cause aux récoltes des dégâts considérables.

Mœurs et habitudes. — Vers le soir, il se retire, en bandes nombreuses, dans les roseaux pour y passer la nuit. Comme la plupart des Tisserins, il suspend son nid aux branches des arbres et lui donne la forme d'une bourse. Une ouverture ménagée sur un des côtés donne accès à l'intérieur. Des chaumes, des fibres de plantes, du coton entrelacés, en constituent les matériaux. La ponte est de 4 à 5 œufs ronds, de nuance bleu verdâtre, que la femelle couve de quatorze à quinze jours. Le nombre des couvées varie de deux à trois, suivant la région.

Enfermé dans un espace restreint, l'Oryx se montre de caractère peu sociable avec des compagnons plus faibles que lui. Son chant, composé de deux ou trois notes sourdes, se termine par une espèce de sifflement difficile à dépeindre et qu'on peut comparer au bruit produit par un jet de vapeur.

Captivité. — Il niche facilement en volière plantée d'arbustes. Outre les cas de reproduction qu'il a obtenus, Russ en cite plusieurs autres en Allemagne.

Nourriture. — En liberté, son régime se compose de graines et d'insectes. Robuste et peu difficile, il se contente, en cage, de millet, d'alpiste et de verdure, auxquels on ajoutera quelques vers de farine, de temps à autre, des larves de fourmis, à la saison, pour lui voir reprendre, à l'époque des amours, l'éclat de ses couleurs que la captivité ternit toujours. De la mie de pain blanc mouillée de lait cuit, un peu de jaune d'œuf dur mêlé d'échaudé, complèteront cette alimentation au moment de la reproduction.

10. **Le Capucin à tête noire.** — Munia sinensis. — *Caractères.* — De tous les oiseaux apportés en Europe, il est celui qui arrive en plus grand nombre. On peut même dire qu'on le voit toute l'année. La couleur dominante de son plumage lui a valu le nom qu'il porte ou celui synonyme de *Jacobin*.

Il a été décrit par Georges Edwards en 1743[1]. Vieillot est sobre de renseignements; il recommande seulement de le tenir en serre, précaution exagérée, car cette Munie ne se montre pas moins robuste que les autres espèces étrangères.

A l'exception de la tête et du cou qui sont noirs, tout le reste de son costume est marron clair sur le dos et foncé tirant sur le brun vers le ventre et les parties postérieures. Le mâle et la femelle portent la même robe; chez le premier le noir est un peu plus brillant.

Le chant du Capucin à tête noire est une espèce de ventriloquie insaisissable. A le voir agiter la tête, à gonfler sa poitrine on s'attendrait à entendre des phrases mélodieuses. C'est à peine si l'oreille peut percevoir un final ressemblant au bruit produit par le dégonflement d'un ballon d'enfant. Mais si cette Munie n'a pas le charme de la voix, elle possède la douceur de caractère, qualité fort appréciée des amateurs qui aiment à réunir des espèces variées dans la même cage.

Distribution géographique. — Elle habite les Indes Orientales; est commune à Ceylan et à Sumatra. On la trouve également en grand nombre dans les parties méridionales de l'Inde.

Mœurs et habitudes. — Elle vit comme les espèces de la famille, le long des cours d'eau, dans les hautes herbes et les champs de cannes à sucre. Après les couvées, les Capucins à tête noire se réunissent en bandes.

Suivant Hogdson, le nid est sphérique avec une ouverture étroite sur le côté. Il est fait d'herbe et d'aiguilles de pin. Les œufs sont nombreux.

Captivité. — Bien que ce Passereau se trouve depuis longtemps dans toutes les volières, il ne paraît pas s'y être reproduit jusqu'à présent. A part les deux cas signalés par

---

[1] Edwards, *Histoire naturelle d'oiseaux peu communs*, London, 1743.

Russ[1], je n'en connais pas d'autres. Encore cet éleveur ajoute-t-il que les deux petits, produits d'une couvée heureuse, ont disparu, au moment de leur essor, dans un buisson de sa volière sans qu'on ait pu retrouver leur trace. Pour leur nid, les parents s'étaient servis de l'installation d'un Diamant, dans laquelle ils avaient traîné des herbes.

Nourriture. — A en juger par son goût exclusif pour le millet blanc et le millet de Bordeaux, il ne doit se nourrir dans son pays natal que de petites graines. Pour l'amener à varier son régime, on peut y ajouter un peu d'œillette et de graine de chicorée amère, et par surcroît quelques brins de mouron. Il est friand de millet en branches.

11. La Munie à tête blanche. — MUNIA MALACCA. — *Caractères*. — Est connue sous les noms de *Domino, Munie, Capucin, Nonnette, Mahian*, à tête blanche.

Elle mesure 10 centimètres; la queue n'en compte que 3. A l'exception de la tête et du cou qui son blancs, tout le plumage est marron clair sur le dos, de même nuance, mais foncée, presque brune, sur le ventre et les parties inférieures; le bec est gros, fort, de couleur bleuâtre; les pieds sont plombés. Chez la femelle le blanc est moins accusé, mais avec les années cette couleur devient plus pure; il en est de même pour le mâle.

Dans leur costume de premier âge, les jeunes ont le dessus du corps gris cendré, le dessous brun, mêlé de blanc, et le bec d'un noir brillant. Ils ne prennent leurs couleurs, qui restent toujours les mêmes, que vers la fin du quatrième mois.

Elle est connue depuis 1752 par le voyage d'Osbeck[2]. Avant, les écrivains se contentaient de l'indiquer. Edwards en a fait la description d'après un sujet envoyé de Malacca[3]. A

---

[1] Russ, *Die Prachtfinken ihre naturgeschichte Pflege, und Zucht*, Magdeburg 1879.

[2] P. Osbech, *A Voyage to China and the East Indies*, London, 1771.

[3] G. Edwards, *Histoire naturelle d'Oiseaux peu communs*, London, 1743.

sa forme, Buffon jugea, avec raison, qu'elle n'était point originaire de l'Amérique.

Distribution géographique. — « Dans ces derniers temps, dit Reichenbach, on voit arriver fréquemment, venant des Indes orientales et occidentales, particulièrement de Sumatra et de Bornéo, des Munies à tête blanche. »

Mœurs et habitudes. — « Elles sont intéressantes plutôt par leur douceur et leur grâce que par leur chant à peine perceptible. Récemment j'en ai reçu quatre paires de Sumatra avec leurs nids et leurs œufs. La collection Thiénemann en possédait déjà un. Ces nids, construits dans des touffes de laiches, en forme de melon, ont une entrée longue et allongée de 5 centimètres de diamètre. Ils sont composés de feuilles de millet, revêtus extérieurement de feuilles d'herbes longues et étroites, et matelassés intérieurement de poils fins et soyeux de la canne à sucre. Ils contiennent de 2 à 3 œufs de couleur blanc mat. A l'un de ces nids, l'ouverture est placée si haut que du bord de l'orifice à la couche sur laquelle repose les œufs la profondeur ne mesure pas moins de 12 centimètres. » (Reichenbach.)

Captivité. — Ces détails s'accordent avec ceux que donne Russ[1] qui a fait reproduire le Domino en volière.

« Quelques jours après, écrit-il, je regardai et je trouvai, en effet, dans une touffe de roseaux un nid fait sans art et de matériaux grossiers. Le fond en était composé de gros brins d'herbes, de bandes de papier et de mousse; le dessus d'une texture lâche, en forme de voûte, était construit d'herbes fines; une entrée large ménagée sur le haut conduisait à l'intérieur presque exclusivement matelassé de flocons de coton. Il y avait 2 œufs. L'incubation dura douze jours. Les petits abandonnèrent le nid entre le vingt-cinquième et le vingt-sixième jour. Avant le moment de l'incubation, les parents s'étaient mis à manger des graines gonflées dans l'eau et un

[1] Russ, *Prachtfinken, ihre Naturgeschichte, Pflege, und Zucht*, Magdeburg, 1879.

mélange de jaune d'œufs et de larves de fourmis. C'est avec ce régime qu'ils élevèrent leurs petits » (Russ).

Cette Munie niche assez rarement en captivité. Cependant, dans ces derniers temps, un certain nombre d'amateurs sont parvenus à obtenir des reproductions. Plusieurs même ont vu réussir des mariages avec des espèces similaires, entre autres, avec des Moineaux du Japon et des Donacoles. Dans une de ces unions, une femelle de Munie à tête blanche s'était associée à un Moineau du Japon; à l'éclosion des petits, chacun, suivant son penchant, leur donnait à manger, l'un de la pâtée d'échaudé, des jaune d'œufs et de larves de fourmis; l'autre simplement des graines gonflées dans l'eau.

C'est un oiseau doux de caractère et d'humeur sociable avec ses compagnons petits et grands, mais assez délicat.

Comme celui des espèces de la famille, son chant est à peine perceptible et se termine par une seule note claire et flûtée qu'on peut rendre par la syllabe: *tlitt*.

Nourriture. — Il ne réclame qu'un peu de millet blanc mêlé à l'espèce dite de Bordeaux et quelques graines de chicorée amère et d'œillette. En y ajoutant de temps à autre des feuilles de mouron et du millet en branches, on le rend heureux.

12. Le Capucin à tête blanche. — MUNIA FERRUGINOSA. —
Caractères. — Ce Passereau, que les marchands désignent sous le nom de *Capucin à bavette*, ne diffère du précédent que par une teinte noire foncée répandue sur la gorge et la poitrine. Quant au reste du plumage, il est châtain sur le corps et brun-foncé sur la face antérieure et les parties inférieures.

Distribution géographique. — Son habitat paraît limité aux îles de Java et de Flores. Sa présence à Bornéo n'est pas établie avec certitude.

Mœurs et habitudes. — « Il est fort commun dans les parties habitées de Java. Rien ne distingue les sexes, si ce n'est le ton plus accusé chez les mâles. Pendant que les rizières sont encore sous l'eau, les Capucins se tiennent dans les endroits entrecoupés de petits bois et de buissons, dans les haies qui bordent les chemins ou qui séparent les champs et les prairies. Ils fréquentent principalement les contrées couvertes d'*alang-alang* et de broussailles. Dès que le riz touche à sa maturité, ils s'abattent, en volées nombreuses, dans les champs, où ils causent des dégâts considérables. Plus petits que l'oiseau de riz *(Padda)*, ils en ont les mouvements. En captivité, ils se montrent aussi robustes et d'un caractère sociable, aussi les tient-on souvent en volière. Leur cri d'appel est clair et répond à la syllabe *Wit…, Wit…, Wit…* Je ne l'ai jamais entendu chanter, mais, en revanche, j'en ai maintes fois trouvé des nids. Ils sont toujours établis près de terre, à quelques mètres à peine du sol, dans un buisson ou dans l'herbe, soutenus et portés par des chaumes, mais jamais à terre. Ils ont une forme ronde et une sortie sur le côté. Faits exclusivement de brins de plantes lanugineuses, ils paraissent extérieurement mal coordonnés et sans art ; dans leur composition, il entre souvent des matériaux plus grossiers encore, des feuilles d'alang. L'intérieur, au contraire, est matelassé d'herbes tendres et moelleuses. La ponte est de 4, souvent même de 6 à 7 œufs. » (Berstein.)

Ses œufs, de forme oblongue, sont blanc-pur.

Captivité. — Il est rare sur les marchés d'Europe, où il arrive en très petit nombre, mêlé à des envois de Capucins à tête noire, de Dominos et autres espèces de la famille. Je ne sache pas qu'il ait niché en captivité.

Nourriture. — Il réclame les mêmes soins et la même nourriture que les précédents.

13. — **Le Damier.** — MUNIA PUNCTULARIA (fig. 15). — Cette Munie à laquelle nous conserverons le nom qu'elle porte dans le commerce, est le *Domino* ou le *Capucin pointillé* des naturalistes.

Comme les précédentes, elle est connue depuis longtemps et fréquemment apportée en Europe. Elle a été plus particulièrement décrite par Albin, en 1734[1]. Edwards lui donne le nom de *Gowry ;* Brisson l'appelle *Gros-bec tacheté de Java.* C'est à tort qu'en parlant d'elle, sous la désignation de *Domino* ou *Gros-bec épervin*, Vieillot représente la femelle avec le ventre blanc et sans pointillé. Rien, au contraire, ne distingue les deux sexes.

Il existe quatre espèces, mais ces variétés n'ont de différence entre elles que quelques modifications de plumage. Leur grosseur et leur genre de vie sont les mêmes.

La première variété (Punctularia) a le dessus du corps brun-rougeâtre ; le front, les côtés du cou, le menton, la gorge brun-foncé ; les couvertures des ailes et de la queue de couleur plus pâle et ondulées ; le croupion gris-cendré, strié de jaune ; le dessous du corps blanc varié de brun, ce qui produit un dessin quadrillé qui lui a valu son nom. Le bec est noir, avec la mandibule inférieure plus claire ; les pieds sont couleur de corne.

Distribution géographique. — Elle est répandue à Java, Malacca, Flores, Lombok et Timor.

La seconde variété (Anidulata) ne diffère de la précédente que par un gris plus foncé des parties supérieures, rayées de lignes plus claires et plus nettement accusées. Le croupion est d'un gris légèrement argenté, ainsi que les plumes de la queue.

Distribution géographique. — Elle habite également l'Inde, mais plus particulièrement les parties occidentales et septentrionales. On la trouve également à Ceylan.

Troisième variété (Topela). Son nom est emprunté au langage de son pays d'origine ; elle a le plumage du dos et de la gorge plus sombre, presque marron. Sur tout le manteau, les ondulations mêlées de blanc, sont à peine perceptibles.

---

[1] Albin, *Natural History of British Birds*, London, 1734.

FIG. 16. — Le Damier.

Distribution géographique. — Appartient également à l'Inde et aux îles Formose et Heynan.

Caractères. — La quatrième variété (Fuscans), de nuance marron foncé, a le sommet de la tête clair et finement strié, la gorge, la poitrine, ainsi que les couvertures supérieures de la queue, ondulées de brun et de noir.

Distribution géographique. — Suivant Bernstein, cette espèce habite Java, mais elle est plus rare que les autres membres de la famille, ce qui ne lui a pas permis d'en étudier les habitudes.

Mœurs et habitudes. — Le Damier fait son nid à une certaine hauteur du sol, dans les lianes qui enveloppent les troncs d'arbres et leurs branches. La forme en est plus ou moins sphérique avec une entrée ménagée sur l'un des côtés. L'extérieur est assez grossièrement coordonné avec des chaumes, des brins d'herbe et des feuilles de diverses plantes.

Captivité. — Il se reproduit en captivité. Pour s'installer, il choisit le panier le plus haut placé de la volière. Il y entasse les matériaux les plus grossiers : foin, paille, racines. L'intérieur est plus soigné ; c'est sur une couche de plumes et de coton que la femelle dépose de 4 à 6 œufs blancs.

Le costume des jeunes Damiers est gris foncé.

Comme les Munies, en général, cette espèce est aphone, mais elle est plus gracieuse de forme que les autres ; le bec est moins fort, le cou plus allongé. Son caractère, en revanche, est moins doux ; vis-à-vis de ses compagnons, elle ne se prive pas de coups de bec.

En liberté, elle se nourrit de graines d'un certain nombre de graminées. Comme les autres Munies, elle doit aimer le riz avant sa maturité.

Au moment de la nidification, on prépare au couple une pâtée faite d'échaudé, de chènevis écrasé, de jaune d'œufs et de quelques œufs de fourmis. Un peu de millet et de riz ramollis dans du lait bouilli variera cette alimentation. En temps ordinaire, le régime du Damier se compose de millet blanc, d'œillette, de chardon et de chicorée amère mélangés.

14. Le Capucin à ventre blanc. — MUNIA MALACCA. — *Caractères.* — Il porte les noms divers de *Capucin, Jacobin, Nonnette à ventre blanc et noir.* Cette Munie est un peu plus grosse que la précédente ; elle mesure 12 centimètres ; la queue en compte 3 1/2.

Le dessous du corps est marron ; la face antérieure, la poitrine et les côtes noirs ainsi que les sous-caudales ; le ventre et les parties inférieures blancs. Le bec est gros et court, de couleur bleuâtre ; les pieds répondent à la grosseur. Rien ne distingue le mâle de la femelle. Le plumage reste toujours le même.

Distribution géographique. — Son aire de dispersion comprend une grande partie de l'Inde méridionale et s'étend, vers l'ouest, jusqu'à Ceylan et Java.

Mœurs et habitudes. — Non moins nombreux que l'oiseau de riz ou que le Capucin à tête noire, elle fréquente, dans la région occidentale de Java, les lieux habités. Elle se tient également dans les hautes herbes et les endroits couverts de petits bois et de broussailles, mais on ne la rencontre jamais dans les forêts obscures et de haute futaie. A l'exception du temps de l'appariage, elle vit par petites troupes. Elle est peu sauvage et se laisse facilement approcher. Au moment où elle s'envole elle pousse un *pikt!* ou un *piut!* c'est son cri d'appel. Dans la langue malaise son nom est formé de cette onomatopée.

Elle place son nid très peu haut, dans une touffe d'herbes, sur les bords des sentiers fréquentés. Il est de forme plus ou moins sphérique. Une sortie ménagée vers le haut donne accès dans l'intérieur. Fait assez grossièrement de menues racines, de chaume et de brins d'herbe, il est au contraire, soigneusement tressé à l'intérieur. La ponte varie de 4 à 7 œufs de couleur blanc mat.

Captivité. — Bien que connu depuis longtemps et qu'il

abonde dans les volières, il ne paraît pas s'y être reproduit. Du moins, je n'en connais pas d'exemple. Il est doux de caractère et de mœurs sociables. Son chant ressemble à celui de toute la famille; il est nul, mais son plumage rachète ce qui lui manque du côté de la voix.

Nourriture. — Un mélange de millet, d'alpiste, de chicorée amère et d'œillette. On y ajoute un peu de mouron.

15. Le Capucin à trois couleurs. — MUNIA (TRICOLOR) MALACCENSIS (fig. 16). — *Caractères*. — Parmi les nombreuses variétés de Munies que les oiseleurs expédient en Europe, une des plus gracieuses est le Capucin tricolore. La seule différence qui le distingue du Jacobin à ventre blanc, est une tache oblongue noire, qui colore le ventre et se prolonge jusqu'aux sous-caudales. Le velouté de cette tache fait ressortir le blanc mat dont est lustré le haut de la poitrine ainsi que les flancs. Quant à la distribution du noir et du marron, elle est la même que chez l'espèce précédente.

Distribution géographique. — Cette Munie habite les mêmes zones que sa congénère. Elle est répandue dans l'Inde méridionale et occidentale. On la trouve également à Ceylan et Java.

Mœurs et habitudes. — Ses mœurs ne diffèrent point des habitudes de la famille. Elle fréquente les lieux habités, ainsi que les contrées couvertes de buissons et de hautes herbes, à l'exclusion des bois à haute futaie. Hors le temps de la reproduction, elle vit en société. Son nid affecte la même forme que celui du Capucin à tête noire. Il est fait de chaume, d'herbe et de radicelles. Il repose à une faible hauteur du sol, sur les branches d'un arbuste ou dans une touffe de hautes herbes. La ponte varie de 4 à 7 œufs.

Captivité. — Bien que ce Capucin ne paraisse pas moins nombreux que les autres membres de l'espèce, on le voit moins souvent chez les marchands. En raison de cette rareté il n'a point encore été possible de faire des observations sur ses dispositions à se reproduire en captivité.

Fig. 17. — Capucin à trois couleurs.

Nourriture. — Son régime est celui des autres Munies. On le traitera donc comme le Capucin à tête noire, dont il a les allures et le chant.

16. Les Moineaux du Japon. — MUNIÆ STRIATŒ. — C'est par les noms de *Muscade blanche*, de *Bengali blanc* et *panaché* qu'on désignait primitivement ces oiseaux connus aujourd'hui sous celui de *Moineaux du Japon*.

D'après le docteur Cabanis, cette Munie serait, comme le Padda blanc, un produit d'une sélection obtenue par les Chinois, soit avec le Domino *(Spermestes acuticauda)*, soit avec le Damier *(Spermestes striata)* ou enfin avec le Bec d'argent *(Spermestes cantans)*; mais cette assertion n'est point établie.

Distribution géographique. — En dehors du Japon, elle est également commune à Ceylan, dans les Indes occidentales, aux îles de Java et de Bornéo, de même qu'en Chine.

Mœurs et habitudes. — Au Japon, elle remplace notre Moineau; elle en a les mœurs et les habitudes. Comme lui, elle recherche la société de l'homme. Elle habite les villes et les villages. Dans les campagnes on la trouve autour des habitations. Elle fait son nid sous les toits, dans les trous de murs et jusque dans les maisons, dont on laisse les fenêtres ouvertes.

Il en existe quatre variétés : la *blanche*, l'*isabelle*, la *noire* et la *brune*. Le plumage de la première est d'un beau blanc sans tache; chez la seconde, cette couleur est égayée par une nuance isabelle sur le dos, la gorge et les flancs; la troisième, a de noir ce que la précédente a d'isabelle, et la quatrième est de ton chocolat. La plus recherchée, mais la plus délicate est la blanche. La noire et la brune se montrent généralement plus robustes.

Sous notre climat ces oiseaux sont sujets à la cécité. Il faut être à côté du Moineau japonais pour entendre son chant, qui ne brille pas plus que celui du Capucin ou du Damier.

Captivité. — Les Moineaux du Japon se reproduisent aussi facilement en cage qu'en volière. Il suffit de leur donner une noix de coco percée d'un trou sur le côté ou un boulin. Tout aussitôt ils garnissent cette couche d'herbe sèche ou de foin et d'un peu de plumes. La femelle y dépose 4 œufs qu'elle couve durant treize jours, relayée par le mâle. L'un et l'autre se montrent très attachés à leurs petits. Ils ne les abandonnent pour songer à un nouveau nid que lorsqu'ils sont assez forts pour se passer de leurs soins. Aussi, ne font-ils que deux pontes par an, de mai à septembre.

A défaut d'oiseau de son espèce, ce Passereau s'accouple avec d'autres de la famille. C'est ainsi que des amateurs ont obtenu des métis avec le Maia, le Damier et le Bec-d'argent.

Nourriture. — Les parents élèvent leur famille avec du millet ramolli dans leur jabot, de l'échaudé, du mouron, du jaune d'œuf et du pain imbibé de lait, régime habituel des adultes. Pour conserver ces oiseaux en bonne santé, il importe de mettre un boulin dans leur cage. En été, ils s'y reposent pendant le jour et la nuit ; à l'automne, ils s'en font un abri contre les fraîcheurs de l'arrière-saison, et l'hiver, contre le froid.

17. **Le Donacole**. — DONACOLA CASTANEOTHORAX (fig. 17). — Il a beaucoup de rapport avec les Munies de l'Inde : bec court, épais, à base bombée, à arête élevée ; queue courte et torses forts. La taille est de 10 centimètres. Il a la tête cendrée ; les joues, la gorge, la région des oreilles d'un brun-noirâtre ; le dos brun-rougeâtre ; le croupion fauve-clair ; les plumes de la queue frangées de jaune. Une large bande de nuance châtain, limitée inférieurement par une ligne noire, enveloppe toute la poitrine. Le ventre est blanc, le bec bleuâtre. La différence entre le mâle et la femelle est à peine sensible. Il faut un œil exercé pour la reconnaitre. La couleur de la poitrine est un peu plus claire et la ligne noire plus étroite.

Caractères. — Une variété porte le nom de Donacole à bandes *(Donacola bivittata)*. La seule distinction qui la caractérise, c'est la largeur de la ligne noire qui délimite sur la poitrine la nuance marron du blanc du ventre. Le reste du plumage est le même.

Mœurs et habitudes. — Ces Passereaux aiment à vivre par paires. Ils se montrent très attachés l'un à l'autre. Ils perchent constamment côte à côte et se becquètent comme les Bengalis.

Leur cri d'appel est formé de la syllabe *tic* prononcée d'une voix claire et dolente. Leur chant, comme celui des Capucins, est une sorte de ventriloquie terminée par une note seule perceptible.

« C'est en hiver, dit Brehm, que les Donacoles ont leur plus beau plumage; ce doit donc être l'époque des amours. La mue, de ceux du moins que je possède, commence en avril[1]. »

Distribution géographique. — Bien que son habitat ne soit pas exactement connu, le Donacole paraît cependant plus particulièrement confiné dans les parties nord-est de l'Australie. D'après F.-W. Hutton, sa présence à la Nouvelle-Zélande ne serait due qu'à un fait accidentel ou intentionnel. En tout cas, il s'y est acclimaté et propagé en grand nombre.

Mœurs et habitudes. — Les premiers sujets furent remis à Gould par Bynoë et les officiers du vaisseau l'*Aigle*. Plus tard, il vit l'oiseau empaillé au musée de Sydney. Il vit sur les bords des rivières et des lacs, rappelle par ses mœurs la Penduline et, comme elle, grimpe avec agilité au milieu des herbes et se tient de préférence dans les roseaux.

Captivité. — Ce n'est que depuis peu d'années, c'est-à-dire depuis 1860, que le Donacole aparu dans le commerce

---

[1] Brehm, *Les Oiseaux*, édit. franç., revue par Z. Gerbe, t. I, p. 169.

Fig. 18. — Le Donacole.

Il arrive encore en petit nombre ; cependant son prix est modéré.

Soit longueur de la traversée, soit manque de soins, la plupart des animaux apportés d'Australie se montrent délicats. Le Donacole est de ce nombre. Beaucoup meurent à leur arrivée. Une fois acclimaté, il se montre gai et familier.

Jusqu'à présent, bien peu d'amateurs sont parvenus à le faire reproduire. Russ en cite deux ou trois cas en Allemagne[1]. Des renseignements fournis à ce sujet, il résulte qu'ils font leur nid dans des boîtes fermées ou des paniers couverts avec des matériaux grossiers, tels que : chaume, varech, brins d'herbe ou mouron sec, et qu'ils en matelassent l'intérieur de plumes.

Nourriture. — Alimentation des plus simples : millet en branches et en grain mélangé de graine de chardon, de chicorée amère, de laitue et de millet de Bordeaux. Aiment beaucoup la verdure.

LES VIDUÉS. — Viduæ.

Caractères. — Les naturalistes ne sont point d'accord sur l'origine du nom donné aux Vidués. Les uns le font venir de la corruption du mot *Widha*, contrée de l'Afrique où l'on rencontre ces Passereaux en grand nombre ; les autres y voient une allusion à la couleur noire du plumage des mâles à l'époque des amours. A ce moment, ces derniers attirent non seulement l'attention par l'éclat de leur costume, mais encore par la longueur des plumes de la queue, qui n'égale pas moins deux fois la taille de l'oiseau. Ces plumes, qui rappellent, par leur forme, celles des coqs, tombent après la saison des nids pour faire place à d'autres de grandeur ordinaire.

---

[1] Russ, *Handbuch für Vogelliebhaber, Zuchter, und Handler. Monographie des Oiseaux exotiques* (*L'Acclimatation*).

Les Veuves, par leur extérieur et leurs mouvements, ont quelque chose des Bruants, mais deux particularités semblent les rapprocher des Gallinacés. Comme eux, elles grattent le sol pour chercher leur nourriture, et, dans la famille, un certain nombre pratiquent la polygamie.

Distribution géographique. — Toutes les espèces sont propres à l'Afrique.

Mœurs, habitudes et régime. — La plupart fréquentent les lieux marécageux, les prairies et les steppes. Pendant la saison des amours, les couples s'isolent, mais, cette époque une fois passée, elles se réunissent en bandes nombreuses, errant parfois en compagnie d'autres Passereaux.

Ce sont des oiseaux délicats. A leur arrivée, beaucoup succombent aux fatigues de la traversée. Il importe donc, avant de les lâcher en volière, de les refaire avec des œufs de fourmis et des vers de farine.

Les Veuves ne se reproduisent qu'au moment où elles entrent en couleurs et pour beaucoup cette époque coïncide avec nos mois d'automne. De là la difficulté de les amener à nicher et surtout de les voir conduire à bien des couvées entreprises si tardivement. On ne peut donc guère obtenir de résultats heureux qu'en serre, avec une température de 20 à 25 degrés.

Leur nourriture se compose de petites graines auxquelles elles ajoutent des insectes et de la verdure.

En raison de leur caractère particulier et de leur beauté, nous donnons place ici aux cinq espèces suivantes : *Veuve au collier d'or, Veuve dominicaine, Veuve à quatre brins, Veuve à épaulettes, Veuve en feu.*

1. La Veuve au collier d'or. — Vidua paradiscæa. — Tous les voyageurs parlent avec enthousiasme de cet oiseau et de l'impression qu'il produit quand, avec sa longue queue, il vole d'un arbre à un autre. Ce fut un des premiers apportés en Europe par les Portugais, après la découverte de la Guinée.

Caractères. — Sa taille est celle de la Linotte.

Le mâle en couleur a la tête, le menton, le devant du cou, les ailes et la queue noirs. Il porte au cou un demi-collier d'un beau jaune doré, qui lui a valu le nom de *Veuve au collier d'or*, auquel les naturalistes ont substitué celui de *Stéganure de Paradis*. La poitrine est orangée, le ventre blanc ; le bas-ventre et les sous-caudales sont noirâtres. La queue est remarquable par la longueur des quatre plumes médianes. Les deux intermédiaires, divergentes et arquées, comme celles du coq, mesurent 10 centimètres, et sont traversées par un long fil. Les deux voisines atteignent de 34 à 35 centimètres. Toutes les quatre sont longues et vont en s'amincissant à leur extrémité.

Ce beau plumage que la Veuve garde, suivant la façon dont elle est nourrie, trois mois, six mois, quelquefois un an, fait place à un autre beaucoup plus modeste. A ce moment, la tête a des raies longitudinales noires et fauves. Toute la partie supérieure du dos est mélangée de noir et de roux ; les pennes des ailes et de la queue sont noirâtres ; la face antérieure est blanchâtre. Telle est également, à la différence des nuances un peu moins accusées, la robe de la femelle.

Elle prend ses couleurs de mai à septembre. La transformation s'opère en quatre ou six semaines.

Son chant a de l'originalité plutôt que du charme. A la suite de quelques notes flûtées, elle fait entendre une espèce de son de crécelle qu'il est difficile d'exprimer.

Distribution géographique. — La Veuve est répandue sur une grande étendue de l'Afrique orientale et occidentale. On la trouve en grand nombre en Guinée et au royaume d'Angola.

Mœurs et habitudes. — Les Steganures fréquentent les forêts clair-semées des steppes. Elles vivent par bandes plus ou moins nombreuses. A l'époque des amours, les couples s'isolent. Le nid affecte une forme allongée et rappelle celui des Tisserins. Un trou ménagé vers le centre donne accès dans l'intérieur,

Captivité. — De caractère doux, le Vidué, à de rares exceptions, se comporte assez bien avec ses compagnons de captivité. Il ne se montre violent qu'entre mâles.

Cette espèce se reproduit en volière ; mais souvent les œufs sont clairs. L'accouplement n'ayant lieu qu'à l'époque où le mâle a revêtu sa robe de noces, c'est-à-dire vers les derniers jours de nos étés, pour obtenir un résultat heureux, il faut tenir le couple dans une serre où la température est maintenue de 20 à 22 degrés.

Le mâle recherche les femelles des autres oiseaux et s'unit avec elles.

Nourriture. — La Stéganure de Paradis réclame de grands soins. Elle est fort délicate. Outre les graines qu'on donne aux Passereaux : millet blanc, millet de Bordeaux en grain et en branche, il est nécessaire de lui procurer des larves de fourmis et des vers de farine. Elle aime beaucoup la verdure, particulièrement la laitue. Le pain blanc émietté, imbibé de lait bouilli, lui est fort agréable.

2. **La Veuve dominicaine.** — Vidua serena. — *Caractères.* — Elle est un peu plus petite que la précédente. Le mâle, en amour, a le sommet de la tête, le dos, les grandes couvertures supérieures des ailes, les rémiges ainsi que les longues plumes de la queue noirs ; les côtés du cou, la poitrine et la face inférieure blancs ; le bec rouge et les pieds gris.

Le costume d'hiver est roux mêlé de noir. La tête a des raies longitudinales noires et fauves. Le ventre est d'un blanc sale chez la femelle et d'un gris roussâtre chez le mâle.

Comme la précédente, elle a les quatre plumes médianes de la queue longues et dépassant les autres de 15 centimètres.

Distribution géographique. — Elle habite les mêmes contrées que la Steganure de Paradis.

Mœurs et habitudes. — Elle vit en bandes plus nombreuses. Après la saison des amours, elle se réunit à d'autres oiseaux et erre avec eux de côté et d'autre.

Elle construit son nid en forme de bourse, auquel elle donne de la solidité et un aspect artistique (Heuglin).

Captivité. — Son caractère agressif ne permet pas de l'associer avec des compagnons plus faibles qu'elle. A la saison des amours, elle se montre particulièrement agitée.

Nourriture. — Elle réclame les mêmes soins et le même régime que sa congénère, la Veuve au collier d'or.

Je ne sache pas qu'elle ait reproduit en volière. Tous les ouvrages d'ornithologie et d'élevage sont muets à ce sujet. Les renseignements des amateurs font également défaut.

3. **La Veuve à quatre brins.** — Vidua regia. — *Caractères.* — Un peu plus forte que la Dominicaine, elle mesure 11 centimètres. En amour, le mâle a le haut de la tête, le dos, le croupion, les ailes et la queue noirs ; le cou est décoré d'un collier rougeâtre. La même nuance colore la poitrine. Le ventre est blanc ; les pattes et le bec sont rouges. Les quatre plumes médianes de la queue dépassent les autres de 22 centimètres. Son vêtement d'hiver est brun, égayé par une bordure grise à chaque plume. Cet accoutrement est également la mise de la femelle, mais celui du mâle est d'un ton plus foncé.

Distribution géographique. — Elle habite l'Afrique méridionale et occidentale, surtout les environs d'Angola ; mais elle n'est commune nulle part.

On la voit rarement vivante en Europe. Vieillot parle avec admiration de sa beauté et de sa douceur. Il loue également le charme de sa voix [1]. Autant elle se montre vive et gaie sous son habit de noces, autant elle devient morose et silencieuse quand elle revêt son costume d'hiver.

Elle exige pour se reproduire une chaleur de 25 à 30 degrés et une volière plantée d'arbustes toujours verts.

---

[1] Vieillot, *Histoire naturelle des plus beaux Oiseaux chanteurs de la zone torride.*

Nourriture. — Son régime est le même que celui de la Veuve au collier d'or.

4. La Veuve à épaulettes. — Vidua caffra. — *Caractères.*
— La Veuve à épaulettes est la plus forte et la plus belle de l'espèce; elle est de la grosseur de l'Étourneau. Bien qu'on l'ait apportée depuis longtemps en Europe, elle est toujours très rare. De loin en loin seulement on voit quelques individus dans le commerce.

« Le mâle est noir; il a les épaules rouge-écarlate; une bande blanche sépare cette partie des tectrices supérieures de l'aile, qui sont noires bordées de jaune clair. Quelques-unes des rémiges secondaires et l'extrémité des rémiges primaires sont bordées de fauve. Le bec et les pattes sont d'un jaune brunâtre clair.

« Chez la femelle, les plumes sont noires dans leur milieu et largement bordées de fauve. La face inférieure du corps est gris-jaunâtre; la gorge, les sourcils, le pourtour de l'anus sont blancs. » (Brehm[1].)

Distribution géographique. — La Veuve à épaulettes appartient à l'Afrique méridionale. On la trouve en Cafrerie. Elle habite également le Gabon.

Mœurs et habitudes. — D'après Levaillant, ce Vidué est polygame[2]. Sur quatre-vingts femelles, on ne trouve que dix à quinze mâles. Quelques femelles en vieillissant prennent parfois le plumage des mâles.

« Il habite les marais. Les nids pendent aux tiges des roseaux; leur forme est conique : ils sont faits d'herbes vertes et leur ouverture est tournée du côté de l'eau. » (Levaillant.)

Captivité. — Cette Veuve se montre douce de caractère avec les petits oiseaux; elle ne témoigne de mauvaise humeur qu'avec les Ignicolores.

En raison de sa rareté, le prix de cet oiseau est très

---

[1] Brehm, *Les Oiseaux*, édition française, revue par Z. Gerbe.
[2] Levaillant, *Histoire naturelle des Oiseaux d'Afrique.*

élevé. Bien que les femelles soient en plus grand nombre, ainsi que nous venons de le voir, il est difficile de s'en procurer une.

Nourriture. — On la soigne comme la Veuve au collier d'or.

5. **La Veuve en feu**. — Vidua ardens. — *Caractères*. — Elle est de la grosseur de la Veuve au collier d'or. Plumage d'un beau noir velouté, à l'exception d'une plaque rouge qui s'étale sur la poitrine et qui ressemble à un charbon ardent. Comme les autres Veuves, cette espèce a les quatre plumes médianes de la queue plus longues que les autres.

Distribution géographique. — Elle habite l'Afrique méridionale et occidentale. On la trouve plus particulièrement au Cap et à l'île Panay, l'une des Philippines. Rarement on la voit en Europe.

Captivité. — Elle réclame les mêmes soins que les précédentes.

LES COCCOTHRAUSTIDÉS. — Coccothraustæ.

Caractères. — Les Coccothraustidés sont divisés par les naturalistes en groupes nombreux. Nous rangeons ici, sous cette dénomination, des oiseaux qui ont avec eux de proches rapports par leur genre de vie, leur nourriture et les soins qu'ils réclament. Tous se distinguent par un corps ramassé, des pattes courtes et fortes, des ailes longues, un bec puissant.

Distribution géographique. — A l'exception de l'Australie, les Gros-Becs sont répandus sur toute la surface du globe.

Mœurs et habitudes. — Ils se tiennent sur la lisière des forêts, au milieu des champs de culture. A l'entrée de la mauvaise saison ils se rapprochent des habitations. Plusieurs sont des chanteurs remarquables.

En liberté, ils construisent leur nid dans les buissons ou sur les arbres à une faible hauteur généralement.

En volière, ils se montrent d'assez mauvais compagnons; mais ils s'y reproduisent sans trop de difficulté, avec succès, entre autres, les Cardinaux et les Paroares.

Nourriture. — Leur nourriture se compose de graines de toutes sortes, de semences, de noyaux, de pépins, de fruits et de baies. Les insectes entrent également pour une forte proportion dans l'ensemble de leur régime.

Sous la classification de Coccothraustidés, le lecteur trouvera ici : le *Bouvreuil commun*, le *Verdier*, le *Cardinal de Virginie*, le *Gros-Bec commun*, l'*Évêque du Brésil*, le *Gros-Bec Lazuli*.

1. Le Bouvreuil commun. — Loxia pyrrhula (fig. 18). — *Caractères.* — Les oiseaux aux couleurs vives et tranchées sont en petit nombre en Europe ; aussi n'ai-je jamais oublié l'impression profonde que j'ai éprouvée en voyant le Bouvreuil pour la première fois. C'était en décembre, l'hiver avait enveloppé la campagne de son linceul blanc ; le givre perlait aux arbres. Poussé par la faim, un beau mâle vint dans mon jardin à la recherche de quelques baies d'alisier ou de nerprun épargnées par la gelée. La neige faisait ressortir le rouge carmin de sa poitrine, le noir velouté de sa tête, le bleu d'acier de sa queue et de ses ailes, traversés par une double bande blanchâtre, le gris-perle de son dos, le blanc mat de son croupion et de son bas-ventre. Sur le fond blanc qui l'environnait de toute part se dessinait son gros bec noir, ses pieds couleur de corne. Il était splendide ! du moins tel il m'apparut. Depuis, j'ai admiré les Tangaras éblouissants, les Cotingas aux nuances éclatantes, mais aucun n'a excité à un plus haut degré mon enthousiasme, tant sont profondes les sensations du jeune âge.

A l'exception du rouge de la poitrine, remplacé par une teinte ardoise foncée, la femelle porte la même livrée, avec des teintes effacées.

Au premier âge, les jeunes n'ont pas la tête noire ; le rouge seul apparaît de bonne heure. L'aile, chez tous, est barrée d'une double bande grisâtre.

L'habitude de laisser retomber ses plumes au repos, au lieu de les serrer contre son corps, le fait paraître plus gros qu'il ne l'est en réalité. Du reste, la taille est si variable qu'on se croirait souvent en présence d'espèces différentes. Les nuances du plumage ne sont pas moins nombreuses. On trouve des sujets blancs, noirs ou de couleurs mélangées.

Distribution géographique. — La zone de dispersion du Bouvreuil commun comprend une grande partie de l'Europe et de l'Asie.

Mœurs et habitudes. — A part de rares exceptions déterminées par la disette, cet oiseau vit sédentaire.

Son existence, suivant l'expression d'un naturaliste moderne, est liée à la forêt. On le rencontre sur la lisière des grands bois, sur les pentes boisées, entrecoupées de clairières, couvertes de genévriers. Il y trouve, au printemps, les vers, les insectes et les larves de fourmis ; en été, les graines de toutes sortes, et, plus tard, la mûre sauvage, la guigne, les fruits de l'airelle et les baies de houx. Aussi, ne se décide-t-il à quitter ces lieux si pleins de charme pour lui que lorsque toutes ces ressources lui font défaut et que la neige en a rendu le séjour inhabitable.

Il recherche, pour établir son nid, les coins les plus retirés. C'est d'ordinaire dans un genévrier ou dans les fourrés les plus épais qu'il le place. Il le construit de brindilles, de menues racines, de lichen, et le tapisse intérieurement de crin, de poil et de laine. La ponte est de 4 à 5 œufs que la femelle couve quinze jours pendant lesquels elle est nourrie par le mâle. Les parents se partagent les fatigues de l'éducation ; ils donnent à manger à leurs petits, dans le premier âge, des insectes d'abord, puis des graines ramollies dans leur jabot, et enfin des graines sèches simplement.

Fig. 19. — Le Chardonneret, le Tarin et le Bouvreuil

A moins qu'ils ne soient distraits par les préoccupations d'un nouveau nid, le père et la mère leur continuent leurs soins longtemps après qu'il sont forts.

L'éducation, qui est le terme ordinaire de la fidélité pour la plupart des volatiles, n'amène pas immédiatement, chez le Bouvreuil, la séparation des sexes. Sur la fin de la saison, on voit le couple, accompagné de sa famille, errer dans la campagne, à la recherche des graines et des baies. Cette affection entre eux n'a d'égal que leur attachement pour leurs semblables. Lorsque l'un d'eux tombe frappé par le plomb du chasseur, ils ne l'abandonnent qu'à grand'peine. Aussi les oiseleurs mettent-ils à profit cette touchante fraternité pour les attirer dans les pièges. Il suffit d'imiter leur cri pour les y faire tomber.

Sans parler de la beauté du plumage qu'il n'a à envier à aucun autre oiseau, le Bouvreuil possède des qualités qui le rendent sympathique à tous les points de vue : douceur de caractère, attachement pour son maître, égalité d'humeur envers ses compagnons de captivité, forts ou faibles. Pris vieux, en peu de temps il devient d'une familiarité surprenante. Élevé jeune, on peut en faire un chanteur émérite. Rien n'égale, en effet, sa facilité à imiter le ramage des oiseaux placés autour de lui : Rossignols, Fauvettes ou Alouettes. Il retient également les mélodies qu'on lui joue sur la flûte ou sur le flageolet. On parvient même à lui faire prononcer quelques mots.

Il y a quelques années, on fit cadeau à ma femme, alors jeune fille, d'un Bouvreuil qui disait très distinctement : *petit mignon*, et qui sifflait la Marseillaise.

Chose assez rare, la femelle jouit, pour le chant, des mêmes prérogatives que le mâle. Leur chanson se compose d'un certain nombre de notes graves finissant en fausset.

« Il y a vingt ans, on voyait rarement des Bouvreuils en cage, raconte M. Henri Berthoud, dans son *Esprit des oiseaux*. Aujourd'hui, on en voit un certain nombre, surtout dans le monde de la finance et des artistes. Certains Bouvreuils coûtent de 300 à 400 francs.

« Chaque année, un montagnard tyrolien apporte à Paris une cinquantaine de ces charmants oiseaux. »

Voici l'origine de ce petit commerce, d'après cet auteur :

« Il y a quinze ans, durant un voyage que fit le baron de Rothschild au Tyrol, et tandis qu'on relayait les chevaux de sa voiture, un jeune paysan lui offrit une cage de mince apparence. Elle contenait un oiseau au plumage peu brillant; aussi le baron repoussa-t-il d'abord de la main cet objet peu commode à emporter; mais il ne tarda pas à changer d'avis quand il entendit le Bouvreuil chanter des airs d'opéra...

« Bientôt il ne fut plus question à Paris que des Bouvreuils musiciens. On les vit, on les entendit et on les admira, et on voulut s'en procurer à n'importe quel prix. »

C'est pour satisfaire à cette demande d'un nouveau genre que le montagnard vient depuis, tous les ans, placer ses élèves.

« Aux approches du renouveau, ajoute le même écrivain, on les entend caqueter à mi-voix et chercher à se remettre en mémoire les airs oubliés pendant l'inaction de la mauvaise saison. Ils les répètent note par note, se reprennent chaque fois qu'ils se trompent jusqu'à ce qu'ils reconquièrent leur répertoire entier. » (Berthoud.)

Pour combattre l'apathie naturelle de ce Passereau peu remuant, il convient de ne pas lui ménager l'espace.

Il se reproduit dans les volières spacieuses où l'on a soin de placer quelques fusains ou autres petits arbrisseaux touffus, et, à défaut, quelques branches de pin. On l'apparie quelquefois avec une serine. J'ai vu sa femelle s'accoupler, chez moi, avec une Veuve à collier d'or et un Combassou. Il aurait été curieux de faire couver ses œufs; mais à ce moment je n'avais pas de couveuse, et plus tard je n'ai plus eu l'occasion de tenter l'expérience.

Quand on veut élever des petits pris au nid, on les nourrit

avec une pâtée composée d'œillette, de chènevis broyé, de pain sec écrasé et d'un peu de chou finement haché pour humecter le mélange. Certaines personnes se contentent de leur donner de la navette gonflée dans l'eau, pétrie avec du pain blanc. Lorsqu'ils sont assez forts, on substitue à cette alimentation des graines pures : millet, alpiste, navette, colza, graine de chou, de chicorée, de laitue, de chardon, de soleil. C'est le moment de commencer leur éducation en leur jouant, sur le flageolet ou la flûte, ou mieux, en leur sifflant, mais toujours sur le même ton, les airs qu'on désire leur apprendre.

Nourriture. — Cet oiseau est très friand du chènevis; mais l'abus de cette graine le conduit, par suite d'échauffement, à une mort rapide.

Du mouron, de la laitue, du seneçon, du cresson, un quartier de poire ou de pomme, une moitié d'orange, des pépins, des baies de nerprun, d'alisier, de houx, des cerises, des œufs de fourmis et quelques vers de farine varieront utilement son alimentation. Malgré qu'il paraisse peu difficile dans le choix de sa nourriture, c'est un oiseau délicat et gros mangeur, qui a besoin d'être réglé, sinon il meurt de la goutte ou d'inflammation d'estomac.

Captivité. — Le Bouvreuil est très sensible à la perte de la liberté. Souvent il se laisse mourir de faim, surtout s'il a été capturé après l'appariage. Pour l'habituer à la cage, le mieux est de le mettre avec d'autres oiseaux déjà habitués à la captivité.

Chasse. — Peu de Passereaux offrent une chasse plus facile avec ou sans appelant. Il suffit de savoir imiter son cri pour l'attirer sur les buissons de leurre. En hiver, avec quelques baies, celles du nerprun, en particulier, on le fait tomber dans le premier piège venu. Ses plumes cèdent au moindre contact; pour ne pas détériorer son beau plumage, il faut le prendre avec beaucoup de précaution.

Fig. 20. — Le Verdier.

2. Le Verdier. — Loxia chloris (fig. 19). — *Caractères.*
— De taille un peu plus forte que le Pinson, a 16 centimètres environ de longueur; le bec un peu fort et de forme conique. Le vert olive qui couvre la partie supérieure du corps prend une teinte jaune sur le croupion et la poitrine. Les pennes des ailes sont noirâtres et bordées de jaune; les quatre plumes extérieures de la queue jaunes de la base au milieu et bordées de noir et de blanc pour le reste.

La femelle est plus petite et se différencie encore du mâle par sa couleur vert brun sur le dos et cendrée plutôt que jaune vert sur la poitrine et le ventre.

Les jeunes ont des raies longitudinales foncées aux parties supérieures et inférieures du corps.

Distribution géographique. — A l'exception des contrées trop septentrionales, il est répandu dans toute l'Europe et dans une grande partie de l'Asie.

Mœurs et habitudes. — Il fréquente, pendant l'été, les lisières de bois, les champs et les prairies entrecoupés de bouquets d'arbres, les vergers et les jardins attenant aux habitations.

Il voyage et émigre vers la fin de la belle saison. Ceux qu'on voit l'hiver séjournent vraisemblablement plus au nord durant l'été. Au moment de ces excursions, ils se réunissent par bandes nombreuses. Le reste du temps, ils vivent par petites troupes et se joignent aux Pinsons, aux Linottes et aux Bruants avec lesquels ils parcourent les campagnes.

Il fait au moins deux pontes par an et quelques fois trois : la première à la fin d'avril, la seconde vers les derniers jours de juin, et la troisième, quand elle a lieu, au commencement d'août.

Assez bien fait, le nid repose ordinairement sur un arbre, à une bifurcation de branches, souvent même dans une haie ou un buisson touffu. La femelle le compose extérieurement de mousse, d'herbe sèche, et le tapisse intérieurement de plumes, de laine et de crin, le mâle y prenant très peu de part.

La ponte est de 5 à 6 œufs tachetés de rouge brun sur fond blanc-verdâtre. Pendant l'incubation, dont la durée est de quatorze jours, le mâle pourvoit à la nourriture de sa compagne. Une fois éclos, les petits sont élevés par leurs parents avec des graines ramollies dans leur jabot et, quand ils commencent à être forts, avec des graines sèches. Aussitôt qu'ils peuvent se passer de leurs soins, le père et la mère les abandonnent pour recommencer un nouveau nid. Pris avec leur nichée, ils continuent, à l'exemple du Chardonneret, à nourrir leurs petits en cage.

Nourriture. — En liberté ainsi qu'en cage, son régime se compose de graines de toute espèce : millet, alpiste, chènevis qu'il faut éviter de lui donner en grande quantité si l'on tient à ménager sa santé. On varie cette alimentation avec du mouron, de la laitue et des baies de genévrier.

On élève les jeunes avec un mélange de chènevis écrasé, de pain sec moulu et d'œillette, le tout humecté de façon à constituer une pâtée onctueuse.

Chasse. — Avec un bon appeau on l'attire facilement dans l'aire jusqu'en décembre. Au printemps, il se prend aux gluaux sur le buisson de leurre.

Captivité. — Les Verdiers reproduisent en volière. On met quelquefois à profit cette disposition prolifique pour faire des mariages entre femelles de Serins et Verdiers mâles.

Si n'était sa faculté à se familiariser et à se prêter, mieux que tout autre, aux manœuvres de la galère, le Verdier, de plumage terne, de voix insignifiante, ne serait guère un oiseau d'agrément, car il a le bec dur, comme disent les oiseleurs, c'est-à-dire qu'il tourmente ses compagnons de captivité.

3. **Le Cardinal de Virginie.** — CARDINALIS VIRGINIANUS. — *Caractères.* — Taille 23 centimètres; la queue seule en mesure 11. Le bec rouge corail est fort et puissant, entouré

d'un cercle noir, qui descend en bavette sur la gorge. Tout le plumage est rouge-écarlate, un peu moins vif sur le dos et rembruni sur les ailes et la queue. Une huppe de plumes longues et effilées, inclinée sur le derrière de la tête, que l'oiseau relève ou abaisse selon les sentiments qui l'animent, donne à sa physionomie une expression de fierté.

Une nuance rouge brique, un peu moins terne sur les ailes, caractérise le vêtement de la femelle. Le bec est plus pâle et la huppe moins longue.

Gai et vif, il est constamment en mouvement. A terre, il marche avec agilité, « perché, dit Brehm, il tient son corps horizontal et laisse pendre sa queue qu'il agite souvent ».

Nous comprenons l'enthousiasme des naturalistes américains pour ce beau Coccothraustidé. On se figure très bien l'effet qu'il doit produire dans son pays natal, au milieu de tout l'éclat de son plumage, lorsque l'été, sortant d'un buisson touffu, il s'élance dans l'air comme un jet de flamme, ou que l'hiver, volant au milieu des arbres dépouillés, il étale la pourpre de sa robe de feu.

Distribution géographique. — « Cet oiseau est répandu dans tout le nord de l'Amérique; il est également très commun dans les États du Sud; mais il fait complètement défaut dans les parties plus septentrionales. » (Brehm.)

Mœurs et habitudes. — L'été, ces Passereaux vivent par paires; à l'automne, ils se réunissent par bandes et passent l'hiver en société. On les rencontre sur la lisière des forêts, dans les bouquets d'arbres au milieu des champs de culture, dans les jardins et les vergers autour des fermes, sur les haies des chemins, aux abords des villages. Ils pénètrent même jusque dans l'intérieur des villes.

Quand la température n'est pas trop rigoureuse, il passe la mauvaise saison où il se trouve. A ce moment, on le voit venir dans les cours des métairies, mêlé aux Bruants, aux Moineaux, pénétrer même jusque dans les granges et les étables pour y chercher quelques grains. Si l'hiver est rude, il émigre vers des contrées plus méridionales; mais dès le mois de mars, il revient, dit Audubon, se glissant de buisson en buisson, volant de forêt en forêt. Il précède de quelques jours l'arrivée des femelles. L'appariage ne tarde pas à se faire. Le couple songe alors à la construction du nid. Il le place dans un fourré épais, particulièrement le long d'un cours d'eau, dans un buisson élevé, au détour d'un chemin, près d'une maison isolée. Des buchettes épineuses, du foin, des vrilles de vigne sauvage entrelacés en constituent les matériaux extérieurs. Sur la couche intérieure, plus moelleusement matelassée d'herbes fines et de plumes, la femelle dépose de 4 à 6 œufs d'un blanc sale qu'elle couve durant treize jours.

Il est très attaché à sa femelle. Par sentiment de jalousie, il écarte des abords de son nid tout oiseau de son espèce ou autre. A trois semaines, les petits sont assez forts pour prendre leur essor. Les parents leur continuent leurs soins quelques jours encore, puis ils les abandonnent. Sur leur robe brune, semblable à celle de la mère, les jeunes mâles se distinguent par quelques plumes rouges qu'on voit poindre de ci de là. Ce n'est qu'à la mue d'automne qu'ils prennent leurs belles couleurs.

Dans les États du Nord, les Cardinaux ne nichent qu'une fois; mais dans ceux du Sud, la première ponte est toujours suivie d'une seconde, souvent même d'une troisième.

Captivité. — Le Cardinal est un des plus beaux oiseaux dont on puisse orner une volière. A l'éclat du plumage, il joint une grande douceur de caractère. Sur cent oiseaux de son espèce, il est rare d'en rencontrer un qui se comporte avec aigreur avec les petits compagnons qu'on peut lui associer. Si à toutes ces qualités on ajoute le don du chant, on ne peut guère rêver d'oiseau plus intéressant.

« Pendant toute la saison des amours, dit Audubon, il lance avec feu sa chanson; il est conscient de sa force; il gonfle sa poitrine, redresse sa huppe, étale les plumes roses de sa queue, bat des ailes, se tourne en tous sens et semble témoigner toute son admiration par la beauté de sa voix.

« On l'entend bien avant que le soleil ait doré l'horizon et jusqu'au moment où les ardeurs de l'astre brûlant forcent toute la création à prendre quelque repos. Quand, par un ciel obscur, les ténèbres envahissent la forêt, quand on croit la nuit venue, quoi de plus doux que d'entendre résonner tout à coup la voix mélodieuse du Rossignol de Virginie[1]. »

A ce tableau, opposons l'impression d'un naturaliste européen, le prince de Wied : « Le chant du Cardinal, dit-il, n'est nullement distingué, il est plus surprenant qu'agréable. »

Entre ces deux jugements, il y a peut-être place pour une troisième opinion. Entendu dans une chambre, le chant incomparable de notre Rossignol perd de son charme ; il lui manque le décor de la nature. Sans l'écho des forêts vierges du nouveau monde, la voix du Cardinal ne cause plus le même sentiment d'admiration. Il faut avouer pourtant que ses accents, à défaut de ses belles couleurs, le feraient encore rechercher des amateurs d'oiseaux chanteurs. Pour ma part, je partage presque l'enthousiasme d'Audubon et suis étonné qu'on n'en voie pas davantage en cage.

Par couple isolé, dans une volière ou au milieu de petits oiseaux, mêlés même à des Faisans et des Colombes, pourvu qu'ils soient séparés de tous autres Cardinaux verts ou gris, ces oiseaux nichent sans trop de difficulté. Pour les y inciter, et avant le mois d'avril, époque des amours, si la volière n'est pas plantée d'arbustes, il faut disposer dans un coin regardant le levant, quelques branches de houx ou d'ajoncs, un pied de genévrier ou d'if. On mettra à leur disposition les matériaux nécessaires : brindilles, chiendent, foin, bourre, fibres de cocos, coton et plumes.

[1] Audubon, *Scènes de la nature dans les États-Unis et le nord de l'Amérique*, trad. par Eugène Bazin, Paris, 1857.

En captivité, le nombre d'œufs dépasse rarement 3.

Nourriture. — A l'état libre, il vit de graines, d'insectes et de baies. Il fait une chasse active aux coléoptères, aux chenilles, aux papillons, aux vers et aux sauterelles. En captivité, avec quelques vers de farine de temps à autre, des œufs de fourmis, il se fait assez bien à un régime composé de millet, d'alpiste, de chènevis, de graines de soleil, de maïs concassé ramolli dans l'eau, d'avoine, de froment, de blé noir, de pépins de fruits et de pain trempé dans du lait bouilli. Beaucoup de verdure lui est nécessaire. Il aime le seneçon, la laitue, le cresson, la mâche et la chicorée. Un quartier de poire, un morceau de pomme, une moitié d'orange, des baies de sureau, des figues vertes, des cerises, varient agréablement son ordinaire.

Faute d'aliments à leur convenance, souvent les Cardinaux captifs tuent leurs petits ou les laissent mourir de faim. Pour prévenir cet accident, au pain imbibé de lait, dont nous avons parlé plus haut, il est de toute nécessité d'ajouter du jaune d'œuf, des larves de fourmis et du chènevis écrasé. En complétant cette alimentation par quelques vers de farine, trois à quatre par jour et par oiseau, des sauterelles, des hannetons, en plus grand nombre possible et des mouches, on est sûr de les voir élever leurs petits avec le même amour qu'en pleine liberté. Pour les oiseaux en général, le millet en branches a une saveur particulière ; il sera donc bon d'en tenir constamment à leur disposition durant l'élevage.

A défaut de chenilles, de vers ou de sauterelles, il faudrait recourir à la viande hachée, mélangée de chènevis écrasé et de mie de pain blanc humectée d'eau.

4. Le Gros-Bec commun. — Loxia coccothraustes. — *Caractères.* — C'est à la puissance de son bec conique et obtus, bleu foncé pendant l'été, et couleur de chair avec la pointe noire en hiver, que cet oiseau doit son nom : Tête marron, gorge noire ; cou cendré, dos roux avec quelques reflets gris sur le croupion ; poitrine et côtés cendrés, teintés de rouge; ailes noires avec tache blanche au milieu; pattes rougeâtres : tel est l'ensemble de la livrée.

La femelle est moins haute en couleurs et diffère également de grosseur. La taille du mâle est de 19 centimètres; la queue en mesure 6 à peine.

Distribution géographique. — Il appartient à la zone tempérée de l'Europe et de l'Asie. Bien qu'il se montre toute l'année dans certaines contrées de la France, on doit le ranger parmi les oiseaux voyageurs. Ses pérégrinations s'étendent jusqu'en Afrique, en Algérie et au Maroc. Elles ont lieu vers la fin d'octobre; mais son retour s'effectue dès les premiers jours d'avril.

Mœurs et habitudes. — Durant la belle saison, il habite les forêts, les collines boisées et, cette époque passée, il vient, avec sa famille, dans les jardins et les vergers, autour des hameaux et des fermes, où on en voit quelques-uns l'hiver.

Le Gros-Bec établit son nid sur l'extrémité des branches les plus élevées. Dans sa construction, il emploie des buchettes, des racines, de la mousse, du lichen, et pour tapisser l'intérieur il se sert de crin, de poil et de laine. La femelle y dépose de 3 à 5 œufs, assez gros, de couleur jaunâtre, veinés de brun et de noir qu'elle couve assidûment, sauf le temps nécessaire à ses repas, pendant lequel le mâle la remplace. Cette ponte est quelquefois suivie d'une seconde, quand la saison le permet.

Nourriture. — Sa nourriture est des plus simples : colza, graine de lin, chènevis, noyaux de prunes et de cerises. Comme verdure il se trouve très bien de la salade et du mouron. Quand il niche, il y a lieu d'ajouter à son ordinaire des sauterelles et des vers de fourmis.

Cet oiseau mange un peu de tout : fruits du hêtre, de l'orme, du frêne, de l'érable, baies de genévier, de cormier, d'épine blanche, cerises, prunes, dont il casse les noyaux pour manger les amandes, graines de chènevis, de chou, de radis, de laitue et toutes autres semblables. Il se nourrit, en outre, de bourgeons, d'insectes, principalement de coléoptères et de leurs larves.

« Souvent, dit Naumann, il prend les hannetons au vol et les dévore, perché sur un arbre, après en avoir rejeté les ailes et les pattes. J'en ai vu s'abattre sur des champs récemment labourés y prendre des insectes et les apporter à leurs petits. »

Chasse. — Il se rend facilement à l'appel. En répandant sur l'aire du chènevis ou quelques baies de cormier, on est sûr d'en prendre au filet pendant l'automne et durant l'hiver.

Captivité. — Lourd, maussade et sans voix, le Gros-Bec, à part le plumage n'a rien qui le recommande à l'amateur bien qu'il se reproduise en volière : toutefois, il s'apprivoise facilement, mais son caractère querelleur s'oppose à ce qu'on le mette avec des oiseaux moins forts que lui sous peine de voir tourner à nul cette cohabitation.

« J'ai possédé un Gros-Bec, raconte Lenz, qui vécut trois ans avec d'autres oiseaux, notamment avec des Canaris. Ceux-ci se reproduisaient et le Gros-bec ne fit jamais de mal à leur progéniture. La quatrième année, il lui prit fantaisie d'assister mes Serins. Il les aida à construire et à réparer leur nid ; mais, à la fin il se mit à manger les œufs et les petits et je dus l'enlever. »

5. **L'Evêque du Brésil.** — COCCOTHRAUSTES BRISSONNI. —
Caractères. — L'Evêque du Brésil se rapproche du Cardinal par la grosseur de son bec, mais il en diffère par la taille, qui ne dépasse pas celle du Rossignol du Japon. Son plumage est d'un bleu très-foncé, égayé sur le cou et les épaules par des reflets plus clairs. L'œil est brun.

La femelle porte la même livrée, de teinte plus pâle et tirant sur le jaune.

Distribution géographique. — Il habite le Brésil.

Captivité. — On apporte quelquefois, par paire, ce Gros-Bec en Europe ; mais à de longs intervalles.

En 1876, le docteur Russ eut le plaisir de voir ce Passereau se reproduire dans ses volières. Le couple établit son nid dans un arbuste. La forme représentait celle d'une coupe. Fait extérieurement d'herbe et de racines, il était garni à l'intérieur de mousse et de coton. La femelle couva seule, nourrie par le mâle. La ponte fut de 4 œufs blancs ponctués de taches rousses. L'incubation dura treize jours. Jusqu'à la première mue qui a lieu quatre ou cinq mois après leur naissance, les jeunes ressemblent à la mère.

Le ramage de ce Gros-Bec est fort gracieux. Quoique un peu plus court, il ressemble à celui de notre Rouge-Gorge et plus encore à celui du Pape. C'est un oiseau très doux qu'on peut mettre sans danger au milieu de compagnons plus faibles.

Nourriture. — En liberté, il vit d'insectes et de graines. On le nourrit en cage de millet, d'alpiste, de chènevis, et de gruau d'avoine. Il aime beaucoup la mie de pain blanc imbibée de lait bouilli et expurgée de son liquide. Quelques vers de farine et des œufs de fourmis devront varier ce régime qui sera complété par de la verdure et des fruits doux.

A la saison des nids, les vers de farine, les sauterelles et les œufs de fourmis sont de rigueur pour lui permettre d'élever ses petits.

6. **Le Gros-Bec Lazuli.** — COCCOTHRAUSTES CŒRULEUS. — *Caractères.* — Ce Gros-Bec, connu également sous le nom d'*Évêque de la Louisiane*, ressemble de tous points au précédent : même taille, même forme. Le plumage, toutefois, d'un bleu plus clair, disparaît à la mue d'automne pour faire place à un costume gris bleuâtre, dans le genre de celui du Ministre en hiver, et qui est celui de la femelle.

Distribution géographique. — L'habitat de cet oiseau comprend toute la zone méridionale de l'Amérique du Nord, l'ouest de l'Inde et Cuba. Au printemps, il est de passage à la Louisiane, qu'il ne fait que traverser pour gagner la Caroline et la Virginie, où il va nicher.

Captivité. — C'est un oiseau qu'on voit fort rarement sur

les marchés d'Europe. Son chant, également agréable, rappelle celui de l'Évêque du Brésil.

Il niche dans les volières spacieuses. A défaut d'arbustes, il se contente d'une bûche à Perruche ou d'un trou qu'il garnit de mousse et de crin.

Nourriture. — Son genre de vie est le même que celui de son congénère et le même régime lui convient.

7. **Le Padda.** — LOXIA ORYZIVORA (fig. 20). — *Caractères.* — Padda est le nom que les Chinois donnent au riz sur pied et que, par une idée connexe, ils ont appliqué à l'oiseau qui nous occupe, en raison de son goût prononcé pour le grain de cette plante. *Moineau de Java, Calfat,* sont encore des appellations sous lesquelles on le désigne dans le commerce et dans certains ouvrages d'ornithologie.

Sa taille est de 13 centimètres ; le bec est fort et rose ; un cercle de même nuance entoure la paupière ; les pattes sont d'un rose pâle. A l'exception de la tête, de la gorge, des grandes pennes des ailes, des rectrices et du croupion, qui sont noirs, tout le plumage est gris foncé sur le dos, rosé sur le ventre.

La femelle se distingue par la teinte moins rose du bec et les couleurs affaiblies du ventre et du dos.

Distribution géographique. — Le Padda est originaire de l'Asie. Il habite tout l'est et le sud de ce continent. On le rencontre également vers la pointe méridionale de l'Afrique, au Cap de Bonne-Espérance. Il est nombreux en Océanie, aux îles de Java et de Sumatra.

Mœurs et habitudes. — Selon la saison, il vit par paires ou par bandes. Il fréquente les jardins et les plantations. C'est le Moineau de ces contrées. Au moment où le riz touche à sa maturité, les Calfats s'abattent en nombre considérable sur les rizières et y commettent des dégâts tels que les Chinois, pour éloigner les pillards, sont obligés de recourir à des épouvantails analogues à ceux qu'on emploie en Europe pour écarter les oiseaux des chènevières. Devenu vulgaire par suite de son grand nombre, le Padda n'est pas tenu en cage au Céleste-Empire. Les enfants en font un jouet, lui attachent un fil à la patte et le font voler.

Ces oiseaux établissent diversement leur nid ; les uns le placent sur un arbre élevé, les autres dans un simple buisson ; mais la forme hémisphérique est adoptée par tous, de même que le genre de matériaux, c'est-à-dire : brins d'herbes et pailles à l'extérieur et plumes à l'intérieur.

Captivité. — Comme plumage, le Padda est un fort bel oiseau, toujours lisse et soigné ; mais, comme caractère, il laisse beaucoup à désirer. Avec des compagnons plus faibles, il se montre taquin et méchant. D'une constitution robuste, il vit très bien en volière ouverte, pourvu que, durant l'hiver, elle soit protégée par des paillassons.

Son chant consiste en un ramage grasseyant, coupé par quelques notes plus aiguës, qu'il accompagne, à l'exemple de l'Amadine à collier, de sauts sans quitter le barreau, lorsqu'il est en amour.

Il existe une variété blanche, obtenue par les Chinois, à l'aide de la sélection. Rendue à la liberté, cette espèce a continué de se reproduire sans mélange, mais elle est d'un prix élevé en raison de sa rareté.

Le Padda se reproduit assez facilement en volière, voir également dans des cages restreintes. Un boulin, une bûche à Perruche ou simplement un pôt à Pierrots lui suffit. Il remplit cette cavité de paille et de foin, couche sur laquelle la femelle dépose de 5 à 6 œufs, dont l'incubation dure quinze jours. Sauf le temps de la mue, il niche en toute saison, sans mettre plus de trois semaines d'intervalle après les soins donnés à chaque couvée.

Pour les aider dans leur tâche et leur faciliter l'élevage de leurs petits, on donne, à ce moment, aux parents, des œufs de fourmis, du riz bouilli, du jaune d'œuf, mêlé à de la mie de pain imbibée de lait cuit. Pour ceux qui trouveraient ce régime trop compliqué, en voici un plus simple :

Fig. 21. — Le Padda.

millet en branches et en grain, alpiste et un peu de pain blanc mouillé de lait bouilli. « Mes Paddas, dit M. de Labonnefon [1], ont élevé leurs petits simplement avec du millet blanc, sans avoir jamais touché aux œufs de fourmis, pas plus qu'à la pâtée de faisans. »

L'échauffement produit par la captivité rend, pour la femelle, comme pour la plupart de celles qui reproduisent en volière, la ponte parfois difficile. L'œuf s'arrête dans l'oviducte et l'oiseau meurt. Quand on s'en aperçoit, rien n'est plus facile que d'éviter un malheur. « Enduisez, dit le docteur Glène, l'anus d'une goutte d'huile et exposez cette partie à la vapeur d'eau bouillante, tant que la main peut la supporter ; la ponte ne tarde pas à se faire [2]. »

8. **Le Guiraca.** — GUIRACA LUDOVICIANA. — *Caractères*. — « Un jour du mois d'août, Audubon s'avançait péniblement le long de la rivière du Mohawk, lorsque la nuit le surprit. Il connaissait peu la contrée, aussi résolut-il d'attendre le matin dans l'endroit où il se trouvait. La soirée était chaude et belle, les étoiles se réfléchissaient dans l'eau. Au loin retentissait le murmure d'une cascade. Il alluma du feu sous un rocher et s'étendit auprès. Les yeux fermés, il donna libre cours à son imagination, et se trouva bientôt dans le pays des rêves. Tout à coup, il fut saisi par le chant du soir d'un oiseau, un chant si harmonieux, si retentissant au milieu du silence de la nuit, que le sommeil s'enfuit à l'instant de ses paupières. Ce chant le rendait heureux ; la Chouette, elle-même était impressionnée par cette douce harmonie : elle restait muette ; longtemps après que l'oiseau eut fait silence, il resta sous cette impression et ce fut ainsi qu'il s'endormit. » (Audubon.)

Le Guiraca, dont le naturaliste américain parle avec tant d'enthousiasme, est le *Gros bec à poitrine rose* de quelques

---

[1] *L'Acclimatation*, année 1885, Paris, Deyrolle.
[2] *Acclimatation illustrée*, avril 1884.

FIG. 52. — Le Guiraca.

naturalistes. La taille est de 20 centimètres, dont 7 pour la queue. Il a la tête, la partie postérieure, le dos, les ailes et la queue d'un noir brillant; l'aile est coupée par deux bandes blanches. La partie inférieure du cou et le haut de la poitrine sont d'un beau rouge, qui se termine en pointe vers le ventre; le croupion, la poitrine et le ventre d'un blanc pur; les côtés abdominaux rayés de noir; les tectrices inférieures des ailes rouge carmin. Cette couleur, un peu plus foncée, est également celle des épaules. Le bec est blanchâtre; l'iris brun et les pattes brunes. A l'approche de l'hiver, vers le mois de septembre, le Guiraca perd un peu de son éclat. Le rouge de la poitrine pâlit légèrement, pour reprendre son brillant au mois de février ou de mars.

La femelle a le dessus du corps olive, tacheté de gris et de brun; la tête est ornée de bandes jaunes mêlées de brun, ainsi que les ailes, dont le bord est frangé de rouge carmin. La face inférieure est d'un blanc jaunâtre.

Le plumage des jeunes ressemble à celui des vieilles femelles; toutefois, il est plus clair et moins brillant. Ce n'est qu'à la troisième année que les mâles prennent leur pleine couleur.

Distribution géographique. — Il habite les parties orientales de l'Amérique du Nord. On le rencontre plus particulièrement à la Louisiane, où il séjourne durant toute la belle saison, et l'automne, il émigre vers le midi jusqu'à la Nouvelle-Grenade.

Mœurs et habitudes. — « Audubon l'a souvent observé dans la partie inférieure de la Louisiane, dans le Kentucky, aux environs de Cincinnati, dès le mois de mars, époque à laquelle il se dirige vers l'est. Il l'a vu au moment de ses voyages en Pensylvanie, dans l'État de New-York et dans les autres États de l'est, dans les possessions britanniques, depuis le Nouveau-Brunswick et la Nouvelle-Écosse jusqu'à Terre-Neuve, où il niche très souvent; jamais il ne l'a vu au Labrador, ni sur les côtes de la Géorgie ni de la Caroline.

Il se trouve cependant dans les montagnes de ses deux derniers États. A la fin de mai, il en rencontra un grand nombre sur les bords de la rivière Schwykil, à 20 ou 30 milles de Philadelphie ; il en observa beaucoup dans les grandes forêts de pins de la Pensylvanie, mais plus encore dans l'État de New-York, surtout le long des fleuves. Cet oiseau est aussi très commun aux abords des lacs Érié et Ontario. »

Il niche de mai à fin juillet. Il place son nid dans les branches supérieures des buissons et quelquefois sur les arbres élevés, au voisinage des cours d'eau. Il est formé extérieurement de bûchettes, de brins d'herbes, et tapissé intérieurement de crin. La ponte est de 4 œufs d'un vert bleuâtre, tachetés de violet, que le mâle et la femelle couvent alternativement pendant quatorze jours. L'espèce fait deux couvées par an.

Nourriture. — Ce Gros bec vit d'insectes, de graines de toute sorte, de baies et de bourgeons. En captivité, on le nourrit de millet, d'alpiste, d'un peu de chènevis et de verdure. Pour le maintenir en bonne santé pendant de longues années, il est utile de lui donner quelques vers de farine, des œufs de fourmis à la saison, ainsi que des sauterelles. Il est non moins friand des guêpes et des mouches.

Captivité. — Russ a fait reproduire ce charmant Passereau, qui se contente d'un panier ou bien s'établit dans un arbuste, mais le plus élevé et le plus touffu [1]. A ce moment, les vers de farine, les œufs de fourmis et les sauterelles sont de rigueur.

En volière, il est de bonne composition, mais dans une cage étroite, il se montre irascible envers un grand nombre de ses compagnons, surtout à la mangeoire.

En Amérique, on le tient en cage et isolé pour jouir de son chant qui est sonore et composé de plusieurs strophes harmonieuses. C'est vers le soir qu'il se fait entendre de

---

[1] Russ, *Handbuch für Vögelliebhaber. Monographie des Oiseaux de chambre exotiques*, trad. par Faucheux.

préference. Lorsqu'il fait beau et clair de lune, il chante la nuit et même à la lumière.

9. **Le Paroare.** — PAROARIA CUCULLATA (fig. 23). — *Caractères.* — Le Paroare, ou *Cardinal gris* des oiseleurs, a 19 centimètres; la queue en mesure 8. La pièce supérieure du bec est brune, l'inférieure blanchâtre; les pattes de couleur plombée; le dos gris ardoise, de même que les scapulaires et les couvertures supérieures de la queue. Les pennes, bordées de blanc, sont noires ainsi que la queue. A l'exception de l'occiput, qui est noirâtre avec mélange de blanc, la tête, le tour du bec, la gorge et les parties avoisinantes brillent d'un rouge sang foncé, qui se termine en pointe vers le milieu de la poitrine. L'éclat de cette bavette est d'autant plus grand qu'elle est posée sur le fond blanc du cou et de la face inférieure. Une aigrette de huit à dix plumes longues et effilées inclinées sur le derrière de la tête, forme une huppe que l'oiseau relève et abaisse à volonté.

Il est impossible d'établir des différences marquées entre le mâle et la femelle. Les distinctions qu'on pourrait signaler disparaissent avec l'âge, qui accentue les couleurs chez cette dernière.

Les jeunes, sous notre climat du moins, ne prennent le rouge qu'au deuxième automne et ne se reproduisent qu'au printemps suivant; avant cette époque, la belle nuance pourpre de la tête et du cou est remplacée par une couleur brique.

Distribution géographique. — Il habite tout le nord du Brésil; on le rencontre à Bahia, au Para et dans le bassin du fleuve Amour, sans être commun nulle part, au dire du prince de Wied.

Mœurs et habitudes. — Il vit par couple, fréquente les buissons et les lisières des forêts, où il construit son nid au milieu des fourrés, avec des brindilles, des herbes sèches, de la mousse, du coton de plantes et des plumes. La ponte est de 3 à 4 œufs, que la femelle couve durant quinze jours

Fig. 23. — Le Paroare.

relayée par le mâle, qui se montre plein d'attention pour elle pendant tout ce temps. Il se tient dans le voisinage du nid, lui apporte à manger et cherche à la distraire par ses chansons. A l'éclosion, le père et la mère nourrissent leurs petits de coléoptères, de vers, de chenilles e d'insectes divers. L'éducation dure de cinq à six semaines, après quoi ils recommencent une nouvelle couvée, suivie bien souvent d'une troisième. Pendant ce temps, les petits vivent en société de leur côté. La bonne harmonie dure jusqu'à la saison des amours.

Est vif, gai, toujours en mouvement. Il chante d'une voix claire et vibrante; sa chanson a quelque chose d'étrange. La femelle se fait également entendre, mais d'une façon moins nette et plus faible. Il est mauvais compagnon avec des oiseaux plus faibles que lui.

Nourriture. — Il est à la fois granivore, insectivore et frugivore. En volière, avec quelques vers de farine, un peu de pain imbibé de lait bouilli, il se contente de millet, de chènevis, d'alpiste, de graines de soleil, de navette, de maïs ramolli dans l'eau. Comme verdure on ajoute à cet ordinaire de la laitue, de la mâche et du mouron. Il aime les oranges et les fruits doux : cerises, pommes, poires et figues. Au moment de l'incubation, il est de toute nécessité, pour permettre aux parents de conduire à bonne fin l'éducation de leurs petits, de mêler au pain imbibé de lait, du jaune d'œuf, un peu de sang cristallisé ou du cœur de bœuf haché. On leur donnera également quelques vers de farine, des œufs de fourmis, des mouches, des insectes et toutes les sauterelles qu'on pourra se procurer, ainsi que des hannetons.

Captivité. — Ce beau volatile se voit aujourd'hui sur tous les marchés d'Europe et malgré son origine méridionale, il supporte assez bien, sous notre climat, des hivers de 5 à 6 degrés sans paraître en souffrir. Toutefois, il est prudent de le tenir renfermé, durant la mauvaise saison, dans une volière vitrée et chauffée, pour ne point l'exposer à une température trop froide.

Il se reproduit en captivité, non seulement dans des chambres d'oiseaux, mais même dans des cages peu spacieuses. Il réclame pour cela l'isolement ou tout ou moins un local assez vaste pour n'être point gêné dans l'expansion de ses sentiments; autrement il pourchasse les oiseaux plus faibles que lui et les tue à coup de bec. Au printemps, avec ou sans femelle, il devient méchant. S'il est avec d'autres Cardinaux rouges ou verts, ce sont des batailles de tous les instants, qui se terminent par la mort ou des blessures graves d'un des combattants. Le meilleur est de les isoler dès qu'on s'aperçoit de la moindre querelle.

L'appariage se fait en mai et la ponte en juin. Si la volière est plantée d'arbustes, c'est dans un if, un cyprès, un genévrier ou dans l'arbre au feuillage le plus épais qu'il établit le berceau de sa future famille. A défaut de verdure, on peut lui en procurer l'illusion en fixant à un support fiché en terre, dans un coin de la volière, un pied de genêt dans lequel on ménage une sorte de dôme en liant les branches par leur extrémité. On ne tardera pas à voir le couple entasser à cet endroit le chiendent, les brindilles, le foin, le crin, la bourre et les plumes qu'on aura mis à leur disposition. Au besoin, les deux oiseaux se contenteront d'un nid artificiel qu'ils matelasseront à leur convenance. C'est le moyen à employer lorsqu'on ne dispose que d'une cage.

10. **Le Paroare dominicain.** — PAROARIA DOMINICANA. — *Caractères*. — Ce Passereau désigné par les oiseleurs et les naturalistes sous le nom de *Paroare dominicain*, ne diffère de son congénère que par la taille, qui est plus petite et par l'absence de la huppe tant chez le mâle que chez la femelle. Quant à la disposition du rouge, elle est la même. Le dos est gris ardoise mêlé de brun. Toute la face antérieure et inférieure est blanche. Les pennes des ailes sont noirâtres avec bordure blanche; la queue est noire ainsi que les pieds.

Rien ne distingue la femelle du mâle qu'une atténuation de couleurs difficile à discerner.

Chez les jeunes, comme dans l'espèce précédente, le marron de la tête et du cou n'est remplacé par le rouge-cramoisi qu'au second automne.

Distribution géographique. — De même provenance que le Cardinal huppé, il habite néanmoins plus particulièrement les contrées chaudes du Brésil.

Mœurs et habitudes. — Il se tient par couple sur la lisière des forêts, où il fait son nid dans les fourrés. La ponte est de 3 à 4 œufs que la femelle et le mâle couvent alternativement. Lorsque la famille est élevée, ils passent l'hiver ensemble, pour se diviser par couple à l'approche de la belle saison.

Captivité. — Il est plus rare que le précédent. Comme lui il niche facilement en volière. Les deux espèces s'appariant ensemble faute de représentant du sexe de la famille.

Il est généralement plus doux que son congénère. Néanmoins, à l'époque des amours il se montre parfois colère avec les oiseaux plus faibles que lui.

Nourriture. — En temps ordinaire comme à l'époque de la reproduction, il demande à être traité de la même manière que le Paroare huppé.

11. Les Becs-Croisés. — Loxiæ curvirostræ (fig. 24). — *Caractères.* — Ces oiseaux doivent leur nom à la forme de leur bec, dont les mandibules fortement recourbées à l'extrémité s'entrecroisent, les pointes dirigées en sens contraire. La pièce supérieure s'emboîte sur l'inférieure, tantôt du côté droit, tantôt du côté gauche. Il n'y a rien de constant dans l'une ou l'autre de ces dispositions. Elles paraissent dépendre de l'habitude que contracte l'oiseau dès son jeune âge. Chez eux comme chez l'homme on voit des droitiers et des gauchers.

« Il n'est pas facile, dit Brehm, de distinguer les diverses espèces de Becs-Croisés; on peut admettre, avec assez de probabilité, quatre espèces européennes bien déterminées; il y en a peut-être autant en Asie et en Amérique.

Fig. 24. — Les Becs-Croisés

« Toutes les espèces ont le même port et les mêmes couleurs. Les vieux mâles sont rouge vermillon ou rouge-groseille; les jeunes rouge jaune, jaune d'or, jaune vert ou ocre rouge; le plumage des femelles est d'un vert tirant plus ou moins sur le jaune ou sur le bleu. Avant la première mue, les jeunes sont gris clair avec des bandes gris foncé. Les pennes de la queue et des ailes sont noirâtres chez toutes les espèces [1]. »

Les mœurs et les habitudes de ces oiseaux ne présentent aucune différence. La seule distinction réside dans la taille et quelques nuances de couleurs.

Le Bec-Croisé des sapins *Loxia pytropsittacus* est le plus grand du genre, tandis que le Bec-Croisé des pins *Loxia curvirostra*, connu également sous le nom de *Bec-Croisé commun*, n'a que 16 à 18 centimètres.

Le Bec-Croisé bifacié *Loxia tœnioptera*, caractérisé par deux bandes blanches à l'aile, est le plus petit de tous.

Tous ces oiseaux vivent dans les forêts de pins et de sapins. Ils n'ont pas de véritable patrie, dit encore Brehm; on les trouve partout et nulle part. « En Allemagne, on voit des Becs-Croisés, lors de la maturité des graines, et lorsqu'elles sont abondantes, ils arrivent en grand nombre, même là où on ne les avait plus vus depuis des années. Leurs migrations ne laissent pas que d'être très irrégulières, et nullement dépendantes ni des saisons ni des localités. »

Distribution géographique. — Quoi qu'il en soit, les Becs-Croisés paraissent plus particulièrement cantonnés dans le Nord, où se trouvent les grandes forêts de conifères et dont les semences constituent la nourriture presque exclusive. C'est ainsi qu'on les rencontre en Allemagne, en Suède, en Pologne, en Russie. On les voit également en Suisse et en

---

[1] Brehm, *Les Oiseaux*, édition française, revue par Z. Gerbe, Paris, J.-B. Baillière, t. I, p. 75.

France, dans les Alpes et les Pyrénées. Ils fréquentent de même les bois résineux de l'Amérique et de l'Asie septentrionale. Toutefois, les observations actuelles ne permettent pas de décider si ce sont des espèces propres à ces contrées ou des migrations de Becs-Croisés d'Europe, qui s'étendent jusque-là.

Mœurs et habitudes. — Dans l'attitude et les manières le Bec-Croisé à beaucoup d'analogie avec les Perroquets. Comme eux, il se sert de son bec pour grimper aux arbres et se suspend la tête en bas. Aussi, l'a-t-on surnommé le *Perroquet d'Europe.*

A l'époque de la maturité des fruits, il fait quelques excursions dans la campagne. Il ouvre les pommes pour en extraire les pépins, causant de la sorte des dégâts considérables dans les vergers, notamment dans le Perche, où il se montre assez fréquemment; mais ces pérégrinations sont de courte durée, les forêts de pins sont les véritables lieux de son séjour. Il y trouve les cônes, qui, avec quelques baies, forment ainsi que nous l'avons dit, toute sa nourriture. Du reste, les deux branches de son bec, recourbées en sens contraire, paraissent faites exprès pour soulever les écailles des pommes de pin et en retirer les semences. Rien n'égale la rapidité avec laquelle il dévore le plus gros cône.

Les Becs-Croisés sont sociables et d'un grand attachement entre eux. Même à l'époque des amours, ils ne s'éloignent pas les uns des autres. Si l'on vient à tuer l'un deux, ils restent sur place sans pouvoir se décider à abandonner leur malheureux compagnon. Au lieu de leur faire de ce sentiment une qualité, des naturalistes l'ont mis sur le compte de la stupidité, dont ils les ont gratifiés un peu trop gratuitement, il nous semble.

Particularité à signaler, les Becs-Croisés ne paraissent pas connaître d'époque pour la saison des amours. Ils nichent aussi bien au fort de l'hiver qu'en été. Le nid se compose de brindilles, de bruyère et de mousse. Les parois en sont épaisses et hautes, l'intérieur tapissé de plumes et d'aiguilles de pin. Soit qu'il soit placé au sommet de l'arbre, à l'extrémité d'une branche ou à une bifurcation, il est toujours établi de façon à être abrité contre la neige et les frimas.

Ils font au moins deux pontes par an. Chaque couvée est de 3 à 5 œufs pointillés et rayés de rouge au gros bout. Dès le premier, la femelle ne quitte plus le nid. Le mâle pourvoit à sa nourriture pendant qu'il cherche à la distraire par son chant.

A l'éclosion des petits, le père et la mère leur donnent dans les premiers jours, des semences à moitié digérées et plus tard des graines brutes. Longtemps les soins des parents leur sont nécessaires; leur bec ne se croisant qu'après la sortie du nid, ils se trouvent dans l'impossibilité d'ouvrir les cônes.

Chasse. — On les prend à l'aide d'un appelant. Au milieu d'une clairière, on dresse une perche garnie de branches de pin enduite de gluaux. Aux cris de l'appeau, tous ceux qui errent dans le voisinage s'empressent d'accourir et viennent donner sur les gluaux.

Captivité. — En cage, on nourrit les Becs-Croisés avec du chènevis, de la navette et des semences de pin. Peu à peu, ils s'habituent comme les Perroquets à notre régime alimentaire. Les jeunes s'élèvent avec du pain blanc imbibé de lait cuit additionné d'œillette.

Les Becs-Croisés se façonnent rapidement à la captivité. En peu de temps, ils connaissent leur maître et se laissent porter sur le doigt. Si l'on n'a pas le soin de les tenir enfermés dans des cages en fer, ils démolissent promptement leur prison avec leur bec puissant.

12. **Le Bruant commandeur.** — Gubernatrix cristatella.
— *Caractères.* — La taille du Bruant commandeur ou *Cardinal vert* des oiseleurs est inférieure d'un centimètre environ à celle du Cardinal de Virginie, mais ses formes sont plus massives. C'est le plus beau des Cardinaux. La

tête est ornée d'une huppe qu'il relève et abaisse à volonté ; une bande jaune passe au-dessus de l'œil ; le manteau est gris verdâtre ; les couvertures de l'aile et les rectrices externes bordées de jaune. Sur un fond de cette nuance, dont est coloré le dessous du corps, se détache en noir une bavette qui descend sur la gorge. Le bec est couleur de corne et les pieds sont noirs.

La femelle a la poitrine grise, le ventre verdâtre, les joues blanches, la bavette encadrée de blanc.

Distribution géographique. — Il habite les territoires de la Plata, du Paraguay et du Brésil méridional.

Mœurs et habitudes. — D'après d'Azara[1], le Bruant commandeur vit par bandes nombreuses. Il n'interrompt cette vie commune qu'à l'époque des amours pour la reprendre après l'éducation de la famille. Son vol est court. Au milieu des buissons où on le rencontre, on le voit plus souvent à terre que perché. C'est tout ce qu'on sait des mœurs de ce Passereau en liberté. En revanche, les observations sur sa vie captive sont nombreuses.

Nourriture. — En temps ordinaire et à l'époque de l'éducation de la famille, le Cardinal vert réclame la même nourriture, différente selon le moment, que nous avons indiquée pour le Cardinal rouge.

Captivité. — Voici en quels termes M. de Labonnefon[2] parle de son caractère :

« C'est certainement un des plus jolis oiseaux de nos volières ; toujours gai, toujours en mouvement, c'est le boute-en-train du logis. Avec lui, il faut jouer, courir sans cesse, et si vous avez quelque paresseux, je vous conseille de le lui confier pendant quelques jours, il se chargera de l'éveiller, sans cependant lui faire de mal, car il n'est pas méchant et n'a rien de maussade ni de dur dans le caractère. »

---

[1] D'Azara, *Histoire naturelle des Oiseaux du Paraguay*, traduit par Sonnini, Paris, 1809.
[2] *L'Acclimatation*, année 1883, Paris, Deyrolle.

Ce portrait est conforme à celui qu'en a tracé à Brehm M. Schmidt, directeur du Jardin zoologique de Francfort.

« Ces oiseaux, dit-il, vivent en bons rapports avec les autres. Je les ai mis avec des Cardinaux gris, des Tisserins à tête noire et des Tisserins masqués ; jamais il n'y eut disputes au sein de cette société. » (Brehm, p. 200.)

La reproduction du Commandeur huppé en volière n'est plus aujourd'hui un fait rare. En isolant le couple, on parvient même à le faire nicher dans des cages un peu spacieuses. Si la volière est agrémentée d'arbustes, il choisit celui dont le feuillage est le plus touffu. Au cas contraire, on peut lui en procurer l'illusion en plantant dans un coin une branche d'ajonc, d'if ou de genévrier. A la rigueur, il se contente d'un panier accroché à l'une des parois, masqué par une touffe de verdure, ou simplement d'une corbeille posée au centre d'un balai de bouleau ou de genêts. Le mâle prête son concours à la femelle pour la construction du nid ; il la nourrit pendant l'incubation ; mais rarement il la relaie dans cette tâche de quinze jours, se contentant de veiller sur elle avec un soin jaloux et d'en écarter les indiscrets.

Le Cardinal vert entre en amour dès les premiers jours de mai, et quand la saison n'est pas trop avancée, il recommence une seconde couvée. Le nombre des œufs est de 2 ou 3. Les petits quittent le nid à trois semaines et huit jours après ils mangent seuls. Qu'ils s'en tiennent à une première ponte ou qu'ils fassent un autre nid, les parents, contrairement aux habitudes des Cardinaux rouges, se montrent pleins de bienveillance pour leur famille élevée la première.

Des brindilles, du foin, de la bourre des feuilles sèches, des plumes et du crin sont les matériaux qu'il importe de mettre à leur disposition au moment de l'appariage.

Lors de l'accouplement, la présence d'un autre Bruant serait la source de violents combats dans lesquels le vaincu tomberait certainement frappé à mort ou fortement blessé.

« L'été dernier, dit M. Schmidt à ce sujet, j'eus l'occasion d'assister à la fin d'une lutte. Au moment où j'arrivai, un des combattants était hors d'état de se défendre ; il gisait à terre, fortement blessé à la tête et respirait avec peine. Mais cela ne suffit pas au vainqueur. Il saisit avec son bec la tête déplumée de son adversaire, traîna le patient sur le sol jusqu'à ce qu'il eut arraché un lambeau de chair, puis il recommença avant que j'eusse eu le temps d'entrer dans la volière et d'enlever la malheureuse victime ; elle aurait été tuée certainement ; j'eus donc l'idée d'éloigner l'assaillant à l'aide d'un petit bâton ; mais le vainqueur ne s'écartait pas beaucoup et se précipitait de nouveau sur le vaincu dès que je faisais mine de retirer le bâton. » (Brehm.)

Il est sensible à la variation de température. Les vents, en particulier, lui sont plus funestes peut-être qu'un froid accentué. De mai à octobre, il peut passer la belle saison en volière ouverte, mais à l'automne il est prudent de le rentrer dans une chambre chauffée.

Son chant, qu'il fait entendre plus spécialement le matin, n'a rien de gracieux. Il est plutôt étrange qu'agréable.

Malgré le grand nombre qu'on en capture au Brésil, fort peu sont expédiés en Europe.

13. **Le Rossignol du Japon.** — Liothrix lutea (fig. 25). — *Caractères*. — C'est le nom que les oiseleurs donnent au *Liothrix* ce charmant exotique, qui arrive, aujourd'hui, en nombre considérable, sur les marchés d'Europe, vers la fin de décembre ou dans les premiers jours de janvier.

A cette saison, si un passant s'arrête devant la boutique d'un marchand d'oiseaux, il est rare que son attention ne soit pas attirée par une voix vibrante ; c'est celle du Liothrix.

Il a le bec rouge, des moustaches noires, toute la partie supérieure du dos brun olive ; les grandes pennes des ailes orange foncé, tirant sur le rouge, bordées de jaune ; le front, les cotés antérieurs du cou, la gorge jaune passant à l'orangé sur la poitrine ; le ventre blanc, les pattes couleur chair, une bande blanche passe à travers l'œil, qui est vif et grand. La queue est fourchue avec les rectrices noires, à l'exception des deux supérieures qui sont plus courtes et frangées de blanc.

La taille du Rossignol du Japon est celle de notre Bouvrenil avec des formes un peu plus massives.

La femelle se distingue difficilement du mâle. Toute la différence consiste dans une atténuation de couleurs. Il faut avoir les deux oiseaux sous les yeux pour se rendre compte de cette nuance peu appréciable.

Distribution géographique. — L'aire de dispersion du Liothrix est assez étendue. On le rencontre non seulement au Japon, mais encore dans les parties montagneuses de la Chine méridionale, dans toute la chaîne de l'Himalaya à une altitude de 5 à 8000 pieds. L'Inde possède aussi des Liothrix.

Mœurs et habitudes. — « J'ai vu et pris un grand nombre de ces oiseaux, dit le Père David[1] ; ils ont des allures vives et un naturel méfiant et se tiennent d'ordinaire cachés dans les bois et parmi les bambous ; leur nourriture consiste en petits fruits, en bourgeons et en insectes qu'ils viennent parfois ramasser sur le sol. Au printemps, ils font entendre un chant d'une phrase courte, mais sonore et d'un timbre agréable. Leur nid, construit avec des herbes et des feuilles, renferme 4 œufs bleuâtres marqués de quelques taches rougeâtres. Les Chinois gardent ces oiseaux en cage à cause de la beauté de leurs couleurs et de la vivacité de leurs mouvements. On en porte de temps en temps à Pékin, mais l'espèce n'avance pas aussi loin dans le Nord. »

Le Liothrix est un oiseau migrateur. A la fin de la belle saison, il abandonne les parties septentrionales pour descendre vers le Midi.

Nourriture — En captivité, le Rossignol du Japon se montre robuste et peu difficile à entretenir. Il se contente de quelques grains de millet, d'alpiste, d'un peu d'œillette auxquels on joint une pâtée faite de mie de pain, de chènevis

---

[1] Le Père David, *Les Oiseaux de la Chine*, in-8°, Paris, 1877.

Fig. 25. — Le Rossignol du Japon.

écrasé, de jaune d'œufs durs et de verdure hachée, laitue, chou ou pissenlit. Au Jardin d'acclimatation de Paris, on nourrit ces oiseaux avec un mélange de même nature avec cette différence qu'au jaune d'œufs on substitue du cœur de bœuf. Ils aiment le pain blanc mouillé de lait bouilli, l'échaudé, les miettes de biscuit, les fruits doux : figues vertes oranges, cerises, poires et particulièrement les baies de sureau. Il est bon de leur donner un ou deux vers de farine par jour. En été, si on veut leur faire plaisir, c'est de leur attraper des mouches et des sauterelles et de leur procurer des œufs de fourmis.

Quelques personnes les soumettent à un régime purement granivore ; c'est la mort à bref délai.

Captivité. — Il n'y a guère qu'une vingtaine d'années que les premiers sujets vivants firent leur apparition en Europe. A leur arrivée, ils causèrent l'admiration par leur vivacité et leur espièglerie. Rien, en effet, n'égale la légèreté de leurs mouvements, leur belle humeur et leur gentillesse. C'est à peine s'ils restent un instant en repos. Ils ont la curiosité de notre Rossignol ; le moindre changement dans leur cage attire leur attention. Le bain est une de leurs plus douces jouissances ; ils se lavent plusieurs fois par jour avec frénésie.

Sans contredit, c'est un des plus agréables oiseaux d'appartement. A la beauté du plumage, il joint une grande douceur de mœurs, un chant éclatant qu'il fait entendre sans interruption toute l'année, hors le temps de la mue. Il ne se montre guère de mauvaise humeur qu'à l'époque des amours, sans que cette inquiétude tire à conséquence. Un attrait de plus pour l'amateur c'est sa facilité à se reproduire en volière, voire même en cage. L'incubation dure treize jours, partagée par le mâle. Si la volière est plantée d'arbustes on met à la disposition du couple du foin, des feuilles, du chiendent du crin et des plumes. Au cas contraire, on leur donnera un panier d'osier qu'ils garniront à leur guise. A ce moment, il faut leur procurer le plus d'insectes possible, des vers de farine et des œufs de fourmis.

Bien que le Liothrix ne paraisse pas sensible aux influences de la température, il conviendra de le tenir l'hiver en volière vitrée ou dans une pièce chauffée.

LES PYCNONOTIDÉS. — *Pycnonotinæ.*

Les Pycnonotidés sont connus dans le commerce et des amateurs sous le nom de *Bulbul*, qui signifie, dans le langage populaire des peuples d'Orient, *Rossignol*. Ils sont propres à l'Afrique et à l'Asie. Les Pycnonotidés sont tenus en cage par les indigènes comme chanteurs et oiseaux combattants. Ils savent si bien les apprivoiser que, rendus à la liberté, ils viennent, à l'appel de celui qui les a élevés, se poser sur sa main. Les Pycnonotidés ont beaucoup de rapports avec les Grives, tant au point de vue de la conformation qu'en celui de la nourriture et du chant. Leur taille varie de celle du Moineau à la grosseur de la Grive. Bien que d'un plumage peu varié, ils n'en sont pas moins charmants. Tous ou presque tous ont la tête ornée d'une huppe.

Leur chant a de l'éclat et de la variété. En captivité, ils deviennent promptement familiers et apprennent à imiter le chant des autres oiseaux et à siffler des airs.

Le Bulbul à joues blanches s'est reproduit en volière. Nul doute qu'il n'en soit de même des autres espèces. Malheureusement, ces oiseaux sont rares dans le commerce. Un certain nombre sont de caractère doux ; les autres, au contraire, poursuivent et tuent leurs compagnons de captivité plus faibles qu'eux. A la saison des amours, ils se battent entre eux avec acharnement. On les voit, les plumes de la tête hérissées, les ailes pendantes, la queue déployée, s'attaquer avec furie. Ils s'en prennent également aux couvées des nids étrangers, qu'ils jettent à terre.

Lorsqu'ils arrivent, les Pycnonotidés succombent facilement, mais, une fois acclimatés, ils vivent des années en captivité.

Nous décrivons, les deux espèces les plus connues : le *Bulbul à joues blanches* et le *Bulbul Orphée*.

1. Le Bulbul à joues blanches. — PYCNONOTUS LEUCOTIS. — *Caractères*. — Tête et cou noirs ; tache blanche et ronde sur les joues ; ventre gris ; ailes et queue noires ; sous-caudales jaune safran ; œil brun ; bec et pieds noirs. Tel est le portrait du mâle. La femelle est un peu plus petite ; elle se reconnaît encore à la tache blanche moins grande et moins nette des joues.

Distribution géographique. — Il habite les régions septentrionales de l'Inde.

Mœurs et habitudes. — Il est gai, vif et confiant. Son chant est doux et sonore, mais peu varié. Comme la Mésange, il se suspend la tête en bas. Il vit d'insectes et de graines.

Si l'on en juge par la captivité, les Bulbuls, à l'état libre, ne doivent pas faire moins de 3 à 4 pontes par an. Ils sont robustes et ne paraissent pas être sensibles au froid, car on les voit, par des températures froides, se plonger dans l'eau avec plaisir et s'adonner au bain, qu'ils affectionnent tout particulièrement.

Nourriture. — Les marchands d'oiseaux les nourrissent avec la pâtée de Fauvette, c'est-à-dire un mélange de mie de pain blanc, de chou haché et de chènevis écrasé ; mais cette alimentation est insuffisante. Un composé de cœur de bœuf ou de maigre de viande, de mie de pain blanc imbibée d'eau ou de lait et de chènevis écrasé est préférable. Le régime des Tougaras leur convient également, à la condition d'y ajouter quelques vers de farine, des œufs de fourmis à la saison et des fruits. En temps de nid, vers de farine, mouches, asticots et œufs de fourmis.

Captivité. — A la saison des amours, il devient méchant, poursuit ses compagnons de captivité, détruit les nids, mange les œufs et les petits et fait la guerre aux parents.

Il se reproduit en volière. Il donne à son nid une forme hémisphérique et soigneusement arrondie. A défaut d'arbustes, il l'établit dans un panier ou une corbeille. Pour la construction, il emploie des herbes sèches, du crin et de la mousse.

La femelle pond de 4 à 5 œufs rosés, ponctués de gris et de brun. Elle couve seule. L'incubation dure onze jours. Le mâle aide la mère dans les soins de l'éducation des petits, qui quittent le nid vers le douzième jour. Leur costume est gris souris, et leur développement si rapide qu'à sept semaines ils ont presque revêtu le plumage des adultes.

2. **Le Bulbul Orphée à joues rouges.** — Pycnonotus jocosus. — *Caractères.* — Plus fort que le précédent, ce Bulbul est également plus beau. Il a la tête noire ; les joues rouges ; la gorge et la poitrine blanches ainsi que la face inférieure ; le dos brun olive ; le croupion et les sous-caudales rouges ; l'œil brun ; le bec et les pieds noirs. La tête est ornée d'une aigrette de même nuance. Sa taille est celle de l'Alouette. La femelle est moins grosse. On la distingue plus particulièrement par la tache des joues, qui est moins grande et la huppe, qui est plus petite.

Distribution géographique. — Il est répandu dans l'Inde et le sud de la Chine.

Captivité. — Il est doux de caractère. Son chant a de la puissance et de la douceur en même temps. Il se fait très bien à la captivité. Malgré cette heureuse disposition, on n'est point encore parvenu à le faire reproduire sous notre climat ; mais nul doute que des soins attentifs ne soient un jour couronnés de succès. L'exemple du Bulbul à joues blanches est fait pour soutenir l'espérance des éleveurs.

Comme son congénère, il vit d'insectes, de graines et de fruits. Le même régime lui est applicable.

LES TURDIDÉS. — *Turdi.*

Caractères. — Les Turdidés sont des oiseaux à la forme élancée. Ils ont le bec de moyenne longueur, droit, rond, un peu comprimé, avec la pointe légèrement recourbée; les pieds déliés, de dimension moyenne; l'aile, sans être longue, un peu aiguë; la troisième et la quatrième rémige plus longue; la queue de moyenne grandeur, ordinairement tronquée; le plumage soyeux, lisse diversement coloré. Leur vol est rapide et soutenu. A terre ils marchent également avec aisance.

Distribution géographique. — Les Turdidés ont des représentants dans toutes les parties du monde. Des quatre-vingts et quelques espèces actuellement connues, seize appartiennent à l'hémisphère oriental, douze à l'hémisphère occidental, quinze aux Indes et aux pays environnants, cinq à l'Australie et vingt-sept à l'Amérique du Nord.

Mœurs, habitudes et régime. — Ils font des bois leur séjour habituel; les forêts entrecoupées de taillis ont leur préférence. Durant le jour, ils font des excursions dans les champs. Sauf de rares exceptions, tous les Turdidés sont des oiseaux voyageurs. A la mauvaise saison, ils descendent vers les contrées méridionales et se trouvent souvent entraînés fort loin de leur habitation ordinaire. C'est à cette circonstance qu'on doit de voir en Europe quelques espèces étrangères. Dans les régions montagneuses, ils s'élèvent jusqu'à l'altitude où s'arrête la croissance du chêne et des pins.

Les Turdidés nichent parfois en société, mais le plus souvent isolés. En dehors du temps des voyages, qu'ils effectuent par troupes plus ou moins nombreuses, ils sont peu sociables. Ils établissent leurs nids sur les arbres rabougris et touffus ou alors à une certaine hauteur à une bifurcation de branches. Les uns sont maçonnés intérieurement d'argile, les autres matelassés d'herbes fines et de mousse. Ces oiseaux font généralement deux pontes par an. L'incubation dure de quatorze à seize jours. Chez la plupart des espèces, le mâle remplace la femelle pendant le jour. Plusieurs sont des chanteurs émérites. Pris vieux, ce n'est qu'après un an de captivité qu'ils se remettent à chanter, mais ils restent toujours sauvages. Leur caractère taquin ne permet pas de les associer à des oiseaux plus faibles qu'eux.

Nourriture. — Ils composent leur nourriture de toutes sortes d'insectes, vers, mollusques terrestres et larves; à l'automne ils y ajoutent des baies et des fruits.

Captivité. — En captivité, ils s'accommodent de pain trempé de lait bouilli et de chènevis écrasé. Les oiseleurs les nourrissent avec un mélange de chou finement haché, de chènevis broyé et de pain blanc moulu, le tout humecté d'eau. Un aliment plus substantiel, par conséquent préférable, est une pâtée faite de viande hachée, de pain et de chènevis écrasés. Pendant les chaleurs, afin d'éviter une fermentation trop rapide, on emploie de la viande cuite. Les jeunes élevés à la brochette se trouvent très bien de ce régime. Quelques vers de farine de temps à autre, des baies dans la saison les rendent heureux et gais.

Comme le genre de vie des Turdidés est à peu de chose près, le même chez les diverses espèces, nous ne répèterons pas pour chacune en particulier, les détails de la nourriture.

A l'automne, on prend ces oiseaux au filet et au lacet avec des baies pour leurre.

1. La Draine. — TURDUS VISCIVORUS. — Est la plus grande de toutes les grives. Elle mesure 30 centimètres. Elle affectionne particulièrement les fruits du gui et on la regarde comme la propagatrice de cette plante parasite. En passant par son estomac le noyau ne subit aucune altération. Déposé au hasard, il germe un peu partout : sur le poirier, le pommier, le peuplier, le tilleul, voir même sur l'épine blanche.

Bien que répandue dans toute l'Europe, elle se trouve en plus grand nombre dans les parties septentrionales ; elle fréquente de préférence les bois de sapins. Son nid composé de mousse, de lichen, de brindilles et de foin est généralement placé sur des arbres élevés. Elle fait deux pontes par an, de 4 à 5 œufs. En automne, elle arrive par petites bandes et une des premières.

Dès le mois de février, elle se fait entendre. Son chant flûté et sonore se compose de plusieurs phrases assez mélodiques. Il dure de 4 à 5 mois.

2. **La Litorne.** — TURDUS PILARIS. — Cette Grive, dit Buffon, se reconnaît à son bec jaunâtre, à ses pieds d'un brun plus foncé, à sa couleur cendrée, variée parfois de noir sur la tête, le derrière du cou et le croupion, un peu moins forte que la précédente. Elle ne fait que passer en France. Elle y arrive par volées nombreuses. A l'époque de la maturité des alizes, c'est-à-dire à l'entrée de l'automne, elle fait quelques fois une courte apparition, pour revenir à la saison habituelle. Elle se tient dans le voisinage des forêts, au milieu des champs de genévriers, dont elle recherche les baies ; mais aux premiers jours du printemps, elle regagne les contrées septentrionales, où elle va nicher dans les bois de sapins de la Pologne et de la basse Autriche.

Son chant ou pour mieux dire son gazouillement n'a rien qui la recommande aux amateurs.

3. **La Mauvis.** — TURDUS ILIACUS. — Se distingue de ses congénères par des taches qui s'étendent, sans interruption, du menton à l'abdomen. Son plumage est plus lustré et la couleur un peu orangée du dessus des ailes lui a valu de la part de quelques naturalistes le nom de *Grives à ailes rouges*.

Dans l'ordre d'apparition, la Mauvis nous arrive en troisième lieu après la Draine et la Grive musicienne. C'est un oiseau sociable qui voyage par bandes considérables. Au printemps, les individus qui ne reprennent pas le chemin du Nord, s'établissent sur la lisière des taillis, où ils recherchent

Fig. 26. — La Grive.

les sorbiers, les aulnes et les sureaux pour y installer leur nid.

Comme celui de la Litorne son chant ne mérite aucune mention. L'une et l'autre ne peuvent guère servir que d'appelants.

4. **La Grive musicienne.** — TURDUS MUSICUS (fig. 26). — Est plus généralement connue sous le nom de *Mauviette* ou de *Grivette*. Dans certaines contrées, on lui donne le nom de *Grive des vignes*, à cause de son goût prononcé pour le raisin. Sous le rapport de la taille, elle ne vient qu'en troisième ligne. Sa longueur est de 23 centimètres. Son apparition concorde avec l'époque des vendanges. Durant le jour elle se tient dans les vignes ; mais chaque soir, elle regagne le bois ou le taillis voisin.

Aux premières gelées, la Grive musicienne disparaît pour revenir en mars. C'est à ce moment que, perché sur une branche élevée, le mâle jette aux échos ses notes harmonieuses, annonce du printemps. Au lieu de s'en retourner aux pays du Nord, un certain nombre de couples s'arrêtent dans nos régions pour s'y reproduire. Généralement elle fait deux pontes de 4 à 6 œufs verts, parsemés de points bruns tirant sur le noir. Elle niche dans les bois, sur les branches inférieures des arbres, de préférence dans le voisinage d'un cours d'eau. Comme le Merle, elle maçonne l'intérieur de son nid.

5. **Le Moqueur.** — MIMUS POLYGLOTTUS (fig. 27). — *Caractères*. — Taille 26 centimètres ; il est svelte et élégant. Son plumage est d'un beau gris bleuâtre, foncé sur le dos et blanchâtre sous le ventre. Les rémiges et les rectrices sont frangées de blanc ainsi que les couvertures des ailes. Cette disposition coupe l'aile d'un trait blanc. Les pieds sont noirs. Rien ne distingue la femelle du mâle que le ton un peu plus sombre de sa toilette.

Distribution géographique. — Il habite les régions méridionales de l'Amérique du Nord, et, bien qu'il ne soit pas migrateur proprement dit, à l'automne il se porte plus au

FIG. 27. — Le Moqueur polyglotte.

Sud encore. Il est sédentaire à la Louisiane et de passage seulement à la Jamaïque et à Saint-Domingue.

Mœurs et habitudes. — Il se plaît dans les endroits ombreux, les taillis clair-semés, le long des cours d'eau. On le trouve également dans les savanes, vers les côtes où le terrain est coupé de bouquets d'arbres. Il fréquente aussi les jardins et les vergers. Il niche à l'écart et près des habitations également.

« L'appariage a lieu vers le mois de mars. Ennemis mortels jusque-là, les mâles et les femelles se disputent à outrance et avec grand bruit, dans le petit canton convoité, un petit coin de jardin ou de verger, deux ou trois arpents carrés. Le mâle, victorieux, fait alors résonner son brillant ramage, perché sur l'arbre le plus élevé, et ce n'est qu'après avoir pourchassé vigoureusement la femelle, assez hardie pour venir s'offrir à ses désirs, qu'il finit par la reconnaître et lui faire bon accueil. Dès cet instant, l'accord le plus parfait s'établit parmi le couple et la construction du nid commence immédiatement ; ce nid est composé de petites branches sèches, épineuses, qui en établissent l'assiette, de mousse, de plumes, de filaments, de chiendent et de crin, qui complètent le berceau de la future famille. Ils l'établissent, à une hauteur moyenne, sur un arbrisseau épineux ou sur un arbre fruitier. La femelle y dépose depuis 3 jusqu'à 7 œufs bleuâtres, tachetés de brun. Elle commence à couver à dater de l'avant-dernier et, douze ou treize jours après, les petits éclosent. » (Chiapella [1].)

Il défend son nid avec courage contre les oiseaux de proie et les ennemis de toute sorte. Un seul petit être, l'un des plus faibles de la création, l'Oiseau-Mouche-Rubis, lui fait peur. Ce sentiment de terreur est causé chez lui, comme chez les espèces les plus fortes, par la prestesse des mouvements et les bourdonnements des ailes de ce combattant miniature.

---

[1] Chiapella, *Manuel de l'oiseleur et de l'oiselier*, Bordeaux, 1874.

C'est au moment des amours que l'oiseau fait entendre avec éclat les chants dont il entremêle le sien, d'où lui est venu le nom qu'il porte. S'il habite les forêts, il reproduit la voix des oiseaux sylvicoles ; s'il se tient près des lieux habités, il répète tous les bruits, tous les cris qu'il entend. Pour les naturalistes américains, aucun chant d'oiseau n'est comparable au sien.

« Ce ne sont pas les doux sons de la flûte ou de quelque autre instrument de musique que l'on entend, dit Audubon, mais c'est la voix bien plus mélodieuse de la nature elle-même. On ne peut se figurer des notes aussi pleines des sons aussi variés, aussi étendus. Il n'y a pas un autre oiseau dans le monde qui puisse rivaliser avec ce roi du chant. Des Européens ont dit que le chant du Rossignol valait celui du Moqueur ; j'ai entendu l'un et l'autre oiseau, en liberté comme en captivité ; j'accorde parfaitement que, prises isolément, les notes du Rossignol soient aussi belles que celles du Moqueur ; mais, en envisageant le chant dans son ensemble, on ne peut le comparer à celui de notre espèce. »

A côté de cette appréciation, nous mettons en regard celle d'un naturaliste européen, qui, tout en réduisant à sa juste valeur le mérite de ce chanteur, confirme sa merveilleuse aptitude à s'approprier les refrains de ses voisins.

« Le Moqueur polyglotte, dit Gelrhart, doit sa renommée au talent avec lequel il imite le chant des autres oiseaux. Les bons chanteurs sont très rares dans le nouveau monde ; il suffit qu'il s'en trouve un passable pour le porter aux nues. »

« Le 29 juin, raconte-t-il, j'observai un Moqueur polyglotte mâle, qui faisait entendre sa voix non loin de moi. Comme d'ordinaire, le cri d'appel et le chant du Roitelet d'Amérique formaient bien le quart de sa chanson. Il commença par le chant de cet oiseau, continua par celui de l'Hirondelle pourprée, cria tout à coup comme le *Rhynchodon sparverius*, puis, s'envolant de dessus la branche où il s'était posé, il imita le cri de la Mésange tricolore et celui de la Grive voyageuse. Il se mit ensuite à courir autour d'une haie, les ailes pendantes, la queue en l'air, et reproduisit les chants du Gobe-Mouche, du Carouge, du Tangara, les cris d'appel de la Mésange charbonnière ; il vola sur un buisson de framboisiers, y picota quelques fruits et poussa des cris semblables à celui du Pic doré et de la Caille de Virginie. Il aperçut un chat qui se glissait le long d'une souche d'arbre ; il fondit sur lui en criant, et, lorsque celui-ci eut pris la fuite, il vint se percher sur une branche et recommença ses chansons. »

Le mâle partage avec la femelle les soins de l'éducation, qui est rapide. A sept jours, les petits sortent du nid, et se cachent dans l'herbe et les buissons. Vers le vingtième jour, ils sont assez forts pour être abandonnés par les parents, qui recommencent un nouveau nid, suivi quelquefois d'un troisième, suivant le temps et la région.

A l'automne, les jeunes, qui ont erré dans les bois et les champs, se rapprochent des lieux habités pour manger, dans les jardins, les figues, dont ils sont très friands. Alors commencent des luttes ardentes. Chacun cherche à se créer un domaine de long vol, pour y subsister durant l'hiver. Cette insociabilité, résultat du combat pour la vie, se rencontre chez la plupart des oiseaux insectivores et, au plus haut degré, chez le Moqueur.

Nourriture. — A l'état libre, il vit d'insectes de toutes sortes : libellules, mouches, chenilles à peau lisse, araignées, petits scarabées, sauterelles ; de fruits, de baies et de bourgeons tendres. En captivité, il se satisfait de toutes les pâtées, mais, pour le conserver en bonne santé, il est nécessaire d'y incorporer de la viande ou des jaunes d'œufs. Au Jardin d'acclimatation de Paris, on le traite comme tous les insectivores. On hache menu du maigre de viande ou du cœur de bœuf, auquel on ajoute de la mie de pain, mouillée de lait ou d'eau, et un peu de chènevis écrasé, le tout manié ensemble. Quand ce mélange se trouve par trop mou, on y incorpore un peu de farine de maïs, qui absorbe l'excès d'eau ou d'humidité. En variant cette nourriture de quelques fruits, de vers de farine, de temps à autre, d'œufs de fourmis à la saison, de baies de sureau en automne, on aura la satisfaction de le voir vif et gai.

Captivité. — Il reproduit en volière. Voici, selon M. Chiapella, éleveur distingué, qui a étudié le Chantre de la Louisiane dans sa patrie, la manière de le faire nicher :

« On choisit une chambre aérée, à l'abri des visites importunes. On y place quelques branches sèches et quelques arbustes verts en pots. On y répand de la terre meuble ou du sable sur le plancher et l'on y jette de menus morceaux de broussailles épineuses et du foin ; mais ce sont les préliminaires ; le plus important est d'accorder le mâle avec la femelle ; il s'agit de leur faire faire connaissance sans brusquerie, afin d'éviter une querelle dont l'issue serait fatale à l'un des deux futurs conjoints. Il suffira de placer les deux cages en regard dans la chambre et d'attendre, pour les ouvrir, que les deux oiseaux marquent, par leur attitude et leurs cris, qu'ils se désirent. Il va sans dire qu'ils doivent être habitués au plein vol et pour cela avoir été souvent lâchés dans une chambre ou une grande volière.

« Sitôt l'éclosion de la couvée, les petites sauterelles des prairies sèches, fraîchement prises, vivantes, par conséquent, distribuées à discrétion, plusieurs fois par jour, sont ce qu'il y a de mieux à leur donner. A cet ordinaire, on peut ajouter des vers de farine ou des mouches. »

Le Moqueur demande à être isolé. Une cage spacieuse lui est nécessaire, de même qu'un récipient assez grand pour lui permettre le plaisir du bain, qu'il recherche avidement.

6. **Le Merle commun.** — Turdus merula. — *Caractères*. — A l'exception des paupières et du bec, qui brillent d'un beau jaune doré, tout le plumage du mâle adulte est d'un noir mat, sans tache. Au lieu de cette couleur nette et tran-

chée, la femelle, de taille un peu plus forte, porte une livrée brun-foncé sur les parties supérieures du corps, plus claire sur les ailes et la queue, mélangée de roux et de gris sur les côtés et les parties inférieures. Le bec et les pieds sont noirâtres.

La robe des jeunes, jusqu'à la première mue, reste roussâtre, variée de blanc sale. A ce moment seulement le bec des jeunes mâles se colore.

La taille du Merle est de 27 à 28 centimètres ; sa démarche décidée, avec des hochements de queue.

Distribution géographique. — L'espèce est répandue dans tout l'ancien monde.

Mœurs et habitudes. — Elle fréquente, au milieu des champs de culture, les lisières des forêts, les taillis ombreux, les coteaux boisés, arrosés de sources vives, favorables à l'éclosion des vers et des larves de toutes sortes qui constituent le fond de sa nourriture.

Ce goût pour les vermisseaux, les colimaçons et les limaces attire le Merle jusqu'auprès des habitations, dans les parcs et les jardins d'agrément, où on le voit se glisser furtivement sous les feuilles basses des massifs. Mais ce mobile n'est point le seul : il y est encore attiré par l'appât des cerises, du raisin, des figues et autres fruits tendres, dont il est non moins friand que de ceux du mûrier, de l'alizier, du sorbier, des baies de houx et de l'épine blanche. « Du reste, il n'est pas difficile : il s'accommode tout aussi bien des mies de pain qu'il rencontre que des insectes qu'il déterre [1]. »

Partout les mœurs et les habitudes du Merle sont les mêmes.

« Cet oiseau, dit J. Franklin, est l'hôte fréquent des districts cultivés. Il se multiplie en raison de l'accroissement que prend le travail des champs. Dans les endroits où les

---

[1] H. de La Blanchère, *Les Oiseaux utiles et les oiseaux nuisibles*, Paris, Rothschild, p. 171.

légumes et les fruits croissent en abondance, afin de pourvoir aux besoins de quelque ville voisine, vous êtes sûr d'y trouver les Merles en quantité[1]. »

Malgré son caractère défiant, le Merle ne craint pas de s'aventurer jusqu'au centre des grandes villes. C'est par centaines qu'on les compte à Paris, dans les jardins publics et privés. Pour qui connaît la sauvagerie de cet oiseau, ce doit être un curieux spectacle de le voir dans les squares, sur une étroite bande de gazon, séparée de quelques pieds seulement de la foule, disputer aux Moineaux les quelques mies de pain ou les bribes de gâteaux jetées en pâture par les enfants.

A l'exception de ceux qui habitent des contrées tout à fait septentrionales, les Merles n'émigrent pas; aussi l'appariage se fait-il de bonne heure, et il n'est pas rare de trouver des petits dans les premiers jours d'avril. Dès avant cette époque, au premier sourire du printemps, ils font retentir les champs de leur voix vibrante.

Cette première couvée est suivie d'une seconde, souvent d'une troisième. Le Merle place son nid sur les chênes rabougris ou étêtés qui bordent les lisières des taillis, ou encore dans les haies hautes et touffues. Il emploie de la mousse, des brindilles, des herbes menues qu'il maçonne à l'intérieur d'une couche de limon sur laquelle il dépose du crin et des matériaux plus douillets.

La ponte est de 5 à 6 œufs, d'un vert bleuâtre ponctué de roux. Le mâle relaye la femelle pendant l'incubation.

Nourriture. — Les jeunes s'élèvent avec du pain mouillé d'eau, marié à des jaunes d'œufs et du chènevis écrasé; plus généralement on leur compose une pâtée faite de viande hâchée, cuite ou crue, additionnée de mie de pain et de chènevis broyé. Du reste, il s'habitue à tout ce qui vient de la table.

---

[1] Franklin, *La vie des animaux : histoire naturelle, biographique et anecdotique des animaux*, Paris, 1859, Hetzel.

Captivité. — Le caractère inquiet et pétulant du Merle s'oppose à ce qu'on lui donne des compagnons plus faibles que lui. Il s'en fait le tyran, et souvent les malheureux succombent sous ses coups de bec; l'espace même n'est pas une protection suffisante.

Il reproduit en volière; mais pour sa tranquillité, surtout pour celle de ses voisins, il est prudent de l'isoler. En voici un exemple à l'appui :

Un amateur de ma connaissance avait placé dans une volière plantée d'arbustes un couple de Merles au milieu de diverses espèces d'oiseaux. Au printemps la plupart nichèrent, et un beau matin, les Merles servirent à leurs petits, en guise de limaçons, de pauvres petits Pinsons qui venaient d'éclore.

Le chant, à l'exception de quelques notes criardes, a de l'éclat et de l'entrain. Le matin, dès l'aube, le soir, jusqu'au crépuscule, dans les tièdes journées du printemps et de l'été, c'est un de ceux qu'on entend le premier et le dernier. A la maison, pour en jouir sans fatigue, il faut tenir la cage à l'extérieur.

Doué d'une mémoire assez rare, élevé jeune, le Merle retient facilement plusieurs airs : de même il apprend, sans peine, à répéter de petites phrases.

Il aime le bain; lui tenir de l'eau fraîche à sa disposition, c'est le rendre heureux et gai.

Il vient à la pipée. C'est la manière la plus certaine d'en prendre un certain nombre durant la belle saison. L'hiver, lorsqu'il y a de la neige, on se sert du trébuchet amorcé avec des baies.

7. **Le Merle à plastron.** — Turdus torquatus. — *Caractères.* — Taille supérieure à celle du Merle commun. Mesure environ 27 centimètres; la queue en compte 11. Le bec est brun de corne avec la base de la mandibule inférieure jaunâtre; les angles en sont jaunes ainsi que l'intérieur. Les pattes, hautes de 3 centimètres, sont brunes; le fond du plumage est noir en dessus et en dessous du corps; toutefois, les plumes

du ventre, ainsi que celles des couvertures des ailes sont bordées de blanc. Une bande blanche, teintée de rouge, de la largeur d'un doigt, coupe transversalement la poitrine, d'où lui est venu le nom de *Merle à plastron*, de *Merle à collier*.

La robe de la femelle tire plutôt sur le brun que sur le noir. La tache de la poitrine est également moins large et de couleur effacée. Les jeunes mâles, qui portent le costume de la mère, se distinguent par une nuance rougeâtre de la bande pectorale.

Distribution géographique. — Le Merle à plastron habite les pays montagneux de la Scandinavie et de la Suisse. On le trouve également en Suède et en Écosse.

Mœurs et habitudes. — Bien qu'il parcoure un peu toute l'Europe, il ne niche guère que dans le Nord. Dans ses excursions, il voyage par groupes de huit à dix individus, s'arrêtant dans les broussailles et les genévriers, dont il mange le fruit.

Son chant, grave, mais faible, ne manque pas de charme. Il se fait entendre une grande partie de l'année.

Nourriture. — Sa nourriture, comme celle du Merle commun, se compose de vers, d'insectes, de chenilles et de baies. En captivité, on le traite de la même manière.

Captivité. — Je ne sache pas qu'il ait niché en volière; mais la reproduction en captivité de son congénère, le Merle noir, ne laisse aucun doute sur la possibilité de l'y amener.

8. **Le Merle Shama**. — Turdus macrourus (Geml). — *Caractères*. — Dans le port, il a beaucoup de ressemblance avec le Moqueur. Sa taille est un peu plus petite que celle de la Grive musicienne; il est plus élancé; le bec est moins fort ainsi que les pieds. La queue est longue et étagée; elle atteint chez l'oiseau adulte, c'est-à-dire vers la troisième ou la quatrième année, jusqu'à 17 centimètres passés. Il a le cou et la partie supérieure du dos bleus; la queue d'un noir brillant;

le croupion les couvertures supérieures de la queue ainsi que les quatre plumes externes blancs; les flancs, à partir de la poitrine, d'un brun mêlé de jaune orange; l'iris brun; le bec noir et les pattes couleur de chair.

La femelle est un peu plus petite; la queue d'un noir terne est moins forte et plus courte. Sur le cou et le dos, le bleu tire sur le gris. Le ventre est presque blanc.

Distribution géographique. — Il est originaire de l'Asie. On le rencontre aux Indes et dans les îles de Sumatra, Java et Malacca.

Mœurs et habitudes. — Il se plaît dans les parties inaccessibles des fourrés les plus épais. Tous les voyageurs parlent, avec admiration, de son chant, témoignage conformé par les amateurs, qui ont le privilège de le posséder; car, malheureusement il est fort rare et d'un prix élevé. Comme le Moqueur, il possède le talent d'imiter tous les sons qui frappent son oreille. Aux Indes et dans les contrées qu'il habite, les indigènes le tiennent en cage pour jouir de son chant. En Europe, ceux qui l'ont étudié, le classent également parmi les meilleurs chanteurs. Il se fait entendre toute la journée, le matin de bonne heure jusqu'au soir et même à la lumière. C'est à peine si la mue de janvier et de juillet interrompt son entrain. Ses accents sont aussi agréables que variés. Le début ne fait jamais prévoir les notes qui vont suivre. A des strophes nouvelles, il ajoute tout à coup des refrains, qui paraissaient oubliés depuis des mois. Par instant, le chant composé d'une mélodie régulière est coupé par six à huit notes au-dessous du ton principal et finit par une sorte de cadence sonore. Sans être trop forte, la voix, dans son éclat, remplit toute la pièce où il se trouve. Parfois, le timbre en est si doux et si harmonieux qu'il faut prêter l'oreille pour l'entendre. Au reste, elle paraît susceptible de tous les accents, car son cri de détresse est tout à fait rauque.

Lorsqu'il se fait entendre, il se tient immobile; sa gorge se gonfle et s'abaisse alternativement pendant que sa longue queue étagée semble marquer les mouvements du rythme. Au dire de quelques amateurs la femelle chanterait également, mais sans avoir dans la voix la force et les modulations du mâle.

Captivité. — Il s'apprivoise vite. Il est de constitution robuste, et facile à conserver avec le régime des Becs fins, mais de caractère insociable avec des compagnons de captivité.

LES MERLES BRONZÉS. — *Lamprotornis.*

Caractères. — Il existe sous le ciel d'Afrique une vingtaine d'espèces d'oiseaux splendides que les naturalistes rangent, les uns, dans la famille des Merles, d'autres, dans celle des Grives et plusieurs dans la race des Étourneaux. Le fond du plumage est noir, varié de vert, de bleu, de brun et de jaune. Il prend, à la lumière, comme la nacre, des tons changeants, qui rendent la distinction des variétés fort difficiles. Les jeunes portent une livrée, variée de gris, de verdâtre et de brun ; mais, tous, dit M. Oustalet, sont revêtus à l'âge adulte, d'un costume particulier, offrant des reflets métalliques et, chose rare parmi les oiseaux, ce costume est généralement le même pour les deux sexes. Le fond du plumage est vert ou bleu sombre, il s'éclaircit fortement sur les parties supérieures du corps. Une sorte de couverte donne à la tête, au tronc, aux ailes, à la queue, l'éclat de l'acier poli, du bronze florentin ou de l'or bruni. Parfois, aux teintes cuivrées, ou dorées s'associent des tons pourprés d'une richesse inouïe, qui règnent sur la tête, sur les flancs ou qui dessinent des barres visibles seulement sous une certaine lumière au travers des plumes de la queue. »

Distribution géographique. — Ils vivent dans les parties de l'Afrique orientale et occidentale.

Mœurs habitudes et régime. — Leur amour de la vie commune a de grands rapports avec le genre de vie de l'Étourneau d'Europe. Un certain nombre nichent dans des trous, d'autres construisent leur nid sur les arbres ou dans les buissons, avec ou sans toit. La ponte varie de 4 à 6 œufs bleuâtres, quelquefois tachetés. Ces oiseaux sont les uns sédentaires, les autres migrateurs. Ils vivent et nichent en société. Après la saison des amours, ils se réunissent en bandes nombreuses. Leur nourriture se compose de vers, d'insectes, de fruits et de graines. Quelques sons rauques composent tout leur chant, malgré les assertions contraires non établies de plusieurs voyageurs.

En captivité, les Merles bronzés se comportent comme les Étourneaux. Avec des soins, ils vivent de longues années. Plusieurs espèces se sont reproduites en volière, notamment au Jardin zoologique de Londres et à l'Aquarium de Berlin. Si l'on tient à les faire nicher, il faut avoir soin d'isoler les couples, autrement ils tuent les petits des autres. Ils sont à proscrire de la société de compagnons plus faibles qu'eux.

Ces Merles sont de gros mangeurs. Ils se trouvent très bien d'une pâtée faite, par parties égales, de mie de pain blanc, imbibée de lait ou d'eau bien essorée, de chènevis écrasé et de cœur de bœuf haché. Quelques vers de farine, de temps à autre, les rendent heureux ainsi qu'un morceau de poire, de pomme ou une moitié d'orange. Ils mangent avec grand plaisir du pain blanc imbibé de lait cuit.

Bien que les LAMPROTORNIS se trouvent plus souvent dans les jardins zoologiques que dans les collections d'amateurs, nous croyons devoir parler des trois suivants, à cause de la splendeur de leur plumage et de leur facilité à s'acclimater.

Le Merle bronzé vert. — LAMPROCOLIUS CHALIBÆUS. — Est un bel oiseau, qui a la tête, la gorge, et toute la partie supérieure d'un vert brillant avec des reflets métalliques ; les joues et les épaules nuancées de bleu ; l'extrémité des couvertures des ailes frangée de noir, avec les rebords intérieurs pourpres et violets ; la queue vert bronzé (caractère distinctif); le bec et les pieds noirs; l'iris rouge orange. Il appartient à l'Afrique septentrionale et à la Sénégambie. Sa taille est un peu plus forte que celle de notre Étourneau. Il est vif et gai. En 1872, il s'est reproduit au Jardin zoologique de Londres.

Le Merle violet. — STURNUS AURATUS. — Est remarquable par le violet qui règne sur la tête, le cou et tout le dessus du corps, le bleu, sur la queue et ses couvertures supérieures, le vert sur les ailes avec une bande bleue, près de leur bord intérieur. Il a le bec et les pieds noirs; l'iris jaune. Sa taille est celle du précédent. Il habite l'Afrique occidentale, où il est commun dans le royaume d'Angola. Il a niché à Londres en 1874, en même temps qu'il se reproduisait en Allemagne chez M. Wiener, dans un tronc creux.

Le Spréo à ventre doré. — STURNUS CHRYSOGASTER. — A le front et la tête gris vert, le dos, la gorge, le cou et la poitrine vert sombre, variés de brun vif; le croupion bleu d'acier; le ventre et les pattes rouge rouillé; l'iris brun; les pattes bleuâtres. Chez les jeunes un vert foncé colore le dos; un rouge brun le ventre et une nuance plus accentuée à la gorge.

LES STURNIDÉS. — Sturnidæ.

Caractères. — Leur forme est allongée. Le plumage, de couleurs variées, rarement de teinte uniforme et unique, est long, dur, à plumes étroites sous le cou et la face antérieure: les petites plumes sont molles, serrées et terminées en pointe. Les ailes, de grandeur moyenne, ont la première rémige courte, la deuxième et la troisième longues. Chez un grand nombre la queue est d'une certaine dimension et arrondie; mais la plupart l'ont coupée à angle droit. Le bec est long, conique et obtus. Les pieds sont de moyenne hauteur, puissants et armés d'ongles crochus. Leur grosseur varie de la taille du Passereau à celle d'une Colombe ordinaire.

La famille des Sturnidés a un caractère commun, la sociabilité et le genre de vie.

Distribution géographique. — A l'exception de l'Australie, les Sturnidés ont des représentants dans les différentes parties du globe.

Mœurs, habitudes et régime. — Les membres des diverses espèces restent unis durant toute l'année, même pendant la reproduction, car, ils nichent les uns près des autres. La ponte est de 4 à 6 œufs. La plupart s'installent dans des creux d'arbre, quelques-uns font leurs nids à découvert, d'autres les construisent avec art comme les Tisserins, plusieurs, enfin, déposent leurs œufs, à l'exemple du Coucou, dans des nids étrangers.

Leur nourriture se compose d'insectes de toutes sortes, de vers et de mollusques terrestres. A certaines époques ils y ajoutent des fruits et des graines. Beaucoup sont des chanteurs agréables ; tous sont intéressants, pour la plupart, par leur espièglerie et leur facilité à s'apprivoiser. Quelques-uns même apprennent à parler et à imiter les cris des autres animaux. Ils sont, en outre, robustes ; mais à côté de ces qualités, il est juste de placer en regard leur mauvaise humeur à l'égard de leurs compagnons de captivité, étrangers à leur espèce. Ils demandent à être logés spacieusement et exigent une nourriture animalisée.

La famille est ici représentée par :

L'*Étourneau commun* ; l'*Étourneau militaire* ; le *Dolichonyx* ; le *Martin rose* ; le *Carouge noir*.

1. L'Étourneau. — STURNUS VULGARIS (fig. 28). — *Caractères.* — Les naturalistes distinguent deux espèces d'Étourneaux ou Sansonnets, l'une unicolore à reflets pourpres et verts, qui habite le sud de l'Espagne, de l'Italie, de la Grèce et de l'Ukraine ; l'autre de même plumage, mais caractérisé par un semis de points blancs, qui fréquente le centre de l'Europe. Les mœurs et les habitudes des deux races étant les

Fig. 28. — L'Étourneau.

mêmes, parler de l'une c'est faire la description de l'autre. Il ne sera donc question ici que de la dernière.

La taille est de 23 à 24 centimètres. A l'automne, après la mue, l'extrémité des plumes sur le dos et la partie supérieure de la gorge, en particulier, est blanche, ce qui produit le charmant pointillé dont nous venons de parler. Ces taches sont plus nombreuses chez la femelle.

Distribution géographique. — Il est répandu dans toute l'Europe et une grande partie de l'Asie. D'après Brehm, il est commun au Cachemire, au Sind et au Punjah[1].

Mœurs et habitudes. — Se rencontre dans les plaines coupées de bois et de prairies. Les endroits humides ont ses préférences. Il est éminemment sociable. Au printemps et à l'automne, on voit ces Passereaux, réunis en bandes nombreuses, tournoyer au milieu des champs, autour des troupeaux, s'attacher à leurs pas, se poser sur leur dos pour faire la chasse aux taons qui s'attachent à leurs flancs et chercher des vers dans leurs excréments.

Son séjour se prolonge dans nos contrées tant qu'il trouve une nourriture suffisante. Ce n'est guère qu'en novembre qu'il effectue son départ. A ce moment, il descend vers le midi et pousse des excursions jusqu'en Afrique et en Égypte ; mais à la première disparition des grands froids il reparaît, et il n'est pas rare de constater son retour avant la fonte complète des neiges. De là, l'erreur de certains naturalistes, qui en ont fait un oiseau sédentaire.

De bonne heure les couples s'isolent, unions précédées de violents combats, dont la femelle est le prix. On entend gazouiller le mâle du matin au soir. La préoccupation des époux est de chercher quelque trou pour y établir le berceau de la famille. Les uns choisissent les vieilles tours, les colombiers ; les autres des creux d'arbres. Plusieurs mêmes se

---

[1] Brehm, *Les Oiseaux*, édition française revue par Z. Gerbe, t. I, p. 243.

contentent de retaper de vieux nids de Piverts. A ce moment l'Étourneau ne craint pas de s'aventurer jusqu'au centre des grandes villes. Chaque printemps, on peut voir dans les ruines de la Cour des Comptes, à Paris, de nombreux couples de ces oiseaux venir cacher leurs amours au milieu de ces décombres, image de la vie à côté de la mort !

Du foin, de la paille, un peu de plumes constituent tout le luxe de la couche sur laquelle la femelle dépose de 5 à 6 œufs vert cendré. Cette ponte est généralement suivie d'une seconde. L'année suivante, comme l'Hirondelle, l'Étourneau revient à son nid qu'il se contente de nettoyer.

Lorsque les soins de l'éducation sont terminés, jeunes et vieux se réunissent et se livrent, au milieu des champs, à des évolutions aériennes qu'on dirait exécutées sur un commandement. Le soir venu, la troupe va coucher dans les roseaux.

Au mois de septembre, l'Étourneau retourne à son nid. Il chante, il gazouille comme si le printemps allait renaître. Puis, il se réunit de nouveau à ses compagnons jusqu'au départ. Quand le gros de l'armée a pris le chemin des contrées méridionales, les traînards se mêlent aux Corbeaux.

Nourriture. — Indépendamment des chenilles, des limaçons, des sauterelles, des vers et des larves de toute sorte dont ces oiseaux font une grande consommation, ils mangent également diverses graines, telles que : sarrasin, millet, blé et froment ; des fruits tendres comme les cerises, les raisins, les figues, les baies de sureau, les olives et les sorbes.

Rien n'est plus curieux que de voir l'Étourneau, en quête de vermisseaux, fouiller chaque trou du sol, chaque pli de terrain. Les plantes elles-mêmes n'échappent pas à son examen. Il plonge son bec effilé au centre des feuilles et se servant de ses mandibules comme d'un levier, il les écarte, pendant qu'avec la langue, il tâte s'il ne s'y trouve pas quelque larve cachée.

Captivité. — Les Étourneaux en cage sont rares, malgré leur facilité à s'apprivoiser. Pour les faire reproduire, il suffit d'accrocher aux parois de la volière des pots troués, comme cela se pratique pour les Moineaux en liberté. Dans les villages fréquentés par les Étourneaux, on les amène à nicher près des habitations en suspendant aux arbres des boîtes fermées de tous côtés, à l'exception d'une ouverture assez large pour leur donner passage, qu'on pratique dans la paroi qui regarde le levant. C'est le moyen dont s'est servi Lenz pour les attirer en Thuringe, où ils ne nichaient pas autrefois [1].

A une grande docilité et une prompte familiarité, le Sansonnet jouit des qualités suffisantes pour le faire rechercher. Non seulement il apprend à imiter les cris des animaux qu'il entend, mais il retient le chant des oiseaux placés près de lui. On parvient à lui faire prononcer quelques membres de phrases. Les vieux mêmes ne sont pas réfractaires à une certaine éducation.

M. Alix a connu chez M. E. B....., boulevard Saint-Germain, un Sansonnet qui ne savait pas seulement distinguer la voix de chacun des six membres de la famille, mais dont chaque variation de cri répondait si bien à une situation nettement caractérisée que, de près comme de loin, personne dans la maison ne se méprenait sur son état d'esprit. Pendant qu'il était avec ses maîtres au château de Louveciennes, bien souvent on le laissa libre et jamais il n'oublia de rentrer le soir au bercail [2].

Il s'accommode de toute sorte de nourriture : il mange de la viande, des vers, du pain, du fromage, etc. Les marchands d'oiseaux se contentent de lui faire une pâtée de pain et de chènevis écrasés auxquels ils ajoutent un peu de chou haché et de carotte rapée; mais l'aliment qui lui convient le mieux

---

[1] Cité par Brehm, t. I, p. 244.
[2] E. Alix, *L'Esprit de nos bêtes*, Paris, 1890, p. 352.

est la viande hachée, additionnée de pain et de chènevis broyés. Les jeunes s'élèvent très bien ainsi abecqués.

En raison de son caractère pétulant, il est prudent de ne pas l'associer à des oiseaux plus faibles que lui, non qu'il soit méchant, mais parce que son tempérament agité le porte à les taquiner. S'il y a des couveuses, il casse les œufs et commet mille méfaits de ce genre.

Lenz, à qui nous avons emprunté une grande partie de ces détails, raconte qu'ayant mis un Étourneau dans une volière, il entendit, un jour, un bruit d'ailes inaccoutumé, des cris d'effroi, comme si un oiseau de proie ou un animal s'y était introduit. Il accourt. Que voit-il? Son Étourneau, un morceau de papier au bec, poursuivant ses compagnons affolés et prenant plaisir au spectacle de leur épouvante.

En automne, dans les lieux remplis de roseaux, les oiseleurs en prennent un certain nombre à l'aide de filets. Avec quelques vers de farine pour amorce et des gluaux semés le long des endroits marécageux, on en capture quelques-uns au commencement du printemps.

2. **L'Étourneau militaire.** — STURNUS MILITARIS. — *Caractères.* — Il est de la taille de la Grive. Il a le dessous du corps brun foncé; les plumes égayées par des bordures jaunes avec des taches brunes; l'épaule, la gorge et une grande partie du ventre d'un joli rouge; les régions inférieures noires, liserées de gris et ondulées de lignes de même nuance imperceptibles; les couvertures inférieures des ailes blanches; le bec noir, clair en dessous; l'iris brun et les pieds d'un gris bleuâtre.

La femelle porte la même livrée; toutefois, le vermillon de la poitrine est moins vif et descend moins bas. Le dessus du corps est également gris.

Distribution géographique. — Il habite l'Amérique du Sud. On le rencontre particulièrement au Pérou et au Chili.

Nourriture. — La nourriture et les soins sont les mêmes que pour l'Étourneau commun.

Captivité. — En captivité il se montre doux de caractère. Au milieu de petits oiseaux, cependant, le mâle a des rapports peu bienveillants. Il saisit par la tête ceux qui s'approchent de lui ou les malades qui se trouvent sur son chemin et les suspend dans le vide. Entre eux, au contraire, sans être très sociables, ils vivent en bonne intelligence. Ils aiment à se rouler dans le sable.

Cet oiseau est rare dans le commerce et d'un prix élevé. Russ a obtenu un demi-succès de reproduction. « La femelle, dit-il, bâtit, sur le sol, dans une touffe de joncs, un nid grossièrement fait d'herbes sèches et garni de plumes; malheureusement, la couvée n'aboutit pas [1]. »

3. **Le Dolichonyx oryzivore.** — Dolichonyx oryzivorus (fig. 29). — *Caractères.* — Le plumage varie suivant la saison. Au moment des amours, il a la tête, la partie inférieure du corps et la queue noires. Les rémiges et les couvertures de l'aile, égayées d'une bordure jaune, sont également noires. L'épaule et le croupion sont blancs; l'iris est brun, la mandibule supérieure noirâtre, l'inférieure bleuâtre, les pieds bleu clair. La femelle est un peu plus petite. Elle a le dos jaunâtre; le ventre jaune tirant sur le gris; les flancs rayés de noir. Un trait jaune souligne l'œil. Ce costume est, à des nuances près, celui du mâle durant l'hiver; la livrée des jeunes est plus terne.

Distribution géographique. — L'Amérique est la patrie de ce Passereau; c'est un oiseau voyageur. Il arrive au printemps, par bandes nombreuses, dans les contrées du Nord; il y passe la belle saison, s'y reproduit et en repart à l'automne pour gagner les régions centrales. Dans l'État de New-York, dit Audubon [2], il n'est pas un coin de terre cultivée où l'on ne rencontre ce Sturnidé.

---

[1] Karl Russ, *Handbuch für Vogelliebhaber, Züchter und Händler*, I, *Die fremdländischen Stubenvogel*. Hannover, Rümpler,

[2] Audubon, *Scènes de la nature dans les États-Unis et le nord de l'Amérique*, Paris 1857.

FIG. 29. — Le Dolichonyx oryzivore.

Mœurs et habitudes. — Ces oiseaux sont très sociables ; ils nichent dans le voisinage les uns des autres. Durant l'incubation, les mâles errent dans les champs. Ils sont vifs et gais. Si l'un d'eux s'élève et se met à chanter, un autre lui répond, et bientôt toute la troupe s'élance dans les airs, monte et descend en faisant entendre sa voix sonore. Leur chant est une succession de notes que Wilson compare aux sons tirés au hasard d'un clavier[1] ; les notes aiguës succédant rapidement aux tons graves, donnent l'illusion, quand un Dolichonyx ramage, de plusieurs chantant ensemble.

La ponte varie de 4 à 6 œufs blanchâtres, ponctués de bleu et semés de taches noires. Le nid est posé sur le sol, ou dans une touffe d'herbes au milieu des céréales. A moins d'être dérangés, les Dolichonyx ne font qu'une seule couvée par an. Dans les premiers jours de juillet, les petits déjà forts se réunissent aux parents et forment ensemble des volées considérables, qui s'abattent dans les champs de récoltes et y causent de grands dégâts. Aussi les colons leur font-ils une guerre acharnée, mais sans pouvoir en diminuer le nombre.

Le soir, ils quittent les terres ensemencées pour se retirer dans les roseaux et y passer la nuit. C'est en pillant de la sorte qu'à l'automne ils gagnent, de champ en champ, la zone plus tempérée du centre.

Nourriture. — En liberté, ils vivent d'insectes et de graines. Ils se contentent, en cage, de la pâtée des Étourneaux. Comme variété, on y ajoute de l'alpiste, du millet, quelques vers de farine, et, au printemps, des larves de fourmis.

Captivité. — Le Dolichonyx, au milieu de compagnons de sa taille, est un charmant volatile, et de caractère doux, recommandable par sa vivacité et son chant, qui n'est interrompu que par la mue.

---

[1] Wilson, *American Ornithology or the natural History of the Birds of the United States*, Philadelphia.

4. Le Martin rose. — Pastor roseus (fig. 30). — *Caractères.* — Recherché des amateurs pour la beauté de son plumage, il est à peu près de la taille du Merle. Il mesure de 23 à 24 centimètres.

Dans son développement complet, le mâle a la tête, le cou, la partie supérieure de la poitrine d'un noir brillant tirant sur le bleu, avec des reflets pourpres ; les ailes et la queue brunes plutôt que noires, à reflets bleus ; le reste du corps rose tendre.

Les nuances, chez la femelle, sont plus ternes ; sa taille est également moins forte. On reconnaît les jeunes à la teinte isabelle de la face supérieure du corps, au gris blanc de la gorge et du ventre.

Distribution géographique. — L'aire de dispersion de ce Passereau s'étend de la Hongrie à travers l'Asie centrale, jusqu'aux Indes. On le trouve également en Afrique et dans l'Asie méridionale, d'où il fait quelques apparitions en Europe. Ses migrations ne sont point régulières. On est quelquefois plusieurs années sans le revoir dans les régions qu'il fréquente ordinairement. Sa présence est toujours le présage de la présence ou de l'approche des sauterelles voyageuses. A ce moment, les Martins arrivent par centaines de mille. D'après Nordmann, rien n'égale leur adresse à saisir les insectes qui se posent sur les brins d'herbes.

Mœurs et habitudes. — Le Martin rose, que quelques naturalistes désignent sous les noms d'*Étourneau pasteur*, d'*Étourneau des sauterelles*, a beaucoup de ressemblance avec l'Étourneau. Comme lui, il vit en société. Dans l'est de de l'Europe, où on le rencontre, il n'est pas rare de le voir mêlé à son congénère. Par condescendance pour son compagnon, il consent à passer la nuit dans les roseaux, bien que ses habitudes le portent à se réfugier sur les arbres élevés et touffus, d'où, chaque matin, il s'envole à la recherche de sa nourriture.

Il fait son nid dans les creux d'arbres, les fentes des rochers ou dans les masures. La ponte varie de 4 à 6 œufs. Elle se renouvelle généralement deux fois par an.

Nourriture. — A l'état libre, il se nourrit d'insectes, de sauterelles particulièrement, qui forment le fonds de son régime. Il y ajoute quelques baies.

C'est un grand destructeur de sauterelles. Il leur fait la guerre à tout état : soit sous la forme d'œufs, de larves ou d'insectes parfaits. Les services qu'il rend ainsi à l'agriculture en ont fait un oiseau sacré pour les Tartares et les Arméniens. « C'est au point, dit le naturaliste Nordmann, que toutes les fois que les habitants du Caucase ont lieu de craindre une invasion de sauterelles, ils envoient des caravanes au couvent d'Argouri, au pied du fameux mont Ararat, pour y puiser une certaine quantité d'eau à une source qui passe pour sacrée. Dès que cette eau arrive, les Martins apparaissent pour commencer leur œuvre de destruction, d'une part, de préservation de l'autre [1].

« Au siècle dernier, l'île Bourbon était pour ainsi dire la proie de ces insectes qui, ayant été apportés accidentellement à Madagascar à l'état d'œufs, s'y étaient multipliés au point d'inspirer de vives inquiétudes pour l'avenir de la végétation et de la culture du pays. MM. Desforges-Boucher, gouverneur général, et Poivre, intendant de la colonie, eurent l'heureuse idée de faire venir de l'Hindoustan quelques paires de Martins, de favoriser leur multiplication afin de les opposer aux sauterelles et d'arrêter leurs ravages toujours croissants.

« La mesure obtint d'abord un certain succès : les sauterelles, poursuivies par les Martins, commencèrent à diminuer de nombre ; mais bientôt les colons, s'étant aperçus que ces oiseaux fouillaient le sol du bec, s'imaginant qu'ils dévoraient les semences, alors qu'ils n'en voulaient qu'aux œufs et aux larves de sauterelles, se mirent à les poursuivre, et

---

[1] Nordmann, cité par Brehm, t. I, p. 247.

Fig. 30. — Le Martin rose.

cela avec un tel acharnement que bientôt il ne resta plus dans l'île un seul Martin.

« Délivrées de leurs ennemis, les sauterelles reparurent, pullulèrent de nouveau, et de nouveau aussi on eut recours aux Martins. Cette fois, les défenses les plus formelles furent faites de les poursuivre, car on avait appris à mieux connaître les habitudes, à mieux apprécier les services de ces animaux. Pour sauvegarder plus complètement l'existence de ces petits défenseurs des récoltes, les médecins de l'île s'accordèrent pour reconnaître à leur chair des propriétés malsaines. Quelques années après, toutes les sauterelles étaient détruites ; depuis elles n'ont plus reparu à l'île Bourbon. » (Paul Laurencin.)

A côté de ces services, il est juste de placer en regard l'appréciation de Jerdon, qui le représente comme causant aux Indes des dégâts considérables dans les rizières, au point que les indigènes apostent, dans les champs, des gardiens chargés de lui donner la chasse.

Le plumage du Martin fait oublier le chant qui lui manque. En captivité, on le traite de la même manière que l'Étourneau. Pour le rendre heureux, c'est de lui procurer des sauterelles à la saison.

5. **Le Carouge noir.** — MOLOTHRUS BORNARIENSIS. — *Caractères.* — Vendu sous le nom de *Merle d'Amérique*, il appartient au genre Étourneau. Il en a à peu près la taille. Tout son plumage est d'un beau noir avec des reflets métalliques. Le bec et les pieds sont également de cette couleur.

Distribution géographique. — Le Carouge noir habite l'Amérique du Sud. On le rencontre dans les États de la Plata et du Brésil, sur la lisière des bois et au milieu des champs de culture.

Mœurs et habitudes. — Il vit en société comme les Étourneaux ; mais au lieu de construire son nid dans les creux d'arbres ou les pans de murs, il l'établit sur les arbres et dans les buissons. Son régime en diffère aussi.

Nourriture. — Il se nourrit plutôt de graines et de fruits que d'insectes. C'est tout ce qu'on sait de ses mœurs et de ses habitudes.

Captivité. — Bien qu'il fasse l'ornement plus souvent des jardins zoologiques que des collections particulières, il n'est pourtant point à dédaigner. Son chant a de la mélodie et nul doute qu'il ne soit susceptible de se reproduire.

Il est taquin, il est vrai, avec des Passereaux plus faibles que lui, mais au milieu de Merles et de Martins il est d'un très bel effet.

A la pâtée des insectivores, il faut avoir soin d'ajouter de l'alpiste, du millet, un peu de chènevis et des fruits. Il aime le pain blanc mouillé de lait bouilli.

LES ICTÉRIDÉS

1. Le Troupiale jamaïcai. — ICTERUS JAMAÏCENSIS. — *Caractères*. — *Soffre* est le nom que les Américains donnent au Troupiale jamaïcai. Sa taille est de 27 centimètres. Il se distingue par un bec long et pointu et une plaque nue, de couleur verte, qui se trouve derrière l'œil, dont l'iris est rouge orange. A l'exception de la tête, de la gorge, des épaules et du dos d'un noir brillant, le reste du plumage est jaune orange. L'aile, de couleur noire, est égayée par des bandes jaunes et blanches. Les pieds sont bleuâtres.

Chez la femelle, les nuances sont réparties de la même manière; toutefois, le dessus du corps est gris jaunâtre, les ailes brunes plutôt que noires avec des bandes jaunes et blanches.

Distribution géographique. — Il habite le Brésil. On le trouve également à la Guyane.

Mœurs et habitudes. — Voici le portrait qu'en fait le prince de Wied :

« C'est un des plus beaux ornements des forêts qu'il fréquente. Son plumage brille comme une flamme se détachant sur le feuillage foncé dans lequel il disparaît dès qu'on l'approche. Ses mœurs sont fort agréables. Il est vif, agile, toujours en mouvement. Sa voix est très variée : il imite le chant des autres oiseaux, mais en y intercalant des airs qui lui sont particuliers. Il préfère les endroits où des forêts épaisses bordent les lieux découverts. C'est là qu'on le rencontre par paires au moment des amours, plus tard, par petites bandes, qui errent de côté et d'autre.

« Un de mes chasseurs trouva un nid de cette espèce. Il était à 8 à 9 pieds au-dessus du sol, sur une branche horizontale, et était assez semblable à celui de notre Loriot. Il en différait, toutefois, en ce qu'il était entrelacé avec des rameaux de l'arbre, au lieu d'y être suspendu. Il formait une sphère creuse fermée supérieurement; l'ouverture en était latérale. C'est au milieu de février que ce nid fut trouvé; il était complètement achevé, mais ne renfermait encore aucun œuf[1]. »

Ces détails s'accordent avec ceux donnés par Schomburgk : « Le nid du Soffre, en forme de bourse, dit-il, est composé de chaume et de brins d'herbe des plus fins; il est suspendu à un buisson arborescent sur la lisière de la steppe. »

Nourriture. — En liberté, il vit d'insectes et de fruits. Il est très friand des oranges.

Captivité. — Le chant flûté de ce Troupiale et la beauté de son plumage le font rechercher des amateurs. En Amérique, on laisse courir dans la maison ceux qu'on tient en captivité. Il est fort intelligent et devient, en peu de temps, d'une grande familiarité. Il apprend même à prononcer quelques mots. Chiapella parle avec admiration d'un Troupiale qu'il appelait *Coco* et qui prononçait son nom[2]. Cette

---

[1] Maximilian, Prinz von Wied, *Beiträge zur Naturgeschichte von Brasilien.*

[2] Chiapella, *Manuel de l'oiseleur et de l'oiselier*, contenant la manière de conserver et de faire produire tous les petits oiseaux, 1874.

espèce se plaît en volière spacieuse : c'est à cette condition qu'elle se reproduit. Bien que le fait soit rare, il n'est point isolé. M. Chiapella, dont je viens de parler, a eu plusieurs nichées de Troupiale jamaïcai.

Pour le conserver, on lui donne une pâtée faite partie de mie de pain blanc imbibée de lait bouilli ou d'eau, bien essorée, partie de chènevis écrasé et partie de maigre de viande ou de cœur de bœuf haché; pour varier, quelques fruits ou oranges; s'il a des petits, des œufs de fourmis, des vers de farine et des sauterelles en supplément. Il boit avec plaisir du lait. Pour empêcher la fermentation rapide, au Jardin d'acclimatation de Paris, on le fait bouillir.

Son caractère taquin ne permet pas de l'associer à des oiseaux plus faibles que lui.

2. **Le Troupiale à épaulettes rouges.** — AGELAIUS PHŒNICEUS (fig. 31). — *Caractères*. — Ce Troupiale, qu'à la Nouvelle-Orléans on nomme *Étourneau commandeur*, est un splendide oiseau aussi commun que notre Étourneau en Europe.

Le mâle est noir foncé avec les épaules d'un beau rouge écarlate. Il a l'œil brun, le bec et les pattes noir bleuâtre. Chez la femelle le dos est brun, le ventre brun grisâtre; la gorge claire avec des taches longitudinales.

Distribution géographique. — Il habite toute l'Amérique du Nord ainsi que certaines contrées du centre. On le trouve également dans les îles des Indes Occidentales.

Mœurs et habitudes. — Pendant l'hiver, il séjourne dans les régions du sud; au printemps, il passe dans les Etats du nord pour s'y reproduire. Le voyage a lieu le jour. De temps à autre, la bande fait des haltes. On entend alors le chant des mâles qui précèdent les femelles. Aussitôt le retour effectué, ils s'apparient. Par leurs mœurs et leurs habitudes, ces Passereaux rappellent le genre de vie des Étourneaux. Ils établissent leur nid dans des buissons, des fourrés d'herbes ou de roseaux. La couche est faite de roseaux secs extérieurement, de foin, d'herbes fines et de crin intérieurement. Chaque nid contient de 4 à 6 œufs brun clair, tachetés de points marrons. « C'est à ce moment, dit Audubon, qu'on peut être témoin de la fidélité et du courage du mâle. Quelqu'un s'approche-t-il du nid, il le repousse par des cris de détresse et de menace; souvent il arrive jusque sur l'homme, qui, volontairement ou non, vient apporter le trouble; ou bien il se perche sur une branche au dessus du nid et pousse des cris si plaintifs qu'il faut un cœur de pierre pour alarmer plus longtemps ces pauvres oiseaux [1]. »

Le Troupiale à épaulettes rouges fait deux pontes par an. Les jeunes de la première couvée prennent leur essor vers la fin de juin, se réunissent en bandes considérables et errent de côté et d'autre, pendant que les parents élèvent une nouvelle famille, qui vient grossir, dans les premiers jours d'août, le nombre des premières volées.

Au moment de la maturité des récoltes, ils s'abattent et masse dans les champs et y causent de grands dégâts. Un peu plus tard, ils se répandent dans les prairies, le long des cours d'eau, se joignent aux Grives et aux Dolichonyx et forment de véritables armées. Pour défendre leurs moissons, les colons en font des massacres. Audubon, auquel on doit l'étude de ce Troupiale [2], assure que d'un coup de fusil on en a abattu une fois plus de cinquante. Lui-même dit en avoir tué plusieurs centaines dans un après-midi. Malgré cela, le nombre ne paraît point diminuer. Le soir, ils se retirent dans les roseaux pour y passer la nuit à l'abri des pièges et des poursuites.

Captivité. — La beauté de ce Troupiale et l'étrangeté de son chant en font un magnifique hôte de volière. « Il se contente de peu, dit Brehm; on le nourrit facilement avec des graines et avec la pâtée qu'on donne aux Grives. Il chante en

---

[1] Audubon, *Scènes de la nature dans les États-Unis et le nord de l'Amérique*, ouvrage traduit par Eugène Bazin, Paris, 1857.

[2] Audubon, *Scènes de la nature dans les États-Unis et le nord de l'Amérique*, Paris, 1857.

Fig. 35. — Le Troupiale à épaulettes rouges.

cage : il est toujours gai, toujours vif et vit en bons rapports avec les autres oiseaux, avec ceux du moins, qui sont aussi forts que lui. » (Brehm, t. I).

On n'est point encore parvenu à le faire reproduire en captivité; mais la réussite ne paraît point faire doute. Déjà Russ a obtenu un demi-succès avec un couple qui a fait un nid sans couver. Procéder comme pour le Moqueur (voy. page 283).

Quant aux soins et au régime, voir les lignes que nous avons consacrées au Dolichonyx.

3. **Le Troupiale Baltimore.** — ORIOLUS BALTIMORENSIS (fig. 32). — *Caractères*. — Il mesure 21 centimètres environ, taille de l'Alouette commune. Il a la tête, une partie du dos, les épaules, les ailes, les rectrices médianes, la gorge noires; les ailes coupées par des bandes blanches et oranges; la queue et ses couvertures jaune orange; toute la face inférieure teinte de même; le bec et l'iris bruns et les pieds gris.

Les couleurs de la femelle sont moins vives. Elle a le dessus du corps brun olive; les ailes de même nuance traversées de bandes blanches. A la beauté du plumage le mâle joint le charme de la voix. Ces oiseaux ne font qu'une mue en automne.

Distribution géographique. — Il est répandu dans toute l'Amérique du Nord.

Mœurs et habitudes. — Suivant Audubon[1], il est sédentaire dans certaines régions et migrateur dans d'autres. Le départ a lieu pendant le jour, dans un vol élevé et par paires. Le soir il s'arrête sur quelque arbre à fruits pour apaiser sa faim et y passer la nuit. Le matin venu, il continue sa route. Ces voyages s'étendent jusqu'au Guatemala.

Le Baltimore déploie beaucoup d'art dans l'établissement de son nid. Il le suspend à l'extrémité d'une branche flexible,

---

[1] Audubon, *Scènes de la nature dans les États-Unis et le nord de l'Amérique*, Paris, 1857.

Fig. 32. — Le Troupiale Baltimore

à la manière de notre Loriot, en lui donnant la forme d'une bourse. Cette construction, cependant, varie suivant la zone. Dans le sud, le tissu, fait de chaume et d'herbes sèches, est lâche pour permettre à l'air de circuler à travers ; dans le Nord, au contraire, il le garnit de matériaux plus doux, tels que coton et crin. La ponte est de 4 à 6 œufs tachetés de brun, que la femelle couve seule pendant quatorze jours. C'est le mâle qui construit le nid.

Nourriture. — Il vit d'insectes et de fruits.

Captivité. — En cage, il se trouve très bien d'une pâtée faite, partie de cœur de bœuf haché, partie de mie de pain blanc mouillée de lait cuit, bien essorée, partie de chènevis écrasé, à laquelle on incorpore des raisins secs. Des vers de farine, des œufs de fourmis ainsi que des fruits, oranges bananes, poires, pommes, etc., complètent utilement cette alimentation. On peut remplacer cette nourriture par la pâtée indiquée par M. le Marquis de Brisay (voy. article *Pâtées*, page 29).

Je n'ai point vu qu'il se fût reproduit en captivité. Le fait ne me paraît point improbable. Dans le cas de reproduction, il sera nécessaire de mettre à sa disposition des vers de farine, des œufs de fourmis frais et des sauterelles.

Le Meinate religieux. — GRACULA RELIGIOSA (fig. 33). — *Caractères*. — Le Meinate mesure environ 27 centimètres. Son plumage est d'un beau noir violet tirant sur le vert vers la partie postérieure du dos ; les plumes des ailes et de la queue sont plus ternes ; les premières rémiges sont marquées d'une tache blanche ; l'œil est noir et expressif. le bec rouge orange ; les jambes sont jaunes ; mais, un signe caractéristique, c'est une membrane jaune vif, qui part derrière l'œil, s'étend vers l'oreille, s'élargit, et vient se rattacher au crâne par une ligne mince ; au-dessous de l'œil se trouve une plaque nue de couleur jaune.

A Ceylan, on voit souvent cet oiseau en captivité ; mais

Fig. 33. — Le Meinate religieux.

on le laisse courir dans la maison, où il amuse les habitants par sa bonne grâce et sa vivacité.

Distribution géographique. — Il habite l'Inde, l'Assam et le Burma.

Mœurs et habitudes. — C'est un des oiseaux les plus communs de l'Inde. On le rencontre dans les villes et les villages, dans le voisinage des habitations, bien plus que dans l'intérieur des forêts.

« Les Meinates choisissent, pour passer la nuit, certains arbres dans les villages ou dans les champs ; ils s'y réunissent en grand nombre, et, tous les matins et tous les soirs, on y entend leur babil continuel. Au lever du soleil, ils s'envolent par paires ou par bandes de 4 à 6, pour chercher leur nourriture. Quelques-uns restent dans les endroits habités, et, comme les Corneilles, se repaissent des restes de l'homme, notamment des restes de riz, qu'ils vont chercher jusque dans les maisons. D'autres suivent les troupeaux au pâturage et dévorent les sauterelles et les insectes que le bétail fait lever ; d'autres encore pillent les champs et les jardins.

« Le Meinate est familier avec l'homme. Il ne niche guère que dans les habitations, sous les toits, dans les murs crevassés, dans les pots que les indigènes suspendent dans ce but à leurs maisons. Au dire de Smith, il fait plusieurs couvées par an. Dans le Mosouri, où il ne se montre qu'en été, et à Ceylan, ils nichent dans les troncs d'arbres creux [1]. » (Jerdon.)

De son côté, le major Noryate écrit, en 1865 :

« Je ne sais pourquoi Linné a infligé à la Meina l'épithète de *tristis* ; c'est un des oiseaux les plus vifs de l'Inde. On la trouve partout et en très grand nombre, et en été on la rencontre à une grande altitude. Les bandes de Meinas sont

---

[1] Jerdon, *Catalogue of the Birds of the Peninsula of India arranged according to the modern system of classification.*

formées de quatre à cinq familles, qui se sont réunies pour chercher leur nourriture ou qui ont été attirées par le bruit d'un de ces duels fréquents entre oiseaux aussi querelleurs. Le combat se livre à terre. Les deux adversaires se saisissent avec leurs ongles, se donnent des coups d'ailes, se roulent mutuellement sur le sol et poussent des cris perçants. Bientôt toute la troupe se rassemble ; quelques individus se posent en arbitres et frappent sur les deux adversaires ; d'autres, entraînés par le mauvais exemple, se livrent bataille à leur tour, et trop souvent la lutte se termine par des ailes cassées. »

Captivité. — Le Meinate à la familiarité joint la docilité; apprend facilement à siffler et à parler. Son caractère querelleur ne permet guère de l'associer à d'autres oiseaux. C'est un gros mangeur et peu difficile. La pâtée des Étourneaux lui suffit. Il mange, avec plaisir, celle des Tangaras, c'est-à-dire : pommes de terre et œufs écrasés ensemble. On varie cette nourriture par des vers de farine, et, en été, par des hannetons et des sauterelles. Je n'ai vu nulle part qu'il se fût reproduit. On l'y déciderait, j'en suis convaincu, si, en volière spacieuse, on lui donnait de quoi établir son nid, c'est-à-dire une bûche à perroquet, et, pour élever ses petits, des sauterelles, des hannetons et des vers de farine.

La Pie à cou noir de Chine. — GRACUPICA NIGROCOLLIS. — *Caractères.* — Payk la range parmi les Étourneaux. Oiseau fort rare, qu'on ne voit guère que dans les jardins zoologiques. A l'exception de la tête, de la gorge et de la poitrine, qui sont blanches, elle a toute la partie supérieure du corps d'un brun foncé. Des taches blanches règnent sur l'aile; les rémiges ainsi que leurs couvertures sont liserées de blanc à leur extrémité, les plumes de la queue bordées de même couleur. Également blanches sont les parties inférieures. L'iris est brun foncé ; le cercle de l'œil d'un gris tirant sur le jaune ; le bec noir et les pieds gris argenté. Sa taille est à peu près celle de l'Étourneau; mais elle s'éloigne complètement de l'espèce par sa manière d'être.

Distribution géographique. — Cette Pie habite les parties méridionales de la Chine.

Mœurs et habitudes. — Ses cris et sa pause ont quelque chose de bizarre. Lorsqu'elle veut faire entendre sa voix, elle baisse la tête, incline le bec sur la poitrine, ferme les yeux, gonfle ses plumes, laisse pendre ses ailes, étale la queue et tire de son gosier des *Ti-ti-ti* retentissants, qu'elle accompagne de temps à autre de sons flûtés. Je n'ai trouvé dans aucun naturaliste la description de ses habitudes.

Nourriture. — En liberté, elle vit d'insectes et de fruits; elle est friande d'oranges. Au Jardin d'acclimation de Paris, son régime est celui des Merles bronzés et du Troupiale jamaïcai.

Captivité. — En cage, elle se familiarise promptement, apprend quelques mots et imite très bien le rire des enfants.

Le Loriot. — Oriolus galbulus (fig. 34). — *Caractères.* — Le mâle porte une livrée resplendissante. A l'exception d'un trait noir qui va de l'œil au bec, il a la tête, le cou, le dos, la poitrine et les côtes d'un beau jaune doré. Un peu plus claire à la gorge et sur le ventre, cette couleur tourne au vert sur le croupion. Les ailes, dont les rémiges ont à leur naissance une tache jaune, sont d'un noir d'ébène, ainsi que les plumes médianes de la queue. Sur les rectrices voisines, le jaune reparaît dans la moitié de leur longueur. L'œil, cerclé de même nuance, est rouge carmin; les pieds sont plombés et le bec de couleur rougeâtre est fort, très aigu et un peu recourbé vers la pointe.

Les couleurs chez la femelle sont d'un ton jaune olivâtre sur toute la partie supérieure du corps, d'un blanc verdâtre sur la poitrine et le ventre avec des taches noires longitudinales. Le jaune ne se montre que sous la queue et à son extrémité.

Fig. 34. — Le Loriot vulgaire.

Les jeunes mâles sont semblables à la mère jusqu'à la seconde année, époque à laquelle seulement ils prennent le plumage des adultes.

Distribution géographique. — Il se rencontre dans toute l'Europe et une grande partie de l'Asie. Il passe l'automne et l'hiver dans le centre de l'Afrique et les parties occidentales de ce continent ; il ne revient dans nos régions que vers le commencement de mai.

Mœurs et habitudes. — Dès son retour il s'apparie. Le couple ne supporte aucun autre oiseau de son espèce dans le voisinage. Il déploie beaucoup d'art dans la construction de son nid, qu'il suspend à la fourche d'une branche touffue, en forme de corbeille à deux anses. Des feuilles sèches, des brins d'herbes, des toiles d'araignée et de la laine en constituent les matériaux extérieurs ; des plumes et des herbes fines le revêtement intérieur. La femelle y déposent de 4 à 5 œufs blancs tachetés de points noirs qu'elle couve, relayée par le mâle, pendant quatorze à quinze jours.

Il habite les taillis isolés, les lisières des bois à haute futaie, caché dans les arbres, dont le feuillage est le plus fourni. Constamment en mouvement, il égaye les lieux qu'il fréquente par son chant qu'il ne cesse de faire entendre toute la journée et qui est une sorte d'onomatopée de son nom. A l'époque de la maturité des fruits, des cerises en particulier, dont il est très friand, il visite les vergers.

Son séjour en Europe est de courte durée. Dès la fin d'août, il gagne en famille les zones chaudes du sol africain.

Nourriture. — Au régime des fruits, il ajoute des chenilles, des papillons, des mouches, des insectes de toute sorte et des chrysalides qui constituent le fond principal de sa nourriture.

Captivité. — Pris vieux, c'est un oiseau fort difficile à conserver. L'élevage des jeunes ne présente pas moins de difficulté. Un amateur d'Alençon est parvenu à conduire à bonne fin l'éducation des petits pris au nid avec la nourriture suivante : « Pâtée composée de chènevis écrasé, salade hachée, cœur de bœuf cru, œuf dur, miè de pain blanc légèrement mouillée et émiettée, le tout formant une pâtée légère et s'égrenant facilement[1]. »

Des divers renseignements que nous avons puisés dans les journaux d'ornithologie étrangers, il résulte que la nourriture des Loriots n'est point différente de celle du Rossignol, c'est-à-dire : mie de pain blanc mouillée, chènevis écrasé, cœur de bœuf ou maigre de viande haché additionné de jaune d'œuf dur et de laitue hachée, régime qu'il faut varier par des vers de farine, des œufs de fourmis et des insectes à la saison et des fruits.

En raison de son caractère querelleur, il demande à être isolé dans une cage spacieuse et à barreaux serrés pour qu'il n'endommage pas son plumage et couverte pendant les nuits, à l'époque des migrations, car à ce moment, il se montre très agité. Cette surexcitation se maintient d'août à novembre, et au printemps de mars à mai.

Dès le mois de septembre, il devra être tenu dans une pièce chauffée.

Le Ptilonorhynque. — PTILONORHYNCUS HOLOSERICEUS (fig. 35). — *Caractères*. — Les nègres de l'Australie l'appellent *Cowry* et les colons anglais l'*Oiseau satin (Satin Bird)*, à cause de l'éclat de son plumage qui est d'un beau noir sur tout le corps avec reflets violets, à l'exception des ailes et de la queue qui sont de nuance mate. Son bec est gris bleu avec la pointe jaune. Il a l'iris également jaune et les pattes couleur de corne. La femelle se reconnaît au ton vert olive répandu sur le dos, au brun roussâtre des ailes et de la queue, ainsi qu'à la couleur verdâtre qui règne sur la poitrine et le ventre.

Il est de la taille du Choucas.

Distribution géographique. — On le rencontre dans la

---

[1] *L'Acclimatation.*

Nouvelle-Galles du Sud, où il habite les grandes forêts du Port-Maquaire et le district du comté de Cumberland.

Mœurs et habitudes. — Il fréquente particulièrement les buissons hauts et touffus. Hors le temps de la reproduction, il vit en société par petites bandes sans s'éloigner du canton qu'il s'est choisi. Une particularité de ses mœurs attire l'attention.

Sans qu'on sache encore la raison de cette habitude, il se construit des demeures de feuillages qui paraissent de véritables habitations de plaisance, d'où lui est venu le nom de *Bower Bird*, oiseau constructeur de berceau, que lui ont donné les naturalistes anglais.

Voici comment Gould s'exprime à ce sujet :

« Dans les forêts de cèdres du gouvernement de Liverpool (Australie), je vis plusieurs de ces habitations de plaisance. Elles étaient toujours construites sur le sol, couvertes d'ordinaire par des branches épaisses qui les surplombaient, et dans les endroits les plus déserts de la forêt. La base de l'édifice consiste en une large plate-forme un peu convexe faite de bâtons solidement entrelacés. Au centre, s'élève le berceau construit également en petites branches enlacées à celles de la plate-forme, mais plus flexibles. Ces baguettes, recourbées à leur extrémité, sont disposées de manière à se réunir en voûte ; la charpente du berceau est placée de telle sorte que les fourches présentées par les baguettes sont toutes tournées au dehors, de manière à n'opposer à l'intérieur aucune espèce d'obstacle au passage des oiseaux. L'élégance de ce curieux berceau est encore rehaussée par des décorations qui en tapissent l'intérieur et l'entrée. L'oiseau y entasse tous les objets de couleur éclatante qu'il peut ramasser, tels que les plumes de la queue de divers perroquets, des coquilles de moules, de petites pierres, des coquilles d'escargots, des os blanchis, etc. Il y a certaines plumes qui sont entrelacées dans la charpente du berceau ; d'autres, avec les os et les coquilles en jonchent les entrées.

Fig. 85. — Le Ptilonorhynque satiné.

Le penchant naturel de ces oiseaux à ramasser tout ce qu'ils trouvent à leur convenance et à l'emporter est si bien connu des habitants que, quand il leur manque quelque petit objet, par exemple un tuyau de pipe ou autre chose semblable qu'ils peuvent avoir perdu dans les broussailles, ils se mettent à la recherche des berceaux, sûrs de l'y retrouver.

« Moi-même j'ai rencontré, à l'entrée d'un berceau, une jolie pierre Tomahawk d'un pouce et demi de hauteur, très finement travaillée, mêlée à des chiffons de coton bleu que les oiseaux avaient bien certainement ramassée dans un ancien campement d'indigènes[1]. »

« Les berceaux que je rencontrai, ajoute Gould, avaient subi de fréquentes réparations ; cependant il était facile de reconnaître à l'inspection des objets qui y étaient accumulés que le même endroit avait déjà dû servir plusieurs années. Charles Coxen m'a dit que, après avoir détruit un de ces berceaux, il avait eu la satisfaction de le voir reconstruire presque en entier, caché dans une cabane qu'il s'était ménagée. Les oiseaux qui firent ce travail étaient, m'a-t-il dit, des femelles. »

Ces constructions ne servent point à la reproduction. Le véritable nid se trouve ordinairement dans le voisinage, au milieu de quelque buisson touffu. Gould regarde les berceaux élevés par les Ptilonorhynques comme des demeures de plaisance où ils viennent prendre leurs ébats à l'époque des amours et s'y accoupler.

Nourriture. — Il vit d'insectes, de fruits et de baies.

Pour sa nourriture, à la pâtée faite de mie de pain, de cœur de bœuf ou de maigre de viande et de chènevis que nous avons indiquée pour les insectivores, on ajoutera des oranges ou des fruits de la saison.

Captivité. — Quand on leur en fournit les éléments, ils se livrent, en volière, à leur instinct. C'est ainsi qu'à

---

[1] Gould, *The Birds of Australia.*

Beaujardin, près Tours, M. le baron de Cornély a vu ses Ptilonorhynques construire leur berceau de feuillage.

Il ne fait entendre que des cris rauques et criards; mais il a le don de contrefaire la voix humaine et les cris des animaux. Chez M. de Cornély, il imitait les aboiements des chiens.

8. Le Pirole royal. — ORIOLUS MELINUS. — *Caractères.* — Des vingt-cinq à trente espèces d'Oriolides connues, trois à quatre variétés étrangères seulement sont expédiées vivantes en Europe. De ce nombre est le Pirole royal.

Il a la tête, le cou, la poitrine jaune orange; le dos, les ailes, la queue noirs, à l'exception des barbes internes des premières rémiges et des rectrices secondaires qui sont jaunes, de même que le bec et l'iris. Les pieds sont noirs. La queue, de moyenne grandeur, est carrée.

La femelle se distingue du mâle par le ton verdâtre foncé de son plumage. Chez elle, le jaune est remplacé par une nuance brun clair.

Distribution géographique. — Le Pirole habite l'Australie orientale.

Mœurs et habitudes. — On le rencontre, au printemps, par paires et à l'automne par petites bandes. Il fréquente les lieux couverts de buissons, de préférence ceux qui avoisinent les cours d'eau. De même que le Ptilonorhynque, il se construit, d'après Gould, des nids de feuillage.

Nourriture. — En liberté, il vit de mouches, de larves, d'insectes, de fruits, de baies et de graines.

Captivité. — En cage, on le traite comme le Merle en ajoutant au régime du millet et de l'alpiste en même temps que des fruits.

La Huppe commune. — UPUPA EPOPS (fig. 36). — *Caractères.* — De la grosseur du Merle, la Huppe mesure de 27 à 28 centimètres, dont 11 pour la queue et 67 millimètres pour le bec, qui est délié, courbe et noir. La huppe, en forme d'éventail, qui orne sa tête, est composée d'une double rangée de plumes égales et parallèles. Toutes ces plumes sont rousses, terminées de noir ; celles du milieu et les suivantes ont du blanc entre ces deux couleurs. La nuque, le cou, la poitrine, et les couvertures inférieures des ailes sont roussâtres ; la partie inférieure du dos, les épaules et les ailes noires, rayées de bandes jaunâtres. Le croupion est blanc, la queue noire, coupée par une bande blanche en angle obtus. Le plumage de la femelle ne paraît pas différer de celui du mâle.

Bien que le pied de la Huppe semble constitué pour percher, on la voit plus souvent à terre que sur les arbres. Sa démarche grave et lente est accompagnée d'un mouvement de tête si accentué que le bec paraît toucher le sol et lui servir d'appui pour avancer.

Distribution géographique. — Elle habite les parties chaudes de l'Afrique, mais, chaque année, au printemps, on la voit arriver en Europe pour y passer la belle saison.

Mœurs et habitudes. — La date de son apparition varie suivant la position géographique des contrées. Dans le midi de la France, ce retour coïncide avec les derniers jours de mars, et partout ailleurs avec la dernière quinzaine d'avril. On la voit, à ce moment, dans les terrains humides, sur la lisière des prairies, entrecoupées de bois, le long des chemins, à la recherche des insectes, des mollusques terrestres et des vers dont elle fait sa nourriture.

Durant l'été, on la rencontre, le plus souvent dans les pâturages, occupée à fouiller les bouses de vaches ou les excréments d'autres animaux pour en retirer les stercoraires qu'ils recèlent.

Dans beaucoup de parties de la France, cet oiseau n'est connu que sous le nom de *Puput*, onomatopée du cri qu'il fait entendre au moment des amours et qui est tout son chant.

Hors le temps de l'appariage et de l'éducation, la Huppe vit isolée.

Lorsque l'époque du rapprochement est venue, le couple

Fig. 36. — La Huppe vulgaire.

établit son nid dans un creux d'arbre, un trou de mur ou une anfractuosité de rocher : quelques brins d'herbe, un peu de feuilles sèches ou de racines sont les matériaux de la couche sur laquelle la femelle dépose de 4 à 7 œufs qu'elle couve seule pendant seize jours. Si le nid est établi à terre, au milieu d'une touffe d'herbe, comme cela arrive quelquefois, ces matériaux sont cimentés avec de la bouse de vaches.

Le reproche de malpropreté qu'on fait à la Huppe tient à la façon dont elle fait son nid et non à un instinct naturel. On comprendra que, placée dans un creux d'arbre ou dans un trou de mur, quelquefois assez profond, elle ne puisse expulser dehors les excréments de sa famille. De là l'odeur fort désagréable que les petits exhalent lorsqu'on les tire de là.

Lorsque les jeunes Huppes sont élevées, au lieu de se disperser, elles restent sous la protection des parents jusqu'au départ. C'est ainsi qu'au mois de juillet, après la fenaison, on les voit se rendre en famille dans la plaine à la recherche des insectes ; mais à ce moment les instants de leur séjour sont comptés ; car la Huppe est frileuse, et c'est à peine si elle attend les premiers jours de septembre pour aller redemander au soleil d'Afrique des rayons plus chauds.

Nourriture. — Elle varie son régime par toute sorte d'insectes : bousiers, mouches, vers, scarabées, hannetons dont elle enlève préalablement les élytres, fourmis, sauterelles, etc.

Chasse. — Quand on a observé un endroit fréquenté par cet oiseau, il suffit d'attacher par un fil, à une petite baguette engluée de 30 à 35 centimètres, un ou deux vers de farine qu'on laisse pendre jusqu'à moitié de la longueur. On fixe en terre ce petit bâton juste assez pour le maintenir droit. En se précipitant sur l'appât, la Huppe le fait tomber et se prend en même temps.

Captivité. — En cage, quand plusieurs se trouvent ensemble, elles se battent.

« Dans la vaste orangerie où étaient rangées en allées

toutes mes cages, il y avait quelques oiseaux favoris qui circulaient librement. Parmi ces privilégiés étaient deux Huppes. Au printemps, le mâle chantait son éternel et monotone : *bou, bou, bou,* la femelle lui répondait à peu près sur le même ton, et comme la galerie étaient divisée en plusieurs compartiments, dès que la femelle, attirée par les accents amoureux du mâle, accourait vers lui, celui-ci la poursuivait vivement. L'accord finissait par s'établir, et le couple uni allait faire son nid dans un coin, où ses œufs étaient invariablement cassés par quelque espiègle Cardinal favori. Au mois d'août, elles commençaient à se fuir, la mue survenait, et lorsque, avec les nouvelles plumes, la force leur était revenue, elles se séparaient irrévocablement jusqu'au printemps. Chacune avait son canton et ne souffrait pas que l'autre en approchât ». (C. Chiapella [1].)

Indépendamment de la beauté de son plumage, qui la recommande à l'attention de l'amateur, la Huppe possède des qualités suffisantes pour la faire rechercher. Nul autre oiseau peut-être n'a plus de reconnaissance pour les soins donnés. Elevée jeune, elle devient familière au point de venir manger dans la main, à l'appel de celui qui la soigne. Prise adulte, elle ne tarde pas à perdre sa timidité et à témoigner de l'attachement à son maître. Dans l'expression de ses sentiments elle abaisse et relève sa huppe avec des mouvements de queue et d'ailes d'un effet gracieux.

Comme elle est frileuse, dès les premiers jours d'automne on devra lui procurer une température douce et tiède. On composera sa nourriture de cœur de bœuf ou de toute autre espèce de viande, coupée en filets minces, d'un centimètre de long. Pour manger, la Huppe jette en l'air le morceau qu'elle reçoit dans son gosier; s'il est trop petit, elle éprouve de la difficulté à l'avaler; s'il est trop gros, elle le traîne et le rejette. Comme variété, on ajoutera, à la saison, des hanne-

---

[1] Bordeaux, 1874, Chiapella, *Manuel de l'oiseleur et de l'oiselier.*

tons, des sauterelles, et, de temps à autre, des vers de farine, ainsi que des œufs durs hachés de la grosseur d'un pois.

La Huppe aime à se rouler dans le sable. Pour elle, c'est une question d'hygiène peut-être plus utile que l'eau; car, tous les amateurs s'accordent à dire qu'ils n'ont jamais vu ces oiseaux s'abreuver.

Il ressort des observations de Chiapella, que j'ai citées plus haut, sur ses habitudes en captivité, que la Huppe est susceptible de se reproduire en volière.

LES PSITTACIDÉS. — Psittacidæ.

Caractères. — Depuis très longtemps, les Psittacidés occupent une place importante parmi les oiseaux de volière, et cependant on ne possède que peu de renseignements sur un petit nombre d'entre eux. Ils embellissent, dit le prince de Wied, par leurs plumes aux brillantes couleurs les sombres forêts vierges des tropiques [1]. Par l'intelligence, ils tiennent le premier rang dans la classe des volatiles. Doués, pour la plupart, du don de parler, ils apprennent non seulement à imiter la voix humaine dans toutes ses inflexions, mais à chanter et à siffler. Ils sont susceptibles des sentiments les plus divers.

Distribution géographique. — Les Psittacidés se rencontrent dans toutes les parties du monde, l'Europe exceptée. Leur taille varie de celle du grand Corbeau de montagne à la grosseur du Chardonneret.

Mœurs habitudes et régime. — Hors la saison des amours, ils vivent en société, par bandes quelquefois considérables. Chaque jour, ils partent d'une demeure qu'ils se sont choisie dans la forêt, pour leurs excursions. Les membres d'une même troupe restent fidèlement unis dans la bonne comme dans la mauvaise fortune. Tous les matins, ils quittent

---

[1] Maximilian Prinz von Wied, *Beiträge zur Naturgeschichte von Brasilien*, Weimar.

Fig. 37. — Le Perroquet vert.

ensemble l'endroit où ils ont passé la nuit, s'abattant dans un champ ou sur un arbre pour en manger les fruits. Des sentinelles sont chargées de veiller sur la bande, et à la moindre alerte, toute la troupe s'envole en se prêtant un mutuel appui.

L'union des sexes a lieu pour la durée de la vie. A quelques exceptions près, toutes les espèces recherchent les creux d'arbre pour y établir leurs nids, habitude qu'elles conservent en captivité en nichant dans des boîtes.

Les Psittacidés mangent principalement des fruits et des graines ; quelques-uns aiment les bourgeons, d'autres ne dédaignent pas les insectes. Ils se font assez bien à la captivité et un certain nombre s'y reproduisent.

La famille des Psittacidés est excessivement nombreuse, nous avons dû limiter nos monographies aux espèces les plus connues : *Le Perroquet vert, le Perroquet gris, le Cacatoès à huppe jaune, la Perruche ondulée, le Callopsitte, la Perruche inséparable, la Perruche à tête grise, la Perruche érythroptère, la Perruche d'Edwards, la Perruche discolore, la Perruche de Paradis, le Paléornis* ou *Perruche Alexandre*.

1. Le Perroquet vert. — AMAZONICUS CHRYSOTIS (fig. 37). — *Caractères*. — Il n'est pas un vaisseau venant des côtes de l'Amérique du Sud qui n'apporte un ou plusieurs de ces oiseaux, fort recherchés des amateurs pour leur facilité à parler. Le plumage de ce Perroquet est un mélange de rouge, de bleu, de jaune et de brun qui, suivant le mariage de ces couleurs, donne des nuances différentes. L'ensemble en est vert; les rémiges et les épaules sont bleues. Il a les flancs et le dessous du pouce de l'aile d'un rouge vif; les plumes de la queue et des ailes doublées de brun. Sa taille varie entre celle du Choucas et du Corbeau. Il est de forme vigoureuse et ramassée. Le plumage est serré, chaque plume, petite ou large, s'emboîtant comme des écailles. A sa facilité de grimper, on sent qu'il est né pour vivre sur les arbres ; à terre, au contraire, il est lourd et va en boulinant.

Distribution géographique. — Habite l'Amérique méridionale. On le rencontre depuis les États de la Plata, jusqu'au sud du Mexique, dans le nord et l'ouest du Brésil, au milieu des forêts vierges qui longent le cours de l'Amazone, ainsi que sur la côte.

Mœurs et habitudes. — Il vit en société, par bandes innombrables. Dès que le jour commence à poindre, on entend le caquetage de la troupe. Ils lissent leurs plumes tout humides de la rosée de la nuit, puis s'envolent par petits groupes, mâles et femelles ensemble, au milieu de cris assourdissants. Lorsque les premiers partis sont arrivés au lieu choisi, ils poussent des cris d'appel, auxquels se mêle la voix de ceux qui suivent, augmentée du bruit des bandes restées en arrière. C'est un tapage infernal dont on se fait difficilement une idée. Une fois le bataillon abattu sur les arbres fruitiers, rien ne trahit plus sa présence, si ce n'est le pépiement des jeunes qui demandent la becquée, ou le bruit des fruits qui tombent. Ils se désaltèrent à l'eau de pluie retenue dans les corolles des lianes suspendues aux branches des arbres. Par les journées chaudes, ils vont à l'abreuvoir à des heures fixes. Le soir venu, les bandes regagnent leur gîte, une à une, en poussant des cris comme au départ ; mais au fur et à mesure que la nuit descend, les voix s'affaiblissent et s'éteignent comme dans un soupir.

Il passe souvent d'une contrée à une autre, à la recherche de sa nourriture. A l'époque des amours, c'est-à-dire à partir du mois de septembre et d'octobre, chaque coupe s'isole et vit pour son compte. Il niche dans le tronc creux de l'arbre le plus élevé et le plus inaccessible, ou dans une branche pourrie, où il se creuse une excavation à l'aide de son bec. Le nid est occupé l'année suivante par le même ménage. La chair de cet oiseau est considérée par les habitants comme un excellent manger. Cette raison, jointe à celle de la beauté de son plumage et des dégâts considérables qu'il commet, lui attire une chasse acharnée. Dans les ports on le vend comme gibier.

Nourriture. — Sa nourriture est fort variée : baies, fruits, noix, châtaignes, amandes, chènevis, froment, maïs et toute espèce de graines. Il aime également la viande, le pain, la soupe. Si on tient à le conserver en bonne santé, on s'abstiendra de lui donner de la chair.

Captivité. — C'est à bon droit qu'on recherche ce Perroquet pour ses qualités et qu'on le regarde comme un des meilleurs parleurs. Bien soigné, il vit très longtemps ; mais il demande à être isolé, car il ne supporte aucun autre oiseau. De son bec puissant il détruira promptement sa cage si l'on n'a soin de le tenir enfermé dans une en fer.

Jusqu'à présent, on n'a encore obtenu que deux reproductions, et par croisement.

2. **Le Perroquet gris ou le Jaco.** — Psittacus erythraceus (fig. 38). — *Caractères.* — De tous les Perroquets, le Jaco, ou *Perroquet à queue rouge*, est un des plus anciennement connus et des plus recherchés par son intelligence et sa facilité à parler.

A l'exception de la queue, qui est rouge sang, tout le plumage est d'un gris cendré clair sur la tête, le cou et la région des joues, et foncé sur toutes les autres parties. Le bec est noir, l'iris brun clair ; le tour des yeux et les pieds gris bleu. La différence du sexe ne se manifeste que par la taille qui, chez la femelle, est plus petite. Les Nègres prétendent que les narines du mâle sont rondes et celles de la femelle longues.

La couleur cendrée n'est pas générale : les uns sont presque blancs, d'autres bleu ardoise, d'autres enfin bleu foncé. Cette dernière nuance semble distinguer les jeunes. La taille ne varie pas moins, soit qu'elle soit un effet d'âge, de race ou de contrée. Les zoologistes ne sont point d'accord à ce sujet.

Fig. 38. — Le Perroquet gris ou Jaco.

Distribution géographique. — L'aire de dispersion du Jaco s'étend de la côte occidentale à l'intérieur de l'Afrique. Introduit à Madagascar et dans les îles avoisinantes, il s'y est acclimaté et multiplié au point de devenir un fléau pour la culture. Pour s'en défaire, les habitants des îles Maurice et Bourbon durent faire des battues.

Mœurs et habitudes. — Il vit en société et par bandes nombreuses. Sa nourriture se compose de fruits de toutes sortes, et particulièrement de bananes et de noix de coco. Il mange également de nombreuses graines. Plus par déprédation qu'en satisfaisant ses besoins, il cause des dégâts considérables dans les champs de maïs.

D'après Keulemann, il niche en septembre, après la saison des pluies, dans les creux d'arbres profonds, au milieu de forêts impénétrables et inaccessibles. Les couples s'établissent par centaines les uns à côté des autres, chacun dans un nid à part. Le même nid sert des années. La ponte varie de 4 à 5 œufs. Les petits croissent rapidement, car à quatre semaines ils sont déjà emplumés, et à deux mois commence la première mue. L'œil reste brun pendant sept mois.

Par crainte des coups de bec des parents, les indigènes ne s'emparent des Perroquets qu'au sortir du nid, alors qu'ils volent encore difficilement, à l'aide de filets et de lacets. Leur chair passe, au dire des voyageurs, pour un excellent manger.

Les nègres de la côte de Guinée apportent dans les ports, renfermés dans des corbeilles de roseau, un grand nombre de jeunes Jacos. Leur prix varie de 3 à 4 francs. Les marchands de l'intérieur les obtiennent naturellement à des prix plus doux, en raison de l'importance de l'achat. A bord des grands vapeurs, ils valent souvent de 15 à 20 francs. Ceux qui sont déjà apprivoisés par les nègres, élevés dans les établissements des missionnaires, et qui prononcent quelques mots de mauvais anglais, sont beaucoup plus chers. Les Arabes, d'après le Dr Fischer, doivent aimer ces oiseaux;

car, à Zanzibar, ils valent jusqu'à 50 francs. Du reste, suivant le lieu d'origine ou la provenance, les marchands font des différences de prix sensibles. Les plus estimés sont, d'après Ussher, ceux qui viennent d'Akim et sont dirigés sur les villes du Cap et vers Akka.

Captivité. — Il passe, avec raison, pour un des Perroquets les mieux doués au point de vue de la mémoire et de la facilité à répéter tout ce qui frappe son oreille, airs et sons. En dehors des mots qu'il peut apprendre et dont le nombre est grand, il siffle parfaitement. Dans cette espèce, comme dans les autres, il y a des réfractaires à toute éducation, mais ils sont moins nombreux.

Une fois acclimaté, le Jaco vit de cinquante à quatre-vingts ans. Jusqu'à présent, on n'est point parvenu à le faire reproduire.

Nourriture. — Maïs ramolli dans l'eau et renouvelé chaque jour pour éviter la fermentation, chènevis, graines de soleil, noix, noisettes, amandes, fruits divers constituent, à l'exclusion de la viande et des sucreries, le meilleur régime pour le Jaco et tous les Perroquets en général.

3. Le Cacatoès à huppe jaune. — CACATUA GALORITA. — *Caractères.* — A l'exception d'une teinte jaune, qui colore la huppe, les plumes des oreilles, le dessus des ailes et les rectrices latérales, tout le reste du plumage est d'un blanc éclatant. Le bec est noir ; les pattes d'un brun grisâtre. Ce Perroquet est de taille assez forte ; il mesure 45 centimètres. La femelle est plus ramassée ; la tête est plus ronde et plus large vers le front ; le bec plus arrondi sur les côtés.

Distribution géographique. — D'après Gould [1], il habite toute l'Australie, à l'exception des parties occidentales. Il est commun dans l'île de Van Diemen.

Mœurs et habitudes. — D'un naturel confiant, il y est devenu très sauvage et défiant par suite de la chasse qu'on

---

[1] Gould, *The Birds of Australia.*

lui fait. Il recherche les gommiers pour y faire son nid. La ponte est de 2 œufs.

Captivité. — Bien soigné, il parvient à un âge avancé. S'il retient difficilement quelques mots, il imite fort bien, en revanche, le rire humain. Il apprend également à danser et à se prêter à des exercices de cette nature.

Beaucoup de Cacatoès sont méchants : même les mieux éduqués manifestent des sentiments hostiles aux étrangers.

En Allemagne, en 1883, M. Dulitz de Friedrichshagen, près Berlin, a fait reproduire ce Perroquet dans un jardin, en plein air. La femelle était en sa possession depuis 1869 : elle prononçait quelques mots. Durant l'incubation, le mâle et la femelle très doux auparavant, se montrèrent méchants. Ils élevèrent leurs petits principalement avec du jaune d'œuf et du pain blanc. Pendant tout le temps de l'éducation, ils consommèrent quatre œufs par jour. Au moindre bruit, dans le voisinage du nid, les petits se cachaient et restaient silencieux. Quand le père et la mère leur donnaient la becquée, ils faisaient entendre pendant un instant un bruit semblable à celui d'un bouchon qu'on frotte sur du verre. A la onzième semaine, presque aussi gros que leurs parents, ils abandonnèrent le nid, et vers la douzième ils commencèrent à manger seuls, tout en continuant de recevoir la nourriture du bec du père et de la mère.

A l'occasion de cette reproduction, M. Dulitz a été récompensé d'une médaille par le Jardin d'acclimation de Paris.

Nourriture. — Il mange un peu de tout : du pain, des fruits, du chènevis, de la laitue, des feuilles de choux, des amandes, des noix, des noisettes. Une excellente nourriture est le blé de Turquie ramolli dans l'eau ; mais il faut avoir soin de ne mettre tremper que la quantité nécessaire pour un jour, afin d'éviter la fermentation.

4. **La Perruche ondulée.** — PSITTACUS UNDULATUS (fig. 39). — *Caractères.* — Cette Perruche, à laquelle on donne les noms de *Mélopsitte* ou de *Perruche ondulée*, paraît plus grande

Fig. 39. — La Perruche ondulée.

qu'elle n'est en réalité. « Son plumage est ravissant, dit Brehm, le vert y domine ; mais il est parcouru d'un fin dessin, et il tranche admirablement sur les parties de couleur plus vives. L'occiput, la tête, la nuque, la partie supérieure du dos, les épaules, les couvertures supérieures de l'aile sont d'un vert jaune pâle, chaque plume étant bordée de noir, et tachetée de même couleur à la pointe ; ce dessin est plus fin au cou et à la tête qu'au dos. Le ventre et la poitrine sont d'un vert uniforme. La partie antérieure et supérieure de la tête et la gorge sont jaunes ; quatre taches d'un bleu foncé ornent les côtés de la tête, celles des joues étant les plus grandes. Les ailes sont brunes, avec les barbes extérieures des rémiges d'un gris foncé, bordées de jaune vert. Les pennes de la queue sont vertes, avec des bandes jaunes au milieu, sauf les deux médianes, qui sont bleues. L'iris est blanc jaunâtre ; le bec couleur de corne ; les pattes sont d'un bleu pâle. La femelle est plus petite que le mâle ; la membrane qui couvre la base du bec est chez elle vert gris, tandis qu'elle est bleu foncé chez le mâle.

« Les jeunes, à la sortie du nid, n'ont ni les taches bleues de la gorge, ni le dessin régulier de la tête ; mais, après quelques mois, ils revêtent le plumage de leurs parents [1]. »

Distribution géographique. — Cette Perruche habite le sud de l'Australie, mais, après la saison des nids, elle se porte vers le nord. Elle apparaît dans certaines contrées à époques fixes, comme l'Hirondelle dans nos régions.

Mœurs et habitudes. — Gould rencontra les Mélopsittes dans l'intérieur de l'Australie, où il s'arrêta pour en étudier les mœurs [2]. Il les vit, par bandes de 20 à 100, le long des cours d'eau, où ils viennent s'abreuver dans la journée, ainsi que le matin et le soir.

A certaines heures, ils quittent les gommiers, où ils se tiennent cachés, pour descendre dans la plaine à la recher-

---

[1] Brehm, *Les Oiseaux*, t. I, p. 63.
[2] Gould, *The Birds of Australia*.

che de leur nourriture, qui consiste en semences de graminées de toute sorte. Aussi recherchent-ils les prairies qui leur fournissent une alimentation variée.

Le vol de ces Ondulés est rapide, et, au moment du départ, ils font entendre des cris bruyants. A terre, leur marche est pleine d'aisance. Ils nichent en société, les uns, dans les fentes ou le creux des arbres à gomme, les autres, dans des trous qu'ils se font eux-mêmes, à l'aide de leur bec, dans des troncs pourris. Au mois de décembre, époque du printemps australien, chaque nid contient de 4 à 8 œufs, quelquefois jusqu'à 12. Vers le mois de janvier, les petits, déjà assez forts pour se suffire, se réunissent aux vieux dépareillés et errent ensemble. D'après des observations certaines, les Melopsittes font deux à trois couvées par an.

Captivité. — Partout aujourd'hui on fait l'élevage en grand de la Perruche ondulée. Beaucoup de celles qu'on voit sur les marchés proviennent des reproductions des jardins zoologiques ou des volières d'amateurs. Cet oiseau mérite les soins dont il est l'objet. Il est gracieux dans ses mouvements, dans son vol, comme dans sa marche. Vif et bruyant, il n'est jamais désagréable, si ce n'est au moment des amours. A cette époque, il taquine les petits oiseaux, défait les nids, en disperse les matériaux, détruit les couvées, pénètre dans les boulins, d'où il chasse les propriétaires, et cause toute espèce de dégâts. Il est donc prudent de l'exclure de la société des Passereaux de petite taille, à moins que la volière ne soit très spacieuse. Son babillage, assez semblable au gazouillement de l'Hirondelle, n'est pas sans agrément. Il arrive à imiter le chant du Serin et d'autres oiseaux.

Il peut être rangé dans la catégorie des oiseaux inséparables ; car, en dehors de la saison des amours, au milieu des bandes les plus nombreuses, le mâle et la femelle restent étroitement unis. La mort de l'un entraîne souvent celle de l'autre. Il est donc prudent de remplacer le défunt par un individu de même sexe, ou tout au moins de même espèce.

En cage, il fait deux ou trois couvées de 4 à 8 œufs chacune. Une bûche creuse, naturelle ou artificielle, est la meilleure des installations. On peut faire reproduire les couples isolément ou en société ; mais, dans ce dernier cas, il faut avoir le soin de veiller à ce qu'il y ait autant de femelles que de mâles et de retirer les trouble-paix, qui sont généralement de vieilles femelles ; rarement le désordre est causé par les mâles. Tout en nourrissant leur compagne, il arrive souvent de les voir consacrer leurs soins aux jeunes. Les Perruches importées nichent de novembre à février ; les Mélopsittes nés en Europe s'accouplent au printemps. Un mâle vigoureux peut suffire à deux ou trois femelles ; mais il ne s'occupe que de celle qu'il a choisie et de ses petits ; ajoutons que rarement, dans ce cas, les femelles vivent en bonne intelligence. L'incubation dure de dix-huit à vingt jours. Les petits quittent le nid à quatre semaines, entrent en couleur vers le deuxième mois, pour revêtir le costume des adultes entre le sixième et le neuvième. Dès qu'ils sont assez forts, il faut les retirer. Autrement ils gêneraient les parents, s'ils recommencent un nouveau nid. A la troisième génération, il sera bon d'infuser un sang nouveau par des mariages avec des exotiques, et de ne pas laisser reproduire les jeunes avant un an. Pour ne point amener l'épuisement des femelles, il importe de retirer les nids après la deuxième ou la troisième ponte.

Elle est plus sensible à l'humidité et aux courants d'air qu'au froid. Elle craint également le trop grand soleil. Une exposition à l'abri du vent du nord, garantie contre les ardeurs trop vives du soleil, lui donnera ce qu'elle réclame, c'est-à-dire de la lumière et de l'air.

Le fait suivant, qui s'est passé en Belgique, en 1861, prouve que ce charmant Mélopsitte supporterait probablement très bien, en liberté, les hivers de nos régions méridionales. Un couple renfermé dans une volière, au milieu d'un parc, s'échappa. Longtemps on ne sut ce qu'il était devenu, lorsqu'en automne, le propriétaire rencontra dans un champ d'avoine toute une volée de dix à douze Ondulés. C'était le couple qui avait niché et s'était reproduit. On les prit, les uns après les autres, en les attirant avec de la nourriture.

Nourriture. — Un excellent régime pour ces gracieux australiens est un composé de millet blanc et de Bordeaux, d'alpiste, d'avoine et de chènevis, ces deux dernières graines en faible proportion, et, comme complément, de la salade, des feuilles de choux, du seneçon ou du mouron. Ils sont friands de l'échaudé et du biscuit. Lorsqu'ils nichent, on leur procure des œufs de fourmis.

5. **Le Callopsitte.** — PSITTACUS NOVÆ HOLLANDIÆ (fig. 40).
— *Caractères.* — Cette Perruche, que les naturalistes appellent *Callopsitte* ou *Nymphique*, porte une huppe comme les Cacatoès. Elle a le front, les joues, le menton et le haut de la gorge d'un jaune vif. La région des oreilles est marquée d'une tache rouge orange. Le dos est gris cendré ; le croupion et les couvertures supérieures de la queue sont de nuance plus claire ; les ailes brun foncé avec les couvertures supérieures blanches ; les rectrices médianes gris clair. L'iris est brun ; le cercle de l'œil gris ; le bec couleur de plomb ; les pieds gris avec les ongles noirs.

La femelle diffère du mâle par le ton olive des joues, de la huppe, par la nuance grise de la gorge, du ventre et des couvertures supérieures de la queue. Tout le reste du plumage est jaune, finement rayé de brun, à l'exception des barbes externes des premières rémiges, qui sont entièrement jaunes.

Distribution géographique. — Ce Psittacidé habite une grande partie de l'Australie, mais particulièrement les vastes plaines de l'intérieur.

Mœurs et habitudes. — Au mois de septembre, il forme des bandes innombrables, pour aller se reproduire dans certaines régions, d'où il revient en février et mars. Il niche dans les fentes des gommiers, toujours dans le voisinage de l'eau, où il vient s'abreuver. C'est là que les habitants, qui le regardent comme un excellent gibier, en prennent au filet des quantités considérables, en même temps qu'ils tirent du nid un nombre de petits non moins grand.

Doux de caractère, il se laisse facilement effrayer. La peur lui fait alors abandonner ses œufs ou ses petits. Sur le sol, il marche avec rapidité, en faisant, comme le pigeon, des mouvements de tête. Il grimpe aux arbres assez gauchement. Autant dans une chambre étroite son vol est lourd, autant il est rapide et gracieux en pleine liberté.

Nourriture. — Il se nourrit de graines de graminées.

Captivité. — En volière, il se montre inoffensif; il fuit devant les perroquets les plus petits; en cage, il paraît gauche et craintif. Il passe, en Australie, pour susceptible d'éducation et doué du don de parler; mais, pour cela, il doit être pris au nid ou tout au moins très jeune. Dans ces conditions, il devient très privé, apprend quelques mots, qu'il prononce avec un timbre de voix d'enfant et retient également des airs.

Il se reproduit avec facilité. Il entre en amour en automne et niche de septembre à fin février. Lorsqu'il est acclimaté, il adopte nos saisons. La ponte varie de 4 à 7 œufs, rarement moins, et quelquefois de 9 à 11. L'incubation dure vingt et un jours environ. Particularité, qui n'existe pas dans les autres espèces, que je sache, du moins, le mâle couve durant le jour et la femelle pendant la nuit. L'éducation des jeunes demande sept semaines, après quoi, les parents recommencent un nouveau nid, souvent un troisième.

Il résiste assez bien aux influences climatériques. Il résulte, d'expériences faites, que, non seulement il passe l'hiver dans une pièce non chauffée, mais qu'il supporte encore le froid en plein air. Il a donc toutes les qualités voulues pour s'acclimater dans nos régions, tentative qu'il serait intéressant d'essayer. Il réclame, en captivité, les mêmes soins et le même régime que la Perruche ondulée.

Fig. 40. — Le Callopsitte.

6. La Perruche inséparable. — PSITTACUS PULLARIUS. — *Caractères.* — Cette petite Perruche porte également, dans le commerce, le nom de *Moineau de Guinée*. Elle a le bec rouge; l'iris brun; le front, les joues, la gorge et le haut de la poitrine rouge, tirant sur l'orangé; le croupion bleu ainsi que le bord des ailes; la queue variée de trois bandes, brune, rouge et verte; tout le reste du plumage est vert. Avec l'âge le cercle de l'œil devient bleu foncé. Les pieds du mâle sont bleuâtres sur la surface de la main, et de nuance chair chez la femelle. Les couleurs de cette dernière sont également plus ternes.

Distribution géographique. — Son aire de dispersion s'étend de la côte de Guinée au royaume d'Angola. Suivant Heuglin, on la rencontre également fort avant vers l'est, de même que dans l'intérieur de l'Afrique. Elle n'est pas rare non plus aux environs de Saint-Thomas.

Mœurs et habitudes. — Aucun voyageur ne parle de ses mœurs et de ses habitudes. Si l'on s'en rapporte aux nombreux sujets que les oiseleurs expédient en Europe, elle doit être commune dans les contrées qu'elle habite, et vivre par bandes, ou tout au moins à certaines époques.

Captivité. — A son arrivée, cette perruche se montre délicate et triste. Elle est sensible aux variations de la température et à l'humidité en particulier; mais avec une bonne nourriture, des soins et de la chaleur, elle s'acclimate bien. Prise vieille, il lui reste toujours de la sauvagerie et de la défiance. Capturée jeune, elle s'apprivoise promptement et devient vite familière.

Le mâle et la femelle se témoignent un vif attachement. En cas de mort de l'un d'eux, celui qui survit ne tarde pas à succomber de chagrin ou d'ennui, si l'on n'a soin de remplacer le sexe, ou tout au moins l'espèce.

D'humeur paisible, ces oiseaux ne montrent guère d'irritation que contre un autre couple de leurs semblables ou les Perruches ondulées. Il est prudent de ne les associer à aucune espèce de petits oiseaux, si ce n'est dans une volière spacieuse, où ils ne s'inquiètent alors ni des uns, ni des autres.

La reproduction des Inséparables n'est plus aujourd'hui un fait isolé. On met dans leur cage un de ces troncs creux appelés bûches à Perruches, et, sur un lit fait d'herbes sèches et de plumes, la femelle dépose de 3 à 5 œufs qu'elle couve seule, durant vingt et un jours ; pendant ce temps, le mâle pourvoit à sa nourriture.

Nourriture. — Leur régime est des plus simples : chènevis, alpiste et graines de soleil, feuilles de salade et de choux. Cette Perruche aime également l'échaudé et le biscuit. Si l'on veut les régaler, c'est de leur faire une pâtée de pain, d'amandes et de chènevis, le tout moulu ensemble.

7. La Perruche à tête grise. — PSITTACUS CANUS. — *Caractères.* — Jusqu'en 1872, cette Perruche était fort rare ; mais aujourd'hui on la voit, toute l'année, chez les marchands d'oiseaux. Outre la dénomination de *Perruche à tête grise*, on la désigne encore sous le nom de *Perruche de Madagascar*, son pays d'origine.

Ce charmant oiseau a la tête, le cou, la poitrine, d'un gris clair tirant un peu sur le lilas ; le dos vert pré, plus pâle sur le croupion ; les grandes pennes des ailes brunes sur le côté intérieur et vert foncé sur la partie extérieure ; la queue verte avec une bande transversale noire ; l'iris brun ; le bec, les pieds blanchâtres, avec les ongles noirâtres. Le plumage de la femelle ressemble à celui du mâle, à l'exception de la tête, du cou et de la poitrine, qui sont verts.

Distribution géographique. — Cette Perruche n'est point spéciale à l'île de Madagascar : on la rencontre également dans toutes les îles avoisinantes.

Captivité. — Comme la précédente, elle se reproduit en volière. La ponte est de 3 à 8 œufs. La femelle couve seule. Durant les dix-neuf à vingt jours que dure l'incubation, le mâle pourvoit à sa nourriture. A quatre semaines les petits quittent le nid, et, pendant quinze jours encore, les parents leur continuent leurs soins; mais à partir de ce moment, il faut les retirer et laisser le père et la mère recommencer une nouvelle couvée, suivie quelquefois d'une troisième.

Dans son costume de premier âge, le jeune mâle ressemble au père et la femelle à sa mère.

Querelleuse et taquine avec les oiseaux forts, dans une cage étroite, elle saisit les plus faibles par les pattes et les tue. En volière, elle s'habitue à la vie commune; mais elle ne se familiarise jamais.

L'Inséparable de Madagascar n'est point délicat. Il est sensible à l'humidité plutôt qu'au froid, car il passe très bien l'hiver dans une pièce où la température ne descend pas au-dessous de 6 à 7 degrés au-dessus de zéro.

Nourriture. — Millet en grain et en branches, avoine, chènevis, chicorée, laitue, cresson, mâche, mouron, séneçon varieront agréablement la nourriture de cette Perruche, que complètera de l'échaudé ou du biscuit au moment de l'éducation.

8. La Perruche érythroptère. — Psittacus erythropterus. — *Caractères.* — Elle est une de ces nombreuses Perruches au brillant plumage que nous envoie l'Australie. Elle a la tête, la nuque et les parties avoisinantes d'un beau vert pré; le dos et les épaules noirs, le milieu du dos bleu foncé et le croupion bleu clair; les ailes vertes, coupées par une large bande rouge; la queue verte, nuancée de jaune à son extrémité; tout le dessous du corps vert pré; le bec et l'iris rouges; les ongles noirs. Les couleurs de la femelle sont plus ternes; le dos est plus foncé, le milieu du dos bleu clair, le croupion de nuance bleue tirant sur le vert. Le rouge des ailes est également moins étendu.

Distribution géographique. — Toute l'Australie et les îles voisines forment le périmètre de son habitat.

Nourriture. — Millet, alpiste, chènevis, amandes douces concassées, graines de soleil, échaudé, baies de fleurs, laitue et mouron, punaises des bois et autres insectes de ce genre, constituent un régime aussi sain que varié. A l'époque des nids, il convient d'ajouter à cet ordinaire des larves de fourmis et des vers de farine.

Captivité. — C'est un charmant oiseau, quoiqu'un peu lourd ; il est robuste et supporte le froid sans danger.

S'est reproduit pour la première fois en Allemagne, en 1878, chez M. Siebold, à Munich. Le même couple fit, en 1881, deux pontes, l'une en janvier, l'autre en avril. Vers cette époque, des amateurs français, M. le marquis de Brisay et M. Delaurier ne furent pas moins heureux. De son côté, M. le baron de Cornély, à Beau-Séjour, près de Tours, vit ses Érythroptères nicher avec succès, et chaque année, jusqu'en 1883, renouveler leurs couvées.

La ponte est de 2 à 4 œufs. La femelle couve seule pendant vingt-quatre jours. A l'éclosion des petits, le mâle l'aide dans les fatigues de l'éducation. Ces derniers restent au nid trente-neuf jours.

9. **La Perruche d'Edwards.** — Psittacus pulchellus. — *Caractères.* — A la beauté du plumage, cette Perruche joint encore la grâce et le charme, qualités qui la font rechercher par les amateurs.

Elle a le dessus du corps vert foncé ; la face inférieure est d'un jaune vif ; le front et les couvertures des ailes bleus ainsi que le bord externe des rémiges, qui sont noires ; l'épaule teinte d'un rouge tirant sur le brun ; les rectrices médianes vertes, celles extérieures jaunes, nuancées de vert et noir à leur naissance, couleurs que prennent leurs voisines vers leur milieu. Le ventre est rouge orange ; le bec brun de corne ; l'iris rouge tirant sur le brun. Les pieds sont gris foncé. Chez la femelle, le bleu du front et des ailes est moins étendu. Le rouge du ventre et de l'épaule font défaut.

Distribution géographique. — On la trouve dans la Nouvelle-Galles du Sud et dans le Nord de l'Australie.

Captivité. — Elle s'est reproduite en 1861, au Jardin

d'Anvers, et depuis dans de nombreuses volières. Jusqu'à ce qu'elle se soit bien apprivoisée et familiarisée, elle se montre timide. Elle aime le crépuscule. Durant le jour, elle reste paisible; mais vers le soir elle s'anime, et, à l'époque des amours surtout, elle devient vive et agitée et déploie toutes ses grâces. L'Edwards niche en avril ou en mai et rarement en septembre. La ponte est de 4 à 6 œufs; l'incubation dure de vingt à vingt-deux jours. La femelle couve seule, nourrie par le mâle. A l'éclosion des petits, l'un et l'autre se partagent les soins de l'éducation. Le plumage des jeunes se rapproche de celui de la mère; il est d'un gris jaunâtre sur le dos et grisâtre en dessous. Au sortir du nid, les mâles se distinguent déjà par la tache violet foncé de l'épaule; mais ce n'est que dans le neuvième mois que les Edwards sont en pleine couleur, à l'exception du rouge sur le ventre qui n'apparaît qu'à la troisième année. Dès lors, ils sont aptes à s'apparier, bien que quelques paires commencent à s'unir à la deuxième année.

A son arrivée, cette Perruche a besoin de grands soins. Elle demande à être mise à part dans une petite cage, tenue chaudement, et n'être lâchée en volière qu'après être complètement habituée.

Nourriture. — De l'alpiste, du millet en grain et en branches, du chènevis, des graines de soleil et de l'échaudé constitueront sa nourriture. A l'époque des nids, on ajoutera des œufs de fourmis et des vers de farine.

10. La Perruche discolore. — PSITTACUS DISCOLOR. — *Caractères.* — Les Discolores se distinguent des Loris par la douceur et l'harmonie des couleurs, de même que par certains caractères particuliers, comme la largeur du bec, la dimension de la membrane qui enveloppe le bec et par les plumes de la queue, terminées en pointe. Leur plumage ne le cède en rien, par la diversité des couleurs, à celui de leurs congénères les mieux favorisés. Il est charmant. Front, menton et gorge rouge écarlate; devant de la tête bleu;

joues et côtés du cou vert bleu; dessus du corps vert d'herbe, dessous de même nuance, tirant sur le jaune; ailes bleu foncé sur leur côté extérieur avec bordure jaune; plumes du pouce rouges, zébrées de noir; face inférieure de la poitrine et du ventre verte, pointillée de rouge; poitrine et flancs rouge vif; sous-caudales rouges ainsi que les rectrices, avec extrémité bleu foncé; œil jaune tirant sur le rouge; bec jaune cire et pieds jaunâtres. La femelle porte les mêmes couleurs, mais plus ternes.

Distribution géographique. — Il habite l'Australie méridionale. On le trouve également à la Nouvelle-Galles du Sud et en Tasmanie.

Nourriture. — A l'état libre, il vit d'insectes, de plantes et de fleurs.

Captivité. — Dans les mois de printemps, depuis 1879, on en voit quelques paires, chaque année, chez les principaux marchands; mais c'est encore une Perruche rare.

Une fois faite aux graines, elle se montre assez robuste. En volière, elle est gracieuse, vive et de bonne composition avec ses compagnons de captivité. Ses cris ne sont point assourdissants comme ceux du Lori. Elle grimpe plus souvent qu'elle ne vole.

Le Discolore s'est reproduit en France, chez M. le marquis de Brisay.

Mêmes soins et nourriture que pour l'Edwards.

11. La Perruche du Paradis. — PSITTACUS PULCHERRIMUS. — *Caractères.* — Le Paradis mâle est orné d'un large bandeau rouge sur le front. Il a le sommet de la tête roussâtre, la région des oreilles, les joues et les côtés du cou d'un bleu tirant sur le vert; les lorums et le voisinage de l'œil jaune paille; le manteau d'un gris brun cendré; les remiges brunâtres, bordées de clair; la face externe des plumes de l'aile rouge; le bord des couvertures inférieures bleu foncé; le croupion bleu; les couvertures supérieures de la queue vert bleu; les rectrices gris vert coupées de bandes noires. Un vert pré brillant lustre la gorge, le haut de la poitrine ; les flancs jusqu'aux parties postérieures sont bleus ; le ventre, la face inférieure, la région des cuisses et les sous-caudales rouges ondés de blanc ; le bec bleuâtre, noir à la naissance des mandibules ; les pieds grisâtres. Les mêmes nuances se rencontrent à peu de chose près, chez la femelle. La bande du front est vert bleuâtre ; le dessus de la tête brun tirant sur le noir ; les lorums et côtés de la tête vert jaunâtre nuancés de gris, chaque plume étant bordée de brun ; les plumes des ailes rouge foncé, quelques-unes jaunes entièrement ou lustrées de jaune avec bords bleu pâle; la gorge, le cou et la poitrine jaune vert avec des colorations brunes ; le dessous du ventre blanc, piqué de rouge.

Distribution géographique. — Elle habite les mêmes contrées que le Discolore, c'est-à-dire la Nouvelle-Galles du Sud, le comté d'Irlande et les plaines de Darling.

Captivité. — Cette perruche est rare et d'un prix élevé, en même temps que d'un tempérament délicat. Elle s'est reproduite à Vienne, en 1880, dans les volières du prince Ferdinand de Saxe-Cobourg-Gotha, et depuis, en 1882, chez Mme la duchesse de Croy au château de Rœulx (Belgique). Elle exige beaucoup de soins ; ses maladies les plus fréquentes sont l'inflammation d'intestins, l'apoplexie et le transport au cerveau. Cependant, comme nous venons de le voir, avec un régime intelligent, on arrive à l'acclimater et à la faire nicher.

Nourriture. — On la traitera donc de la même manière que le Discolore.

12. Le Paléornis ou Perruche Alexandre. — PSITTACUS TORQUATUS (fig. 41). — *Caractères*. — Très anciennement connu sous le nom de Perruche Alexandre, le Paléornis a été décrit par tous les naturalistes, depuis Pline jusqu'aux écrivains de nos jours. Avant lui, Aristote en avait déjà parlé.

Cette jolie espèce n'est pas plus grande que la Grive musicienne, bien que mesurant de 38 à 41 centimètres ; mais la

FIG. 41. — Le Paléornis à collier.

queue à elle seule en compte les deux tiers. Ses couleurs sont douces. Elle a le front, le sommet de la tête et les côtés du cou vert pré ; le derrière de la tête et la nuque bleu lilas. Un demi collier rose entoure le cou et vient se rattacher à la bande noire qui enveloppe la gorge. Le dos et la poitrine sont vert olive ; le même ton tirant sur le jaune agrémente la partie inférieure du corps et les couvertures supérieures de la queue. Sur les ailes règne une nuance plus foncée. La queue est cunéiforme, mêlée de vert et de bleu marine ; le bec cramoisi.

Chez la femelle, le noir de la gorge a moins d'étendue ; mais le signe le plus caractéristique est l'absence du collier rose.

Distribution géographique. — Les tables ornithologiques de l'Afrique et de l'Asie comptent le Paléornis au nombre de leurs oiseaux. En Afrique, son aire de dispersion s'étend du Sénégal à l'Abyssinie ; mais il habite plus particulièrement les immenses forêts vierges qui couvrent le centre de ce continent, où ses cris perçants dominent tous les autres bruits.

Introduite dans la partie méridionale du Cap cette Perruche s'y est acclimatée. Elle est commune aux Indes ainsi que dans l'île de Ceylan, où elle pénètre jusqu'au centre des grandes villes, causant aux jardins des dégâts considérables.

Mœurs et habitudes. — Dans les bois clair-semés de la côte occidentale, le Paléornis recherche ceux dont les arbres sont les plus verts et les plus touffus, afin d'y trouver un refuge et un abri. Au lever du soleil, on entend de tous côtés les cris étourdissants des bandes qui partent à la recherche de leur nourriture.

Vers le milieu du jour, elles se rendent à l'abreuvoir. C'est le moment de la sieste et des jacasseries. Malgré le bruit qui décèle leur présence, le voyageur a beaucoup de peine à les découvrir, tant le vert de leur plumage se confond avec le ton du feuillage. Du reste, au moindre son insolite, ou à la vue d'un objet suspect toutes les voix se taisent, le silence le plus complet s'établit, et, un à un, les Paléornis quittent l'arbre. Bientôt on entend au loin des cris bruyants de satisfaction d'avoir échappé au danger. L'époque des pluies est la saison des amours.

Nourriture. — Leur nourriture consiste en graines, en petits fruits sauvages et dans ceux du jujubier. La destruction par cet oiseau des nids de fourmis, dont Brehm a été témoin, ainsi que le plaisir qu'il éprouve à manger de la viande portent ce naturaliste à croire que les Perruches Alexandre font également entrer les insectes dans leur régime.

Captivité. — La gentillesse de cette Perruche et sa facilité à parler la font rechercher comme oiseau d'appartement; mais cet avantage est en partie détruit par les cris aigus et assourdissants qu'elle pousse fréquemment. En captivité, elle se montre insociable avec toutes les autres Perruches, même avec celles de son espèce, à moins qu'elle n'habite une volière spacieuse. Encore, Brehm raconte-t-il qu'il ne fut pas heureux avec dix-huit Paléornis qu'il avait lâchés dans une grande chambre. Les plus forts se jetèrent sur les plus faibles et tous s'entretuèrent en se mangeant mutuellement la cervelle.

Ces oiseaux se reproduisent en volière. La famille couve seule. Le mâle pourvoit à sa nourriture et prend part à l'éducation des petits. L'un et l'autre défendent avec courage l'approche de leur nid, même contre la personne qui les soigne. Les jeunes ne prennent leur essor qu'à six semaines et reçoivent longtemps encore, après la sortie du nid, les soins de leurs parents.

Maïs ramolli dans l'eau, chènevis, amandes, noix, noisettes et fruits doivent varier le régime du Paléornis.

LES COLOMBIDÉS. — Columbidæ.

Caractères. — « L'amateur qui peuple une volière, dit le docteur Russ, apprend par expérience combien sont peu agréables les Colombidés au début. Leur frayeur exagérée, l'affolement qui en est la conséquence, joints à l'insociabilité et au tempérament délicat d'un certain nombre, les rendent antipathiques au point que la première idée qui se présente est de se défaire au plus vite de ces trouble-paix, perdant ainsi l'occasion de les juger plus sainement. Mais quand on a la patience de supporter ces désagréments pendant quatre à six mois, on en est simplement dédommagé. A peine ont-elles recouvré leur hardiesse qu'elles deviennent ravissantes. Leur beauté apparaît alors dans tout son charme. Beaucoup même se mettent à nicher, soit dans des paniers, soit en plein air dans un buisson de la volière [1]. »

Distribution géographique. — Les Colombidés sont répandus sur toute la surface du globe. Le nombre des espèces actuellement connues s'élève à plus de 200.

Mœurs, habitudes et régime. — La plupart habitent les forêts, certaines espèces les steppes ou les rochers. Dans le nord, ils sont oiseaux de passage, dans le sud sédentaires ou simplement erratiques. Les premiers vivent par petites troupes et se réunissent, à l'époque des migrations, à des bandes plus nombreuses ; les seconds vont toujours par volées considérables. Beaucoup nichent en société. Les unions généralement n'ont de terme que la mort de l'un des époux. Leurs mouvements sont gracieux et vifs; leur vol est rapide et de longue haleine. Les uns trottinent en remuant la tête, les autres courent comme les Gallinacés; d'autres, au contraire sont lourds à terre. Ils établissent leurs nids sur les arbres,

---

[1] Russ, *Handbuch fur Vögelliebhaber, Züchter*, Hannover. *Monographie des oiseaux de chambre exotiques*, extrait du *Manuel des Amateurs, des Éleveurs*, t. I, 1886.

dans les fentes des rochers ou dans des creux d'arbres et rarement à terre. La construction en est faite de petites branches et de bûches négligemment assemblées et sans solidité. L'incubation dure quatorze à vingt jours ; le couple se relaie. Généralement un second nid, souvent un troisième succède à une première couvée. Les petits sont nourris, les premiers jours, par le père et la mère, de chyle qu'ils tirent de leur estomac, de vers ou d'insectes de ce genre, plus tard, de graines ramollies dans leur jabot. La plupart des espèces vivent de graines, quelques-unes y ajoutent de la verdure des baies et des insectes. Les Colombes font une grande consommation d'eau. Leur chant n'a rien d'agréable : les unes roucoulent, d'autres crient et un certain nombre font entendre des cris retentissants et sonores.

Le nombre des Colombidés étrangers qui peuplent les volières est encore fort restreint. Parmi ces espèces on remarque : *la Tourterelle moineau, la Colombe cannelle, la Tourterelle écaillée, la Colombe grivelée, la Colombe verte, la Tourterelle zébrée, la Tourterelle à cravate noire, la Colombe poignarde.*

1. La Tourterelle moineau. — CHAMŒPELIA PASSERINA. —

Caractères. — Cette Colombe, une des plus petites et des plus charmantes de l'espèce, a la tête gris bleuâtre ; les parties supérieures du corps gris foncé mêlé de roux ; les ailes tachetées de brun avec des reflets métalliques ; les rémiges brunes intérieurement et noirâtres extérieurement ; les rectrices noires, frangées de blanc ; la face blanchâtre ; le front et les côtés inférieurs du cou blancs, teintés de rouge ; le ventre et les parties inférieures blancs ; le bec couleur chair, noir à son extrémité ; l'iris améthiste ; les pieds gris clair.

La femelle est plus grise et plus terne. La robe des jeunes ressemble à celle de la mère.

La taille de cette Tourterelle est celle de l'Alouette.

Distribution géographique. — Elle habite le sud de

l'Amérique ; on la rencontre également dans le nord ainsi que dans les îles des Indes Occidentales. Elle est sédentaire dans le nord et oiseau de passage dans les contrées méridionales.

Captivité. — En captivité, elle se montre vive, remuante et très agressive envers les autres espèces, même les plus grosses. A part ce sentiment de jalousie, elle est d'humeur douce. En arrivant, si l'on n'y prend garde, elle se tue contre les parois de la volière, tellement elle est sauvage ; mais, une fois habituée, rien n'égale sa gentillesse et sa grâce.

Elle se reproduit en cage. Elle se contente d'un panier d'osier dans lequel elle traîne quelques brins d'herbe.

L'onomatopée *heho,* suivie d'un *vub... vub.* . répété, rend à peu près son chant.

Nourriture. — Au millet, à la navette, à l'alpiste et au chènevis, qui constituent sa nourriture, il y a lieu d'ajouter, de temps à autre, et particulièrement au temps des nids, des vers de farine et des larves de fourmis.

Le fond de la cage ou de la volière doit être garni d'un lit de sable.

2. La Colombe à couleur cannelle. — COLUMBA TALPACATI. — *Caractères*. — Elle est un peu plus forte que la Tourterelle moineau. Son plumage a quelque ressemblance avec celui de sa congénère ; toutefois, les ailes sont coupées par une bande noire. Les plumes externes de la queue sont noires, mouchetées de points bruns. L'iris est jaune orange ; le bec couleur de corne et la membrane qui l'enveloppe de nuance chair.

La femelle est plus grise ; les petits lui ressemblent.

Distribution géographique. — Cette Colombe vient également de l'Amérique du Sud. On la trouve au Brésil ; mais elle y est peu commune.

Captivité. — L'espèce s'est reproduite en Allemagne. Dans les ouvrages spéciaux, je n'ai rencontré aucun cas semblable en France.

Nourriture. — Mêmes soins, même nourriture que pour la Tourterelle moineau.

3. La Tourterelle écaillée. — COLUMBA SQUAMOSA.

Caractères. — Le plumage de la Tourterelle écaillée est brun sur le dos ; les plumes, sur les côtés, sont blanches à leur naissance et bordées de noir ; le dessin de la tête et du cou est particulièrement fin. Elle a le bas du dos ondulé de lignes blanches et noires. Une bande blanche égaye les rémiges ; les plumes de la queue sont mouchetées de points blancs. Une jolie couleur rose lustre le cou et la poitrine. Le bec est noir ; l'œil brun clair ; les pieds roses.

Sa taille est un peu plus forte que celle de la Tourterelle cannelle.

Distribution géographique. — Cette espèce appartient, comme la précédente, à l'Amérique.

Captivité. — Elle est vive et charmante, mais longue à se familiariser.

Dans le courant d'avril, époque de la saison des amours, le mâle, matin et soir, fait entendre des accents sonores. A sa voix, la femelle se pose sur un arbuste ou sur le sol de la volière, et, la tête penchée en avant, la queue étalée, roucoule tout bas. Le mâle traîne alors, dans le panier mis à leur disposition, de petites bûchettes, des brins d'herbe, du fil et des bouts de papier, avec lesquels sa compagne se compose un nid.

Nourriture. — Régime et soins de la Tourterelle-moineau.

4. La Colombe grivelée. — COLUMBA PICATA.

Caractères. — Elle rappelle, par les taches noires de son plumage, l'aspect de la Grive, ce qui lui a valu le nom de *Colombe grivelée.*

Le ton général de la robe est gris ; mais elle a le dessus de la tête, la gorge et les parties voisines blanches ; la poitrine nuancée de gris ; les régions subulaires et les flancs tachetés de noir ; les plumes de la queue mouchetées de blanc ; les sous-caudales brunes, plus claires à leur extrémité ; le bec rouge, noir vers la pointe ; les pieds rouges.

Distribution géographique. — Elle est originaire de l'Australie.

Captivité. — C'est une des plus belles espèces de cette contrée.

Elle s'est reproduite plusieurs fois au Jardin zoologique de Londres et en France chez quelques amateurs.

Nourriture. — Son régime est celui de la Tourterelle moineau.

5. **La Colombe verte d'Australie.** — CHALCOPHAPS CHRYSCHLORA. — *Caractères*. — Le colombidé est fort rare. On ne le voit guère que dans les jardins zoologiques. C'est un bel oiseau, qui a la tête, le cou et les côtés du cou d'un rouge brun, semé de gris ; la gorge plus claire ; le ventre grisâtre ; les ailes et une partie du dos vert bronzé ; les scapulaires blancs ; le croupion coupé par deux lignes transversales blanches et une noire. Les rectrices sont brun noirâtre ; les externes cendrées et noires à leur extrémité ; le bec gris, rouge à la pointe ; et les pieds de couleur gris violet.

La femelle ressemble au mâle ; elle n'en diffère que par la nuque et le derrière de la tête, qui sont gris.

Nourriture. — Son régime est celui de la Tourterelle-moineau.

6. **La Tourterelle zébrée.** — GEOPELIA STRIATA. — *Caractères*. — Front, côtés du cou, gorge gris cendré ; dessus du corps brun foncé ; plumes externes de la queue noires, terminées de blanc ; régions alaires rousses, mouchetées de noir ; poitrine rougeâtre ; parties inférieures grises, tirant sur le blanc ; tête, à l'exception du front, gorge et queue mouchetées ; bec et pieds gris bleu ; œil brun. Telle est la physionomie du mâle. La femelle ne diffère de lui que par la taille, qui est plus petite, et son plumage, qui est plus terne.

Distribution géographique. — On trouve cette Colombe dans les îles de la Sonde et aux Moluques.

Captivité. — A Java, c'est une croyance populaire qu'elle protège de tout maléfice, par le charme de sa voix, la maison qu'elle habite. Aussi est-elle fort recherchée et la voit-on souvent en cage. C'est particulièrement dans l'obscurité qu'elle fait entendre son chant, qui n'a rien de la mélodie que lui prêtent les indigènes.

En cage, elle se montre plus douce que les autres espèces. Elle est sensible au froid.

Un grand nombre d'amateurs l'a fait reproduire. Les jeunes ressemblent à la mère.

Nourriture. — Cette Colombe exige les mêmes soins et la même nourriture que la Tourterelle moineau.

7. La Tourterelle à cravate noire. — Columba capensis. — *Caractères.* — A la grâce, à la douceur de caractère, elle joint encore la familiarité. Sa taille ne s'éloigne guère de celle de la Tourterelle moineau ; elle est, toutefois, un peu plus forte. Elle a toute la partie supérieure du corps gris foncé ; le front, les joues jusqu'à l'œil, la gorge, le cou, et le haut de la poitrine noir foncé ; la tête, le cou, les côtés de la poitrine ainsi que les couvertures des ailes gris cendré ; les ailes rousses, semées de points noirs et gris à reflets métalliques ; la partie inférieure du dos ondulée de lignes grises et noires ; le bec rouge orange et noir à la pointe ; l'œil noir et les pieds rouges.

Les couleurs de la femelle sont plus ternes. Le noir du cou est remplacé, chez elle, par une nuance brune, le bec est couleur de corne.

Les petits, sur le dos, sont gris blanc, zébrés de jaune et de noir. Ils ont la tête, le cou et la poitrine ondulés de brun.

Distribution géographique. — A l'exception des régions septentrionales, l'aire de dispersion de cette Colombe s'étend à presque toute l'Afrique.

Captivité. — En captivité, elle se montre peu remuante. Pendant une partie de la journée, elle demeure perchée et ne descend à terre qu'à certaines heures pour manger. Elle niche de juin au mois d'août. A ce moment, le mâle, la queue étalée, la gorge enflée, fait entendre de fréquents roucoulements. La ponte a lieu dans un nid construit par le couple, dans un buisson de la volière, et rarement dans un panier, circonstance qui amène, la plupart du temps, la perte des couvées par suite de la fragilité de l'édifice.

Nourriture. — Les soins et la nourriture de la Tourterelle moineau sont ceux de cette Colombe.

8. La Colombe poignardée. — PHLOGŒNAS FLUENTATA.

Caractères. — Le beau ton violet qui règne sur le dessus du corps paraît vert sous certains angles de lumière. Le dos est de nuance semblable, mais plus terne; le front gris clair, les petites couvertures des ailes sont grises; les grandes brunes, tirant sur le rouge et terminées de gris; les rémiges gris brun foncé, teintées de rouge brun extérieurement et de même couleur intérieurement; les rectrices médianes gris brun; les externes grises avec des bandes noires. Le jabot attire l'attention par une large tache rouge présentant tout à fait l'aspect d'une blessure. On dirait que l'oiseau a reçu un coup d'où le sang s'échappe noir autour de la plaie et se décolore en se répandant sur les plumes avoisinantes. Le bec est noirâtre, l'iris rouge brun et les pieds de même nuance.

Distribution géographique. — Elle habite les îles Philippines.

Captivité. — Cette colombe se reproduit assez facilement en volière. Parmi les amateurs qui ont réussi dans l'élevage de ces oiseaux, aussi charmants que rares, il faut citer M. le baron de Cornély, à Beaujardin, près de Tours.

Nourriture. — Toutes sortes de petites graines : millet, alpiste, navette, chènevis, froment, auxquels on ajoute, surtout à l'époque de l'éducation, des œufs de fourmis et des vers de farine composent sa nourriture.

Cette espèce n'est pas trop sensible au froid, pourvu qu'il ne dépasse pas quelques degrés.

10. Le Cacique Japu — Cassicus cristatus. — *Caractères.* — Le Cacique Japu est un peu plus fort que l'Étourneau et son plumage, d'un beau noir brillant. Il a la partie postérieure du dos, le croupion, les couvertures supérieures et inférieures de la queue, ainsi que les rectrices externes jaune foncé; l'œil bleu; le bec long, pointu et blanc, teinté de jaune; les pieds noirs.

La femelle porte la même livrée; elle se distingue du mâle par la taille, qui est beaucoup plus petite.

Distribution géographique. — Cet oiseau est répandu dans toute la zone arrosée par l'Amazone.

Mœurs et habitudes. — Suivant le prince de Wied [1], il fréquente les grands bois et ne s'approche que des plantations voisines des forêts. Il manque dans les endroits où ces dernières font défaut. C'est un oiseau sociable : au lieu de s'isoler à l'époque des amours, on le voit par bandes de vingt à quarante paires, suspendre son nid aux branches du même arbre.

« Il niche, dit-il, sur des arbres plus ou moins élevés. Son nid, en forme de bourse, a 5 ou 6 pouces de diamètre, et souvent 3 à 4 pieds de long. Il est étroit, arrondi inférieurement et fixé à un rameau de l'épaisseur du doigt environ. Son ouverture est supérieure, allongée et non couverte. La forme de ce nid, la flexibilité des matériaux qui le composent en font le jouet de la plus légère brise. L'oiseau le tisse et le feutre avec des fibres de *Tillandsia* et de *Gravatha*, et il en fait un tout si solide qu'on ne peut le déchirer qu'avec la plus grande peine. »

Nourriture. — Les Caciques sont insectivores et frugi-

---

[1] Maximilian, Prinz von Wied, *Beiträge zur Naturgeschichte von Brasilien*, Weimar.

vores. Au moment de la maturité des fruits, ils s'abattent par centaines sur les arbres fruitiers ; ils pillent les oranges, les bananes, les limons et causent ainsi des dégâts considérables.

Captivité. — Le Japu exige des volières spacieuses. Ses rapports avec ses compagnons de captivité ne sont point empreints de bienveillance.

Comme l'Étourneau, il s'apprivoise vite et devient facilement familier ; mais l'odeur de musc qu'il exhale et la puanteur qui se dégage de ses excréments doit le faire bannir des collections restreintes. Du reste, il est rare sur les marchés, et quand on l'y voit, ce n'est que par paire ou par individu isolé. Il ne paraît pas s'être reproduit en captivité ; mais nul doute qu'un couple mis à part, dans une grande volière plantée d'arbustes, ne s'y déciderait.

Au Jardin d'acclimatation de Paris, il est soumis au même régime que le Troupiale Jamaïcai. Comme lui, il boit du lait avec plaisir.

LES TANAGRIDÉS. — *Tanagridæ.*

Caractères. — Les Tanagridés sont des oiseaux au plumage brillant, vivement coloré, au bec conique, et légèrement recourbé avec la mandibule supérieure échancrée en arrière de la pointe, aux ailes et la queue de moyenne grandeur. La taille varie de la grosseur du Moineau à celle de la Grive musicienne.

Distribution géographique. — Bien qu'on les rencontre un peu partout dans l'étendue du continent américain, leur véritable patrie est la zone tropicale. Dans le Nord, ils ne sont que de passage ; ils y arrivent au printemps pour en repartir en automne. Erratiques dans les contrées méridionales, ils ne s'y livrent qu'à de simples excursions.

Mœurs, habitudes et régime. — Ils vivent dans les forêts, les uns, sur les arbres élevés, les autres, dans les buissons. A part quelques exceptions, la voix fait défaut au plus grand nombre. Ils ne font entendre que des cris rauques et désagréables. A l'époque de la reproduction, ils vivent par paires, et défendent contre les empiètements des autres couples, le canton qu'ils se sont choisi. Lorsque les couvées sont élevées, ils se réunissent en bandes, ou par familles pour errer de côté et d'autre. Ils nichent dans les buissons bas ou sur des arbustes à hauteur d'homme. La ponte varie de 3 à 5 œufs que la femelle couve seule pendant douze jours. Dans les régions chaudes du Mexique et du Brésil, les Tangaras se reproduisent deux fois par an, mais partout ailleurs ils ne font qu'une seule ponte. Le père et la mère se partagent les soins de l'éducation.

En dehors de la mue annuelle, ils revêtent, pour la plupart à l'entrée de l'hiver, un costume généralement vert tirant sur le jaune. De leur côté, les femelles subissent, dans leur plumage, une transformation si complète, qu'il est difficile de les reconnaître, à moins d'être fort expert. Leur nourriture est différente selon les espèces; les uns mangent des graines auxquelles ils ajoutent quelques insectes, et, par circonstance, des fruits ; les autres, sont presque exclusivement frugivores. Les premiers sont robustes, tandis que les seconds fort délicats. Il suffit d'une poire sûre ou d'un fruit acide et pas mûr pour déterminer la mort. Le charme de leurs brillantes couleurs, est détruit en captivité par leur caractère agressif envers leurs semblables et leurs compagnons de volière.

Deux ou trois espèces seulement se sont reproduites en captivité, mais cette particularité prouve qu'avec des soins, un espace convenable et une installation ménagée au goût de l'oiseau, on peut arriver à les faire nicher tous ou pour la plupart.

La famille des Tanagridés est représentée dans les volières par les huit espèces ci-après: *Le Tangara scarlate, le Pyranga, le Pyranga d'été, le Tangara septicolore, le Tangara sexticolore, le Tangara jaune, le Tangara couronné, l'Organiste.*

I. Le Tangara scarlate. — Tanagra brasiliensis. — *Caractères*.

Ce Tangara que les habitants du Brésil appellent Tapiranga ou Tijé a par sa taille et son plumage beaucoup de ressemblance avec le Cardinal de Virginie. Il mesure environ 19 centimètres. A part les ailes et la queue, qui sont d'un beau noir, et d'autant plus brillant que l'oiseau est plus âgé, la robe est d'un rouge écarlate. Cette couleur lui a valu, de la part de quelques naturalistes, le nom de *Scarlate*. Il a l'œil rouge; le bec brun avec la mandibule inférieure blanchâtre. A l'exception d'une partie du dos et de la gorge, qui est brune, la femelle a la face inférieure rougeâtre; les pennes des ailes brunes avec bordures plus claires. L'œil est moins rouge.

Les jeunes mâles portent la livrée de la mère; le ton, toutefois, en est plus foncé; indépendamment de quelques plumes rouges qui apparaissent de bonne heure, le sexe se distingue encore par les couvertures supérieures de la queue qui sont rouges.

Distribution géographique. — Cet oiseau est propre au Brésil. Lors de la maturité des fruits, il fait quelques excursions; c'est ainsi qu'on le voit en Guyane, mais cette apparition est de courte durée.

Mœurs et habitudes. — Aux forêts touffues et sombres, le Scarlate préfère les endroits découverts, les cours d'eau bordés d'arbustes. Il se plaît dans les fourrés de roseaux sur les bords des rivières ou des fleuves au milieu des mimosas. Il est très commun sur toute la côte orientale, au dire du Prince de Wied. Hors le temps des amours, les Scarlates errent par petites troupes à la recherche des baies et des fruits.

On rencontre le nid de ce Tangara à une bifurcation de branches sur des arbres peu élevés. Il est fait de mousse, de brins d'herbes et de racines. La femelle y dépose 2 œufs bleus tachés de brun qu'elle couve durant treize jours.

Nourriture. — La nourriture du Scarlate se compose

de fruits et de quelques graines. Dans les jardins plantés d'orangers et d'arbres fruitiers, il cause des dégâts considérables.

Captivité. — Depuis quelques années ce Tangara se voit assez fréquemment sur les marchés d'Europe. Jusqu'à présent, il s'est montré peu disposé à nicher. On cite cependant plusieurs cas de reproduction, entre autres, celui qui a eu lieu en 1877, chez la princesse de Croy, au château de Nœulx (Belgique). Au *Thiergarten* de Berlin, un couple a fait également une ponte féconde. A l'éclosion des petits, on mit à leur disposition du pain imbibé de lait bouilli, du riz cuit, des œufs durs écrasés, des vers de farine, des larves de fourmis et de la carotte râpée. Avec ce régime la nichée s'est bien élevée. Ces exemples prouvent que la réussite est au prix de soins entendus. Une volière spacieuse, agrémentée d'arbustes paraît être une des premières conditions.

L'acclimatation du Scarlate exige beaucoup de précautions. Il est si frileux que les moindres variations de température l'incommodent. Il est donc indispensable de le garantir contre des changements trop brusques, en le tenant dans une chambre d'oiseaux ou dans une volière vitrée.

Ce Tanagridé se montre d'un caractère acariâtre avec ses compagnons de captivité. Il demande à vivre isolé ou par couple.

Il est d'usage chez les amateurs aussi bien que chez les marchands, de nourrir le Scarlate avec une pâtée faite de pommes de terre cuites et de jaunes d'œufs durs, le tout bien écrasé ensemble; mais ce régime échauffant doit être atténué par les fruits de la saison: cerises, poires, pommes, bananes, oranges, etc.

Au Jardin d'acclimatation de Paris, on traite ce Tangara comme tous les insectivores, c'est-à-dire en lui donnant une pâtée faite de partie de mie de pain blanc mouillée et bien essorée, de chènevis écrasé, et de cœur de bœuf haché menu.

2. **Le Pyranga ou Tangara rouge.** — Tanagra rubra. —

Caractères. — Sa taille est de 18 centimètres. Son plumage ne diffère de celui du Rhamphocèle du Brésil, que par une teinte rouge moins foncée. Les ailes et la queue sont également noires ; seulement au mois d'Août, époque de la mue, il dépose ses belles couleurs, pour revêtir, durant l'hiver, un vêtement vert serin sur le dos et jaune olive sous le ventre, que porte la femelle.

Distribution géographique. — Ce Tangara appartient à l'Amérique septentrionale. A l'automne, il émigre à la Louisiane et jusqu'au Brésil, mais il est commun nulle part.

Mœurs et habitudes. — Il habite les grands bois, où il vit par paires isolées, perché sur la cime des arbres. De temps à autre il fait des incursions dans les jardins et les champs de culture, attiré par les fruits dont il est très friand. Il ne dédaigne pas les graines, notamment les capsules de lin, ce qui lui a valu d'être appelé par les colons du Canada « l'*oiseau de lin* ».

De même que le Scarlate, il place son nid, construit de chaume, de racines et d'herbes fines, sur une branche basse, à une bifurcation. En forêt, c'est au bord des clairières qu'il l'établit ; dans les endroits découverts, il ne craint pas de nicher le long des chemins les plus fréquentés. La ponte varie de 4 à 5 œufs bleus, tachés de rouge, que le couple couve alternativement durant douze jours. Les parents montrent un grand attachement à leurs petits, qui restent avec eux tout le reste du temps.

Nourriture. — A l'état libre il se nourrit, comme son congénère du Brésil, d'insectes, de fruits et de quelques graines.

Captivité. — En captivité, on le traite de la même manière que le précédent, le Rhamphocèle. Il est plus robuste et d'un caractère plus doux avec ses compagnes de volière.

On le voit rarement chez les marchands. Il est donc difficile jusqu'à présent d'être renseigné sur ses dispositions à se reproduire.

3. Le Pyranga d'été. — Tanagra æstiva. — *Caractères.* — Il porte les noms divers de *Pyranga d'été* de *Tangara flamboyant* ou de *Tangara du Mississipi*.

Le plumage du mâle est d'un rouge ponceau splendide. Le noir des ailes et de la queue est remplacé par un vermillon foncé. A l'automne, il se pare des mêmes couleurs que la femelle. Il devient vert olive; le cou et la tête sont brunâtres; la partie inférieure du corps est lustrée de jaune avec semé de rouge sur la poitrine. Sa taille est la même que celle du précédent.

Distribution géographique. — Il habite les contrées septentrionales de l'Amérique.

Captivité. — Cette espèce se voit rarement sur les marchés. Ses mœurs et ses habitudes sont les mêmes que celles des précédentes. On traite ce Tangara de la même manière.

4. Le Tangara Septicolore. — Tangara tatao. — *Caractères.* — Par la vivacité et la variété de son plumage, ce Tangara ne le cède à aucun oiseau mouche. Sous le jeu de la lumière il passe, comme la nacre, par la gamme de toutes les couleurs. Il a le bec noir, les pattes bleues, la tête, les petites couvertures des ailes vert diapré; le cou, le dos et la gorge noir velouté; le croupion orange avec du rouge vif; la gorge, les grandes couvertures des ailes bleu violet; les épaules indigo; les flancs, le ventre et la queue verts; les grandes pennes des ailes noires, frangées de vert; enfin, tout le dessous du corps nuancé de vert d'eau. Chez la femelle le rouge manque sur le dos. Ses couleurs sont également moins vives.

La taille est à peu près celle de notre Linotte. Il mesure 14 centimètres.

Distribution géographique. — On le trouve dans les contrées les plus chaudes de l'Amérique du Sud, au Brésil et au Pérou.

Mœurs et habitudes. — Il vit par troupes nombreuses.

Lorsque les fruits touchent à leur maturité, ils arrivent aux environs de Cayenne. Au mois de septembre, ils apparaissent à la Guyane, mais leur séjour est de courte durée.

Le nid du Septicolor est fait d'herbes fines et de crin. Il rappelle un peu par la forme et la texture celui du pinson. La ponte est de 3 à 5 œufs.

Captivité. — Oiseau délicat, il réclame à l'arrivée, surtout, beaucoup de soins. Une fois acclimaté il se montre robuste et vit sept à huit ans. Comme le Pyranga il est sensible aux variations de la température. Il faut donc lui éviter les changements trop brusques, en le tenant dans une pièce fermée pendant les jours d'été froids et humides.

Il montre assez de dispositions à nicher en cage. Pour l'amener à se reproduire, il faut l'isoler, le tenir dans une volière plantée d'arbustes. A l'époque de l'éclosion des petits, on tiendra à sa disposition des œufs de fourmis et des vers de farine.

Nourriture. — Il est très friand de fruits. Oranges, pommes, poires, bananes lui sont agréables. On y ajoute ordinairement une pâtée faite de pommes de terre et de jaune d'œufs durs écrasés séparément juste au moment où ils ont atteint leur parfaite cuisson, mêlés en égales parties et pétries ensemble de manière à former un tout homogène et onctueux. A la place de ce dernier aliment quelques amateurs en composent un de mie de pain blanc émietté, d'œillette et d'œufs de fourmis sec, le tout arrosé de lait bouilli froid et essoré ensuite.

La pâtée de M. le Marquis de Brisay est supérieure à celle-là (voir article *Pâtées*, page 29). On a soin d'ajouter comme complément quelques vers de farine.

5. **Le Tangara sexticolore**. — Tanagra fastuosa. — *Caractères*. — Chez ce Tangara les nuances sont plus tranchées que chez le Septicolore. Il a la tête d'un vert bleu changeant; les épaules violettes; le cou et le manteau noirs ainsi que la queue; les pennes des ailes bleu foncé, bordées de violet et

de jaune; le ventre, la poitrine bleu violet; le croupion et une partie du dos de nuance aurore.

La femelle ressemble au mâle; mais la tête est sans reflets. L'orangé fait défaut sur le croupion et le ventre est vert.

La taille de ce Tanagridé est à peu près celle du Serin.

Distribution géographique. — Il est originaire du Nord du Brésil.

Captivité. — En cage il se montre robuste. En peu de temps il devient familier et ramage constamment.

Il montre assez de dispositions à nicher. Pour arriver à un résultat heureux, il est nécessaire d'isoler le couple et de lui procurer la tranquillité nécessaire, en lui donnant l'illusion de la liberté par des arbustes verts plantés dans la volière.

Nourriture. — Comme les espèces précédentes il aime passionément les fruits. Les marchands y ajoutent la pâtée de pommes de terre et de jaune d'œufs durs dont nous avons parlé en traitant du régime du Scarlate. Quelques personnes les habituent au riz bouilli, ce qui constitue un excellent aliment pour combattre l'effet relaxatif des fruits. On les nourrit également de mie de pain blanc finement émiettée, d'œillette et d'œufs de fourmis secs, le tout arrosé de lait bouilli froid et bien essoré ensuite, mais mieux encore avec la pâtée de M. le marquis de Brisay. Quelques vers de farine de temps à autre complètent utilement cette alimentation.

6. **Le Tangara jaune.** — TANAGRA FLAVA. — *Caractères.* — Ce Tangara a la tête brun orange; le front de nuance plus claire; le dos noir; les épaules et les flancs noisette, à reflets mordorés; le dessous du corps vert émeraude; la queue bleue. La femelle d'après Burmeister, est gris cendré. Elle a le front et la tête cuivrés; le dos lavé de vert; la gorge blanchâtre. Le ventre et la partie inférieure sont jaunes.

Sa taille est un peu plus forte que celle du Septicolor.

Distribution géographique. — Habite la partie occidentale du Brésil.

Captivité. — En captivité, sa nourriture est la même que celle des précédents.

7. Le Tangara couronné. — TANAGRA CORONATA. — *Caractères.* — Le costume est d'un beau noir, à reflets d'acier ; sur la tête brille une belle plaque pourpre qu'il dresse comme une huppe quand il est agité. L'aile est égayée par une tache blanche. Le bec est noir ; les pieds sont bruns.

La couleur marron clair distingue la femelle.

Il est de la taille du Sexticolor.

Distribution géographique. — On trouve ce Tangara dans les parties méridionales du Brésil et au Paragay.

Captivité. — Malheureusement il se montre de méchante humeur avec ses compagnons de captivité ; la femelle, en particulier, les pourchasse et les tue à coups de bec.

Nourriture. — On le nourrit comme les précédents.

8. L'Organiste. — TANAGRA VIOLACEA (fig. 42). — *Caractères.* — *Guttarama* est le nom que les Brésiliens donnent à ce Tangara appelé *Euphone violet*, *Tangara organiste*, ou *Organiste* tout court par les naturalistes. Il mesure 11 centimètres. Le mâle a le front et toute la face inférieure couleur jaune vif ; la partie supérieure du corps d'un violet bleu d'acier ; les couvertures supérieures des ailes verdâtres ; les rectrices vert bleu en dessus et noires en dessous ; l'œil brun ; le bec noir et les pieds couleur chair.

La femelle est de nuance vert olive, foncé sur le dos, gris jaune sur la face inférieure du corps. Les jeunes portent la même livrée.

Distribution géographique. — Il habite les contrées chaudes du Brésil ; il est commun en Guyane.

Mœurs et habitudes. — « C'est un charmant petit oiseau, dit Brehm, vif, actif, sautillant avec agilité au milieu des arbres, volant avec rapidité, faisant entendre son cri d'appel bref et sonore. » (Brehm, t. I.)

Suivant Schomburgk, il est plus commun en Guyane sur la côte que dans l'intérieur des terres. Il se tient de préférence

Fig. 42 — L'Organiste.

sur les arbres fruitiers, ou sur les arbres isolés, au milieu des plantations des Indiens. Il vit par paires ou en petites troupes.

La voix de l'Organiste n'a pas la mélodie que lui ont prêtée Buffon et, après lui, plusieurs naturalistes. Son chant ressemble à une espèce de ventriloquie entrecoupée par quelques sons soutenus non dépourvus de charme, mais qui ne méritent pas la réputation qu'on lui a faite.

Captivité. — Une qualité, appréciée par les amateurs, c'est la douceur de son caractère, qui permet de l'associer à toutes sortes de petits compagnons. Comme tous les oiseaux de la famille, il aime beaucoup les fruits. Si on lui donne une bonne poire, il la mange jusqu'à la pelure.

Russ cite un cas de nidification sans résultat, il est vrai, mais qui prouve qu'avec des soins on peut amener l'Organiste à se reproduire.

Nourriture. — Il vit de fruits de diverses espèces; il est très friant d'oranges, de bananes, de goyaves, et il cause souvent de grands dégâts en s'attaquant à ces fruits. En captivité on le traite comme le Septicolore.

LES COTINGIDÉS

Le Cotinga des Cèdres. — AMPELIS CEDRORUM. — *Caractères*. — Il est à peu près de la taille du Gros-Bec d'Europe. Sa forme est ramassée; son plumage fourni et soyeux, ce qui le fait paraître plus fort qu'il n'est en réalité; le bec est court, fort et plat à la naissance; la tête ornée d'une huppe qu'il remue à volonté. La couleur de son plumage est d'un rouge olivâtre, tirant sur le gris sur la partie inférieure du corps. Il a la huppe, la tête, les côtés du cou et la poitrine d'un rouge canelle, passant au jaune vers les parties inférieures. Un trait noir passe par l'œil; un autre qui le souligne, est de même nuance. Du noir également lustre le front, les joues et la région des oreilles. Les ailes sont légèrement frangées de rouge. A son extrêmité, chaque plume de la queue porte une tache jaune et produit une bande de cette couleur. Les sous-caudales sont blanches ; le bec est noir avec la mandibule inférieure moins foncée ; l'œil brun et les pieds de même nuance. La femelle porte la même livrée que le mâle.

Distribution géographique. — C'est un oiseau voyageur. Il habite tout le nord de l'Amérique; on le rencontre en descendant vers le sud jusqu'au Guatemala.

Nourriture. — En liberté, il vit de baies, de fruits et d'insectes.

Captivité. — En cage, on le traite avec une pâtée faite de mie de pain blanc mouillée, de lait bouilli, de chènevis écrasé et de cœur de bœuf. Quelques vers de farine, une moitié d'orange, une banane et des fruits selon la saison varient utilement cette alimentation.

Il est doux et paisible. Russ lui fait le reproche de rester perché toute la journée sans autre préoccupation que celle de manger. A nos yeux, malgré la sévérité de ce jugement, c'est un bel hôte de volière, malheureusement trop rare.

Le Cotinga Cordon-Bleu. — AMPELIS CINCTA. — *Caractères*. — Il est de la grosseur de la Grive. Bien qu'il soit apporté assez rarement en Europe, il appartient cependant aux quatre ou cinq espèces qu'on y voit vivantes dans les collections des jardins publics et de quelques amateurs. Son plumage est splendide. Il a tout le dessus du corps et de la tête, le croupion, les couvertures supérieures de la queue et des ailes d'un beau bleu marine. Sur la gorge et le ventre règne une brillante teinte violette. A sa partie supérieure, la poitrine est coupée par une ceinture du même bleu que celui du dos, d'où lui est venu son nom. Au dessous de cette première ligne s'en remarque une seconde, rouge chez quelques individus.

Toutes les pennes de la queue ainsi que les moyennes des ailes sont noires, avec bordure bleue extérieure. Les pieds et le bec sont également noirs.

Fort différente du mâle, la femelle se reconnaît au ton brun général de sa robe, égayé sur la poitrine par une teinte blanche et sur le ventre par une couleur jaunâtre.

Distribution géographique. — Il habite le Brésil.

Mœurs et habitudes. — Il fréquente les bois touffus, situés dans le voisinage des cours d'eau. A la saison des fruits, il s'approche des habitations et vient dans les jardins. On ne sait rien de ses mœurs en liberté.

Nourriture. — En temps ordinaire, il se nourrit d'insectes et de baies.

Captivité. — En captivité, il se trouve bien d'une pâtée faite par égales parties de cœur de bœuf ou de maigre de viande, de laitue ou de mouron haché et de mie de pain blanc mouillée de lait et bien expurgé de son liquide. A cette alimentation, on ajoute des fruits et quelques vers de farine de temps à autre.

Le Calliste à poitrine orange. — CALLISTE THORACICA. — *Caractères*. — Les naturalistes rangent, sous le nom de *Callistes*, un grand nombre de petits oiseaux qui rappellent par la forme, les Pinsons et les Linottes. Tous sont remarquables par la beauté de leur plumage. On ne sait rien de leurs mœurs ni de leurs habitudes, si ce n'est qu'ils paraissent se nourrir plus particulièrement de graines.

Parmi ceux qu'on voit quelques fois vivants en Europe, mais fort rarement, se trouve le Calliste à poitrine orange, charmant Passereau de la taille du Moineau. Il a le bec noir, enveloppé d'un cercle de même couleur; le sommet de la tête bleu verdâtre ; la gorge noire, la poitrine dorée, tirant sur le jaune orangé; la face inférieure bleu verdâtre ; le dos varié de jaune et de vert ; les pennes des ailes bordées de jaune, celle de la queue liserées de bleu. L'œil est noir et les pieds couleur de corne. La Femelle porte le même costume, avec des nuances affaiblies.

Distribution géographique. — Il habite les parties boisées du Brésil, où il vit par petites volées.

Nourriture. — Il se nourrit de graines, de baies et de fruits auxquels il ajoute quelques insectes.

Captivité. — En captivité, on lui donne de l'alpiste, du chènevis et du millet. Il est friand de vers de farine, d'œufs de fourmis et de fruits, qu'on varie de verdure.

LES PARIDÉS. — *Paridæ.*

Caractères. — Les Paridés se distinguent par leur forme trapue, un bec droit, conique, des pattes vigoureuses, armées d'ongles recourbées, faites pour grimper; l'aile courte, avec la quatrième ou la cinquième rémige plus longue; la queue tronquée, étagée ou droite, de longueur différente; un plumage épais, mou, agréablement coloré.

Distribution géographique. — Ces oiseaux appartiennent particulièrement au nord de l'ancien monde; à l'exception de l'Amérique du Sud et de l'Australie, ils paraissent répandus dans toutes les parties du globe.

Mœurs et habitudes. — Les forêts, les parcs et les vergers sont les lieux de leur séjour habituel. Quelques espèces seulement se tiennent dans les roseaux. Du matin au soir les Paridés sont en mouvement. Rien ne saurait donner une idée de leur activité. Hors le temps des amours, on les voit par troupes ou par familles, grimper aux arbres, voler d'une branche à l'autre suspendus dans toutes les attitudes, fouillant chaque pli de feuille, chaque fente d'écorce, pour saisir les insectes, les chrysalides, les larves qui s'y trouvent cachés. A ce régime ils ajoutent des baies et des fruits. La plupart, cependant, sont exclusivement insectivores et font la chasse aux insectes, à leurs larves et à leurs œufs.

Les Paridés font deux ou trois pontes par an, composées de 6 à 12 œufs. Il construisent leurs nids dans des creux d'arbres, rarement à découvert.

Les naturalistes ne sont point d'accord sur les excursions des Paridés : les uns les rangent parmi les oiseaux migrateurs, les autres les considèrent comme simplement erratiques. D'après les récents travaux de MM. Brown et Corbeaux, c'est à la première catégorie qu'il faudrait les rattacher. Les observations des savants anglais mettraient le fait hors de doute.

Sans se priver complètement, les Paridés font assez facilement le sacrifice de leur liberté; mais, à l'exception de la Mésange bleue, il est imprudent de les mettre avec des oiseaux plus faibles qu'eux. Tôt ou tard, ils les attaquent, les tuent et se repaissent de leur cervelle dont il sont friands.

Il ne sera question ici que des trois espèces suivantes : *La Mésange charbonnière, la Mésange bleue, la Mésange à longue queue.*

1. La Mésange charbonnière. — PARUS MAJOR. — *Caractères*.

— De toutes les Mésanges, la Charbonnière est la plus forte. Elle mesure 16 centimètres. Le bec est noirâtre, droit, court et fort, sans échancrure, pointu sans être aigu. Les pattes, armées d'ongles robustes et acérés, sont couleur de plomb. Un noir brillant lustre le sommet de la tête, descend derrière le cou en forme de brides, encadre les tempes et les joues et vient s'unir à un plastron de même nuance qui orne la gorge et la poitrine. La ligne formée par ce trait noir et la façon dont elle l'enveloppe, donne à la tache blanche des joues la forme d'un triangle. Toute la face inférieure du corps est jaune clair, coupée longitudinalement par une bande noire, étroite, qui part du plastron de la poitrine et va se perdre vers les sous-caudales; le dos et l'épaule sont olive, lavés de blanc, qui passe au bleu cendré sur le croupion, les rémiges et les pennes de la queue, à l'exception des plumes latérales qui sont bordées et terminées de blanc.

La femelle est un peu moins forte; elle se reconnaît particulièrement à la dimension plus restreinte et moins prolongée de la bande médiane du ventre. Chez les jeunes, le noir est terne, le jaune plus pâle et la raie longitudinale très étroite.

Dans certaines contrées de la France, cette Mésange est connue sous le nom de *Serrurier*, qui lui vient du cri qu'elle fait entendre lorsque le temps est à la pluie, et qui rappelle le bruit de la lime sur le fer.

Distribution géographique. — Elle habite l'Europe, le centre de l'Asie et le nord-ouest de l'Afrique.

Mœurs et habitudes. — D'après les observations de MM. Brown et Corbeaux, naturalistes anglais, les Mésanges qu'on croyait simplement erratiques se trouvent au nombre des oiseaux migrateurs. Depuis 1870, le fait a été mis hors de doute par des constatations, répétées plusieurs années de suite et enregistrées, sur la demande de ces savants, par les gardiens des phares, à l'époque des départs et des retours. Après avoir passé le printemps et l'été sous les grands bois, elle se rapproche, à l'automne, des habitations pour parcourir les jardins et les vergers, où on la voit se suspendre aux arbres dans toutes les positions.

D'un caractère méchant et hargneux, elle poursuit et tue, quand elle peut les atteindre, les petits oiseaux qui vivent dans son voisinage. Malgré ce défaut, en apparence incompatible avec la vie commune, elle recherche la société de ses semblables, et c'est par clan ou famille de dix à vingt membres qu'elle fait ses pérégrinations d'un bouquet d'arbres à un autre. Si on la rencontre un peu partout, elle se plaît cependant plus particulièrement dans les grandes forêts d'essences mélangées, aux endroits élevés et arides.

Elle niche, au mois d'avril, dans un creux d'arbre, un trou de muraille, sous le toit des cabanes des bûcherons, construites au milieu des forêts, voire même dans une bauge d'écureuil, un vieux nid de Pie ou de Corbeau, partout où elle trouve un endroit à sa convenance. La couche, faite de mousse, de laine, de plumes surtout, que le mâle et la femelle y apportent en quantité, est plus chaude qu'artistement établie. La ponte est de 10 à 12 œufs blancs, tachetés de rouge vers le gros bout. Ils éclosent après douze jours d'incubation. Les petits ne quittent le nid que lorsqu'ils sont en état de voler. Malgré certaines assertions, le nombre des couvées ne paraît pas dépasser deux.

Nourriture. — Elle est insectivore, granivore, on peut même dire frugivore en même temps, car elle ne dédaigne pas les baies et les fruits. Durant la belle saison, elle fait une chasse active aux chenilles, aux chrysalides, aux larves, aux sauterelles, aux cousins et aux petites phalènes. Comme le pic, elle fouille les mousses, frappe les branches du bec pour en faire sortir les insectes qui s'y cachent sous l'écorce. A l'automne, elle mange toute sorte de graines : chènevis, semences de pins, avoine, pépins de fruits, faîne, noix et noisettes. Pour en extraire les amandes, elle les assujettit entre ses pattes et les perce à coups de bec avec une dextérité merveilleuse. Si elle rend de réels services par la destruction d'un grand nombre d'insectes, elle n'est pas sans causer, au printemps, quelques dégâts dans les jardins en pinçant les bourgeons des arbres fruitiers. Il faut aussi mettre à son passif la mort de pas mal d'abeilles. « En hiver, dit Lenz, elle s'approche de l'ouverture de la ruche et frappe contre les parois. Un tumulte s'élève dans l'intérieur et bientôt sortent quelques abeilles pour chasser la perturbatrice ; mais celle-ci saisit la première qui se montre, s'envole avec elle sur une branche, la prend entre ses pattes, lui ouvre le corps, mange la chair, abandonne les téguments et retourne chercher une nouvelle victime. Pendant ce temps, le froid a fait rentrer les abeilles ; la mésange frappe de nouveau contre la ruche et saisit encore la première qui se hasarde dehors et cela dure quelquefois jusqu'au soir. »

Captivité. — Dans les premiers jours de captivité, la Mésange se montre très sauvage ; mais insensiblement, elle perd de sa timidité pour devenir d'une grande familiarité et se prête même aux exercices de la galère.

Aux graines que nous avons énumérées, on varie sa nourriture en ajoutant quelques amandes douces, des noix, des noisettes, un peu de pain blanc mouillé de lait bouilli. Les graines de soleil lui sont salutaires. Elle est friande de toute sorte de graisse et s'accommode très bien d'une pâtée faite de mie de pain, de viande hachée et de chènevis écrasé, le tout légèrement humecté. Des vers de farine de temps à autre un quartier de pomme ou de poire, une figue verte, des baies de sureau, un peu de mouron et de laitue lui font plaisir. Elle aime à se baigner souvent.

La nature carnassière de la Mésange ne permet pas de la mettre en compagnie d'oiseaux plus faibles qu'elle. Tôt ou tard elle les attaque et les tue pour se repaître de leur cervelle dont elle est friande. Une fois qu'elle a goûté à ce festin, tous ses compagnons sont en danger. « Elle fond sur eux, dit Bechstein, cherche à les renverser sur le dos, leur enfonce ses ongles dans le ventre ou dans la poitrine, et, à coup de bec, leur ouvre le crâne. »

De toutes les Mésanges, son chant est le seul qui ne soit pas insignifiant. Elle babille dans les beaux jours d'automne; mais c'est au printemps surtout qu'elle fait retentir les bois de son ramage.

Chasse. — Elle est facile à prendre. Au mois de mars, on se sert d'un appelant pour l'attirer au trébuchet. A l'époque de la maturité du chènevis et des graines de soleil, on emploie le lacet, et l'hiver, avec du lard, une noix, on la fait donner dans le piège.

2. **La Mésange bleue.** — Parus cœruleus. — *Caractères.* — C'est la plus familière de l'espèce et la plus connue.

Sa taille est de 12 centimètres. Le bec droit et court est noirâtre avec les rebords et l'extrémité blancs; la partie antérieure de la tête blanche également ainsi que les joues. Un trait de même couleur passe au-dessus des tempes, encadre le bleu d'azur qui couvre le sommet de la tête. Une autre ligne, mais noire, part du bec, passe à travers l'œil, et s'étend jusqu'à l'occiput, d'où descend un petit collier bleu foncé, entouré de blanc, qui vient se rattacher à la bavette noire qui s'étale sur la gorge. Un vert olive clair colore le dos et le croupion ; le dessous du corps est teint de jaune pâle, à l'exception du milieu du ventre, qui est blanchâtre. Le mâle porte sur la poitrine une ligne bleu foncé, à peine dessinée chez la femelle. Les couvertures des ailes, les plumes de la queue sont bleu clair ; les rémiges noirâtres, avec des bordures également bleues. L'aile est coupée par une bande transversale blanchâtre.

Outre le trait distinctif que nous venons de remarquer chez la femelle, il faut encore signaler la différence de taille, d'intensité de couleurs ainsi que la dimension plus restreinte du bleu de la tête.

Distribution géographique. — Cette mésange habite les mêmes contrées que la Charbonnière, mais les limites en paraissent plus étendues au nord qu'au midi.

Mœurs. — Elle fréquente de préférence les jardins et les vergers. Cependant, à l'époque des grandes chaleurs, elle va passer l'été sous les taillis et les futaies. L'hiver, celles qui restent vont par bandes réunies souvent aux Charbonnières ou en compagnie des Roitelets huppés, avec lesquels elles vivent en bonne intelligence. Les déplacements considérables qu'on avait constatés chez cette espèce, ses excursions vers le midi, où on la rencontre en grand nombre, ne sont autre chose qu'une véritable migration, mise en lumière par MM. Brown et Corbeaux, ainsi qu'ils l'ont établi pour la Charbonnière.

D'après Naumann, ce Paridé est excessivement peureux. Ce n'est qu'avec une circonspection extrême qu'il se hasarde à franchir un espace découvert. Avant de se décider à partir, il suit tous les contours de la forêt pour se rapprocher du point où il veut aller. Encore, au dernier moment, suffit-il d'un pigeon qui passe ou d'un chapeau jeté en l'air pour lui faire rebrousser chemin ou s'abattre sur le premier buisson venu.

Il ne diffère en rien des mœurs et des habitudes de la Charbonnière. Certains naturalistes le représentent même comme plus cruel et plus hargneux. La Mésange bleue, dit Bechstein, poursuit également les petits oiseaux ; elle les tuerait, si elle en avait la force. Les oiseliers, au contraire, la considèrent comme inoffensive. C'est également l'opinion des amateurs qui en ont eu en leur possession. Pour ma part, je suis persuadé qu'on peut l'associer, sans danger, à de petits oiseaux. J'en ai conservé une fort longtemps au milieu de Bengalis et d'Astrilds sans que je me sois jamais aperçu qu'elle eut cherché à attaquer ses compagnons de captivité.

Elle passe ses nuits dans les creux d'arbres et les troncs de murailles, qu'elle choisit pour y établir son nid. La ponte varie de 10 à 22 œufs tout blancs. Ce nombre amène à supposer que l'oiseau ne fait qu'une couvée, à moins qu'il n'ait été dérangé. Dans ce cas, le nombre d'œufs n'est plus que d'une dizaine.

La Mésange bleue aime beaucoup à se baigner.

Captivité. — En captivité, on la traite comme la Charbonnière. Pour se reposer, il est utile de lui donner un boulin ou une buche à Perruche ; ce n'est que contrainte qu'elle se tient perchée durant son sommeil.

Chasse. — On la prend au printemps et à l'automne, de la même façon que la Charbonnière.

3. **L'Orite ou Mésange à longue queue.** — PARUS CAUDATUS (fig. 43). — C'est la plus gracieuse de la famille. Ses mœurs sont plus douces, sa sociabilité plus grande encore. On ne rencontre jamais, en effet, une Orite isolée. Comme les autres Mésanges, elle erre par couple ou par famille, en se rappelant constamment par des *T'zi...*, *tzi...*, *tzi...*, répétés sans cesse.

« Si l'une d'elles vient à s'écarter de la troupe, dit M. Gerbe, elle, d'ordinaire si active pour ses besoins, oublie même alors de chercher sa nourriture. Ce n'est plus dans le milieu ou dans le bas des arbres qu'elle se pose ; elle ne visite plus les branches jusqu'au dernier rameau, pour y découvrir l'insecte qui s'y cache : c'est sur la cîme qu'elle se perche alors ; et, de là, poussant des cris d'appel, elle paraît attendre qu'on lui réponde. Si rien ne lui indique la présence de ses compagnes dans le voisinage, elle va se percher sur un arbre plus élevé pour y recommencer ses cris. Enfin cette agitation ne cesse que lorsqu'elle a retrouvé la petite troupe dont elle faisait partie, ou une autre dans laquelle elle comptera désormais. »

Caractères. — La taille de ce petit Paridé, dont la queue est plus longue que le corps entier, est de 16 centimètres. La tête et les joues sont blanches ainsi que le ventre ; la poitrine est parsemée de taches brunes. Un noir mat teint le dos, les grandes pennes et les rémiges secondaires ; cette nuance se retrouve sur les plumes de la queue, à l'exception des trois externes de chaque côté, qui sont blanches.

Distribution géographique. — Elle paraît confinée plus vers le Nord que ses congénères. Brehm, dans ses voyages en Espagne et en Grèce, ne l'a jamais rencontrée. [1]

Mœurs. — D'un naturel vif et gai, elle passe, sans repos, d'un arbre à un autre, visitant chaque branche, chaque feuille. Elle se plaît sur les arbres élevés des hautes futaies. Néanmoins, à l'automne, on la voit près des habitations, dans les vergers et les grands jardins, qu'elle paraît affectionner.

Dans la construction de son nid, elle déploie une industrie merveilleuse. A l'aide de toiles d'araignée et de filaments, elle le fixe à un tronc d'arbre. De la mousse et du lichen qui croissent aux branches, elle compose le revêtement extérieur, auquel elle donne la forme d'une boule, ne ménageant qu'une ouverture dans la paroi tournée vers le Levant. « Quelquefois, pour des raisons d'elle seule connues, on trouve des nids avec deux sorties ; mais dès que les raisons ont cessé, elle en bouche une. » L'intérieur est chaudement matelassé de plumes et de duvet.

---

[1] Brehm, *Les Oiseaux*, t. I, p. 775.

Fig. 43. — L'Orite à longue queue.

Cette construction demande beaucoup de travail au mâle et à la femelle qui y travaillent de concert, et, quand des circonstances particulières les obligent à faire un nouveau nid, s'ils ne trouvent pas, dans le nouvel emplacement, les matériaux convenables, ils vont les emprunter au premier.

Le nombre des œufs varie de 6 à 18 ; mais, au delà de 12, le fait est rare. Ils sont petits et de couleur blanc rosé.

Durant l'incubation, la longueur de la queue est un embarras. Elle est obligée de la tenir repliée sur le côté, position qu'elle garde jusqu'à l'éclosion des petits ; « mais, une fois qu'ils ont acquis une certaine taille, dit Brehm, la difficulté commence pour eux. L'espace étant trop étroit pour les contenir, ils grimpent les uns sur les autres ; chaque individu travaille, de son côté, à se faire une place ; dans les efforts qu'il fait, les parois du nid sont distendues, mises à jour, déchirées même, et, lorsque le fond du nid est troué, il est curieux de voir tous les jeunes engager dans la brèche leur longue queue gênante. » (Brehm, t, I.)

Nourriture. — Mêmes larves et mêmes insectes que les autres Mésanges.

Captivité. — C'est un charmant habitant de volière. Une fois faite à la captivité, elle vit plus longtemps que les autres Mésanges. On la traite de la même manière. En raison de son caractère sociable, elle s'habitue mieux à la cage par couple qu'isolée. Un boulin ou une buche à Perruche lui est utile pour son sommeil du jour et de la nuit. A Paris, ce petit Paridé est rare. Je fréquente le marché aux oiseaux depuis bien des années, et je ne l'y ai vu qu'une ou deux fois.

Chasse. — Les moyens de le prendre sont les mêmes que ceux indiqués aux articles précédents.

La Sitelle torche-pot. — Sitta europæa *(Certhiolidés)* (fig. 44). — *Caractères.* — C'est un charmant Grimpereau au bec droit et fort, au plumage gris bleuâtre, au ventre marron, aux joues blanches, à la gorge de même couleur.

Fig. 44. — La Sitelle torche-pot bleue.

Le front n'est bleu que chez le mâle. Un trait noir part des narines, passe à travers les yeux et s'étend au delà des oreilles. De loin on dirait des moustaches. Les pennes des ailes sont noirâtres ; celles de la queue de même nuance que celles du dos, c'est-à-dire bleuâtres, ont cela de particulier qu'elles sont molles.

Elle mesure 20 centimètres environ.

Distribution géographique. — Son aire de dispersion ne dépasse pas les limites de l'Europe.

Mœurs. — En été, elle fréquente les forêts de haute futaie. A l'approche de l'hiver, elle se rapproche des habitations. On la voit alors dans les vergers et pénétrer jusque dans les greniers et les étables.

Comme les Mésanges, avec lesquelles elle a une certaine ressemblance d'habitudes, la Sitelle se suspend aux arbres pour faire la chasse aux insectes et à leurs larves. L'ongle fort et crochu du pouce lui permet de s'accrocher dans tous les sens, pendant que du bec elle sonde les moindres rugosités de l'écorce.

Vive et gaie, elle ne cesse d'être en mouvement et de grimper sans cesse le long des arbres.

Elle établit son nid, au mois de mai, dans des creux d'arbres. Quand l'ouverture est trop grande, elle la rétrécit en la maçonnant avec du limon. D'après Buffon, ce serait à cette habitude qu'elle devrait le nom de *Torche-pot* qu'elle porte dans certaines contrées. Il est bon d'ajouter que ce grand naturaliste trouve l'origine du mot un peu tirée par les cheveux.

La ponte est de 6 à 7 œufs blancs, semés de points rouges.

Nourriture. — Elle aime les noix, les noisettes, ainsi que les faînes, qu'elle sait adroitement vider en les assujettissant dans des fentes pour les casser. L'avoine et le chènevis sont des graines dont elle est non moins friande.

Captivité. — Inoffensive à l'égard de ses compagnons de captivité, elle est amusante en cage par sa vivacité.

Faute de boulin pour y passer les nuits, on a remarqué qu'au lieu de se poser sur les barreaux, elle préférait dormir sur le plancher de la volière, la tête repliée sous l'aile.

On la traite comme la Mésange Charbonnière, dont nous avons indiqué le régime en parlant de cet oiseau.

Chasse. — Son goût prononcé pour le chènevis la fait donner dans le trébuchet à Mésange.

Le Troglodyte. — Motacilla troglodites *(Sylviadés)* (fig. 45). — *Caractères.* — Avec le Roitelet, le Troglodyte est le plus petit Passereau de l'Europe. Sa taille mesure 10 centimètres ; sa grosseur est celle de l'Astrild que les oiseleurs appellent *Bec de corail*. Le bec est fin et recourbé vers le bout ; la mandibule supérieure noirâtre, l'inférieure jaunâtre. Le plumage rappelle en miniature celui de la Bécasse. Un trait blanc rougeâtre passe au-dessus de l'œil. Des zones ondées de brun et de noirâtre rayent la couleur rouillée du dessus du corps, des plumes de la queue et le brun obscur des ailes. Le ventre est lavé de blanc sur le milieu, teinté de roux sur les côtés et de gris roussâtre sur le reste avec les mêmes bandes transversales. La femelle est plus petite et d'un brun roux. Les pattes sont jaunâtres.

Distribution géographique. — Il est répandu dans toute l'Europe. On le trouve également dans le centre de l'Asie.

Mœurs et habitudes. — Durant l'été il séjourne dans les bois. A l'approche de l'hiver, il vient autour des habitations et dans la cour des fermes. On le voit sortir des piles de bois, des fagots en tas, des bûchers, des crevasses de murs qu'il visite pour y chercher les mouches engourdies par le froid ou les fraîcheurs des nuits, les araignées et les larves de toute sorte. Il poursuit sa chasse jusque dans les caves et les greniers.

Malgré l'apparente délicatesse de sa constitution, le Troglodyte, quelque temps qu'il fasse, ne paraît pas souffrir du froid. Toujours gai et vif, il vole d'un trou de mur à un hangar, fouillant avec prestesse les moindres interstices. Le soir, posé sur une saillie, la queue relevée, il chante avec entrain. S'il a neigé ou si la température s'annonce rigoureuse, il redouble de gaieté. Il passe la nuit dans un trou ou quelquefois ils se réunissent plusieurs.

Ce petit oiseau fait deux pontes : l'une en avril et l'autre en juillet. Tout recoin lui semble bon pour y établir son nid : creux d'arbre, trou de muraille, cavité quelconque. Il le pose également près de terre, entre des racines, sur quelque branchage épais. Fait de mousse extérieurement et de plumes à l'intérieur, il affecte une forme ovale couverte en dessus. Une ouverture pratiquée dans une des parois donne accès dans la demeure qu'on prendrait souvent pour un amas de mousse plutôt que pour un nid.

Le nombre des œufs varie de 8 à 10 piquetés de quelques points rouges. On a remarqué que les nids étaient supérieurs en quantité à celle nécessaire aux couvées. Ce travail est, dit-on, l'œuvre des mâles sans femelles.

Lorsqu'on entend la voix claire et vibrante du Troglodyte, on a de la peine à se figurer un si petit oiseau. Sa chanson est variée de deux ou trois strophes.

Chasse. — Il se prend au trébuchet avec des vers de faune pour appât. On se sert également du piège à Rossignol.

Captivité. — Sa gentillesse et sa vivacité en font un charmant captif.

Nourriture. — L'éducation des jeunes est difficile ; néanmoins, avec la pâtée de Rossignol, c'est-à-dire du cœur de bœuf haché, mélangé d'œufs de fourmis, on parvient à les élever. Plus tard, on varie cette alimentation par des vers de farine coupés en morceaux et en leur procurant quelques mouches et des œufs de fourmis.

A cette pâtée, il est utile d'en ajouter une autre faite de chènevis broyé, de mie de pain blanc moulue, d'une ou deux amandes pilées, le tout tamisé et additionné de mouron ou de chou finement haché.

Dans sa cage, on devra suspendre un boulin ou une petite

Fig. 45. — Le Troglodyte mignon.

boîte fermée de tous côtés, dans laquelle on pratiquera un trou rond qui lui permettra de s'y glisser. Au moindre bruit insolite il s'empresse de s'y réfugier et le soir ce sera son gîte.

Le Roitelet huppé. — MOTACILLA REGULUS *(Sylviadés).* — *Caractères.* — De tous les Motacillidés d'Europe, le Roitelet est le plus petit. Sa taille ne mesure que 9 centimètres seulement. Il doit son nom à une calotte jaune safran, bordée de chaque côté, d'un trait noir qu'il porte sur la tête en guise de couronne. Les plumes qui la composent sont longues et effilées et quand l'oiseau les relève, elles forment huppe. L'œil est traversé par une ligne noire qui part du bec; les narines sont couvertes de plumes divisées en dents de peigne; les joues cendrées; la face supérieure du corps teintée de blanc jaunâtre, le reste lavé de blanc sâle. Un vert serin colore le derrière de la tête, le cou, le dos, le croupion ainsi que les couvertures supérieures de la queue. Les rémiges, bordées extérieurement de jaune olive, sont brunes, de même que les grandes et petites couvertures, dont les plumes terminées de blanc forment une double bande qui coupe l'aile. Le bec est noir, très pointu; les pieds couleur brun clair. Il porte la queue relevée.

Chez la femelle, le jaune de la couronne est plus pâle et les autres nuances des plumes moins vives.

En France, nous possédons un autre Roitelet auquel Buffon a donné le nom de *Roitelet à triple bandeau.* En effet, outre sa couronne d'or, ce petit Passereau porte encore deux bandes blanches sur les joues. Sa taille est la même que celle de son congénère. Il ne diffère en rien de ses mœurs et de ses habitudes. L'un et l'autre se plaisent dans les bois de pins et de sapins.

Distribution géographique. — Il habite tout l'ancien continent.

Mœurs et habitudes. — Il est vif et gai, toujours de bonne humeur, visitant du matin au soir les feuilles des arbres pour les débarrasser des pucerons, des œufs de papillons et d'insectes de toute sorte. Il est sédentaire; car on ne peut considérer comme une émigration les déplacements qu'il fait à l'entrée de l'hiver vers des contrées plus méridionales. On le voit, dès le mois d'octobre, se réunir par petites troupes, souvent même en compagnie des Mésanges, avec lesquelles il fait bon ménage, parcourir les endroits où la nourriture est plus abondante.

Le froid n'exerce aucune influence sur sa bonne humeur. Les soirs d'hiver, quand il a neigé, il fait retentir le bois de son charmant ramage, d'autant plus agréable qu'à ce moment tous les autres oiseaux, à quelques exceptions près, gardent le silence.

C'est généralement dans les forêts de pins, dont il est un ami, qu'il fait son nid de mousse extérieurement, de plumes et de duvet intérieurement. Il lui donne la forme sphérique et pour entrée un petit trou pratiqué vers le dessus. La femelle y dépose de 8 à 10 œufs jaune pâle. Cette ponte est suivie d'une seconde vers le mois de juillet, mais diminuée.

Captivité. — Comme le Troglodyte, le Roitelet huppé est délicat. Les adultes et les jeunes réclament les mêmes soins que ceux que nous avons indiqués en parlant du premier.

Chasse. — Rien n'est moins craintif que ce volatile miniature. On profite de cette confiance pour le toucher avec un gluau fixé à une perche et le prendre quand il est dans un arbre isolé.

LES MANAKINS. — *Pipræ*.

Caractères. — Les Manakins sont de petits oiseaux au plumage vif et coloré. Ils ont les ailes et la queue courtes, le bec court, droit, la mandibule supérieure convexe en dessus et légèrement échancrée sur les bords, un peu plus longue que la mandibule inférieure, qui est plane et droite dans la longueur.

Distribution géographique. — Tous les Manakins sont particuliers à l'Amérique.

Mœurs, habitudes et régime. — Par leurs mœurs et leurs habitudes, ils rappellent les Mésanges. Ils vivent par paires ou par petites troupes, voletant de branche en branche, comme elles ; ils sont constamment en mouvement. Ils recherchent les forêts humides et sombres, évitant les clairières et les bords des cours d'eau dégarnis d'arbres. On les rencontre, les matins, par troupes de huit à dix mêlés souvent à d'autres petits oiseaux de genre différent. Vers le milieu du jour, ces bandes se dispersent. Chacun va chercher les lieux les plus ombragés et à sa convenance.

Nourriture. — En général, ils se nourrissent de fruits et d'insectes; mais un certain nombre ne mange exclusivement que des fruits et des petites baies sauvages.

« A l'embouchure du Bauma, dit Schomburgk, un figuier, dont les fruits étaient mûrs, se trouvait tout près de notre campement; toute la journée ces charmants oiseaux y venaient chercher des figues pour satisfaire leur faim.

Captivité. — Les Manakins, quoique en apparence délicats, s'habituent assez bien à la captivité, pourvu qu'on mette toujours à leur disposition des fruits de première qualité et une pâtée dans le genre de celle préconisée par M. le marquis de Brisay.

Quatre à cinq variétés de ces oiseaux apparaissent de temps à autre dans le commerce, entre autres : le *Manakin à longue queue*, le *Manakin Tijé*, le *Manakin jaune et noir*.

1. Le Manakin à longue queue. — Pipra chiroxiphia caudata.

— *Caractères.* — Ce Manakin dont le qualificatif signifie *Ailes en Épée* a 18 centimètres de longueur. Son plumage est d'un beau bleu de ciel. Le front et le sommet de la tête sont rouges; les joues, le cou, les ailes, la queue noirs. Chez la femelle et les jeunes, ces couleurs sont remplacées par un vert uniforme.

Distribution géographique. — Son habitat s'étend à une grande partie du Brésil.

Mœurs et habitudes. — « Dans les épaisses forêts de la province de Baya, dit le Prince de Wied, j'ai souvent rencontré des bandes de ces oiseaux ; dans les autres contrées, je ne les ai trouvés que par paires. Ils se tenaient sur les arbres les plus élevés et sur les buissons. D'un naturel craintif, ils se cachent dès que se montre le chasseur, mais le sifflement bref qu'ils font entendre les trahit.

« Au commencement de mars, je trouvai une femelle qui couvait. Son nid, établi sur un arbre peu élevé et à la bifurcation d'une branche, complètement à découvert, était très petit, plat, grossièrement construit avec des brindilles, des herbes, de la laine, des mousses, et renfermait deux œufs assez grands, d'un jaune grisâtre à points clairs, marqués au gros bout d'une couronne de taches brunes. »

Il ne vient jamais autour des habitations (Burmeister).

Captivité. — Il est fort rare dans le commerce, bien que l'espèce ne paraisse pas moins nombreuse que celle des autres membres de la famille, qui sont expédiés fréquemment en Europe. Comme eux, il se nourrit de fruits et d'insectes.

En captivité, il demande à être isolé. On lui donne des fruits de premier choix et de parfaite maturité, tels que : oranges, poires, pommes, bananes, raisins. On ajoute à ce régime la pâtée de M. le marquis de Brisay et pour l'y habituer, on met avec lui un Serin au début.

2. **Le Manakin Tijé.** — Pipra paroela. — *Caractères*. — Cet oiseau que les Brésiliens nomment *Tijé* est à peu près de la taille du moineau. Il a la tête ornée d'une espèce d'aigrette, d'un beau rouge écarlate, qu'il relève à volonté ; le dos et les petites couvertures des ailes bleu de ciel ; le reste du plumage noir velouté ; le bec noir et les pattes rouges tirant sur le jaune.

Par sa teinte uniforme, la femelle rappelle le Serin vert.

Distribution géographique. — L'aire de dispersion de ce

passereau s'étend de la province de Baya à la Guyane, où il est commun partout.

Mœurs et habitudes. — D'après Schomburgk, son nid, qu'il rencontra aux mois d'avril et de mai, est grossièrement construit de mousse et de duvet de certaines plantes. La ponte ne paraît être que de deux œufs; c'est du moins le nombre qu'il y trouva.

Ce Manakin recherche les forêts touffues et sombres.

Nourriture. — Il se nourrit exclusivement de fruits ou de baies sauvages.

Captivité. — En captivité, il est bon, cependant, d'ajouter à ce régime la pâtée qu'indique M. le marquis de Brisay dans son ouvrage sur l'aviculture.

3. Le Manakin jaune et noir. — Pipra aureola. — *Caractères.* — Chez cette espèce, la tête, le dos, la queue sont d'un noir brillant tirant sur le bleu. La queue est mélangée de blanc dans les plumes latérales. Le front et tout le dessous du corps sont d'un beau jaune d'or. La femelle se distingue par le vert sombre de son plumage, livrée que portent les jeunes.

Distribution géographique. — Il habite les mêmes contrées que le précédent.

Mœurs et habitudes. — Ses mœurs et ses habitudes ne diffèrent pas de celles du Tijé.

Captivité. — On le traite de la même manière que son congénère. Il est moins rare. Aussi, se le procure-t-on sans trop de difficulté.

4 Le Guit-Guit. — Cœreba cyanea *(Certhiolidés)* (fig. 46). — *Caractères.* — Depuis quelques années, on voit, de temps à autre, chez les marchands d'oiseaux, mais en petit nombre, deux ou trois espèces de certhiolidés, entre autres, le *Guit-Guit.*

Ce charmant exotique est d'un bleu clair brillant; il a le sommet de la tête vert bleu; le dos, les ailes et la queue noirs. Un trait de même nuance passe au dessus de l'œil. Le

Fig. 46. — Le Guit-Guit.

bord intérieur des rémiges est teint en jaune. Le bec long et un peu recourbé comme celui des colibris, est noir ; l'œil brun ; les pattes rouge orange. Ce plumage est celui de l'époque des amours que les mâles revêtent en janvier. En août, ces belles couleurs font place à un gris verdâtre général. Les ailes restent noires. La femelle a le dos vert serin ; le ventre vert pâle et la gorge blanchâtre.

Le Guit-Guit mesure 13 centimètres.

Distribution géographique. — Il habite presque toute l'Amérique du Sud. On le trouve depuis la Colombie jusqu'au sud du Brésil.

Mœurs et habitudes. — « Dans les contrées que j'ai parcourues, dit le Prince de Wied, je n'ai vu nulle part les Saïs plus communs que dans la province de Espirito-Santo. Là, dans les belles forêts du voisinage des côtes, mes hommes tuèrent un grand nombre de ces charmants oiseaux. Ils vivent par couple dans la saison des amours et se réunissent par petites sociétés de six à huit individus aux autres époques de l'année. Ils se meuvent gaiement à la cime des arbres les plus élevés. Dans leur estomac, je trouvai des restes de fruits et quelques insectes. Jamais je n'ai entendu ni le chant, ni la voix du Saï. Cet oiseau, n'aurait, dit-on, qu'un gazouillement assez faible. Son cri d'appel est bref et fréquemment répété. Il sautille et vole de branche en branche, en société de ses semblables, comme le fait la Mésange ; il est dans une agitation continuelle et ne reste jamais à la même place. Souvent il se réunit à d'autres oiseaux, notamment à des Tangaras. »

A l'époque de la maturité des fruits il s'approche des habitations et vient dans les jardins. On le rencontre aussi bien dans les forêts épaisses que sous les taillis clair-semés ou dans les buissons.

Nourriture. — Ils vivent d'insectes et de fruits ; ils sont très friands d'oranges. En captivité, on les nourrit d'une pâtée faite avec des amandes douces pilées, du biscuit écrasé, des œufs de fourmis conservés et du chènevis broyé, le tout passé au tamis. Ils se contentent même de la nourriture des Tangaras, c'est-à-dire de pommes de terre et d'œufs écrasés séparément et mêlés en égales parties, puis écrasés ensemble de manière à former un tout homogène et farineux. Du reste, ils paraissent peu difficiles : j'en ai vu au milieu de Rossignols du Japon, qui semblaient se délecter de la pâtée des fauvettes. Pour varier ce régime, au printemps on leur offre, des larves de fourmis fraîches et des fruits selon la saison, figues, cerises, bananes, oranges, poires et pommes, et surtout des vers de farine.

Captivité. — Cette espèce a niché chez M. Chiapella à Bordeaux. Les œufs sont d'un blanc pur. « Leur nid, dit cet amateur distingué, est très compliqué ; ils apportent un grand soin à le construire. Les matériaux qu'ils emploient sont des filaments de chiendent ou d'écorce de coco, ou même du foin menu et allongé, du crin et des plumes.

« Il leur faut des vers à soie de bonne qualité pour la première alimentation des petits. »

On peut remplacer les vers à soie par des œufs de fourmis et des vers de farine ou des mouches.

Malgré que ces Certhiolidés viennent des Tropiques, ils supportent assez bien une température de huit à seize degrés. Avec des soins, on parvient à les conserver sept ou huit ans, pourvu qu'on les isole, et qu'on puisse les soumettre plus facilement au régime que nous venons d'indiquer. Du reste, ils sont batailleurs et la vie à part est préférable.

LES HUMICOLIDÉS. — *Humicolæ.*

Caractères. — Leur plumage est lisse, de couleurs sombres et peu varié ; l'œil grand et expressif. Ceux qui peuplent nos contrées sont oiseaux de passage. Ils y arrivent au printemps pour en repartir aux approches de la mauvaise saison. C'est à la famille des Humicolidés qu'appartient le

Rossignol, cet admirable chanteur dont la voix n'est égalée ni surpassée par aucun autre chantre du monde emplumé.

Distribution géographique. — Ces oiseaux sont propres à l'Europe, à l'Asie et à l'Afrique.

Mœurs, habitudes et régime. — Ils habitent les bois, particulièrement ceux qu'arrosent des cours d'eau et des sources vives. Une fois installés dans un canton, ils lui demeurent fidèles et en défendent la possession contre leurs semblables.

Nourriture. — Les insectes de toutes sortes, les vers et les mollusques terrestres composent exclusivement leur régime. A l'automne, cependant, ils y ajoutent quelques baies. Selon la zone qu'ils habitent, les Humicolidés font une ou deux pontes de 4 à 7 œufs. Ils établissent leurs nids près du sol ou à peu de hauteur sur une souche ou dans les buissons tournés au levant. Il est volumineux. Des chaumes, des racines, des feuilles sèches en constituent les principaux matériaux. Le père et la mère se montrent très attachés à leurs petits.

Captivité. — Pris adultes, les Humicolidés exigent des soins tout particuliers; mais quand on parvient à leur faire oublier la liberté perdue, ils dédommagent, par leur gaîté et leur chant mélodieux, de la peine qu'ils ont donnée.

Les trois représentants les plus remarquables de la famille sont : le *Rossignol*, le *Rouge-Gorge* et le *Rossignol de muraille*.

1. Le Rossignol. — MOTACILLA LUSCINIA (fig. 47). — Les naturalistes distinguent deux espèces de Rossignols : l'une qu'ils désignent sous le nom de *Motacilla luscinia major*, l'autre sous celui de *Motacilla luscinia*.

La première, de taille plus forte, de chant différent, paraît appartenir, d'une façon plus spéciale, à l'est de l'Europe. On la rencontre surtout en Hongrie, en Galicie, en Pologne et en Turquie. Elle fréquente les bas-fonds, les broussailles des collines, mais principalement les plaines voisines des cours d'eau.

Fig. 47. — Le Rossignol.

La seconde est le Rossignol commun, le Rossignol que tout le monde connaît. Nous ne parlerons donc que de celui-là.

Caractères. — Sa taille est de 18 centimètres. Une nuance gris brun teintée de roux couvre le cou et le dos; la gorge, la poitrine et le ventre sont gris blanc, foncé à la partie inférieure de la gorge et pâle sur le ventre; les ailes nuancées de gris brun avec mélange de roussâtre; les plumes de la queue brunes estampées de roux.

Il faut avoir le couple sous les yeux pour distinguer la femelle du mâle, tant les nuances sont peu sensibles; toutefois, la femelle est moins haute sur pattes; la tête est moins longue et moins pointue; le cou plus court; l'œil moins vif et la gorge moins blanche.

Distribution géographique. — Le Rossignol commun, à partir du milieu de la Suède, est répandu dans toute l'Europe. En Asie, on le rencontre jusque dans les parties tempérées de la Sibérie, et en Afrique, jusque sur les bords du Nil. On le trouve également en Chine et au Japon.

Mœurs et habitudes. — Il paraît dans le midi de la France, dès les premiers jours de mars, où il attend que la température s'adoucisse pour avancer vers le nord. Le voyage se fait isolément, la nuit et par étapes, c'est-à-dire de buisson en buisson.

Le Rossignol recherche les lieux ombragés, les jardins coupés de charmilles et de bosquets, les halliers, même les haies touffues au milieu des champs, à l'abri des vents du nord. Dans les montagnes, d'après Tschudi, il n'est pas rare de le rencontrer jusqu'à 1000 ou 1500 mètres d'altitude : « Il s'y tient dans les bois taillis, les buissons et les fourrés voisins des cours d'eau. » Il passe les premiers temps de son arrivée dans les haies des jardins et des terrains cultivés en attendant, pour s'enfoncer dans les bois, que la nature leur ait rendu leur parure. A chaque printemps, le Rossignol revient habiter les mêmes endroits que l'année précédente, à moins que l'aspect n'en ait été modifié par la destruction des ombrages. Dans ce cas, il cherche dans le voisinage une autre place convenable. Cet attachement aux lieux connus amène entre vieux et jeunes des disputes qui n'ont d'égales que celles qu'ils se livrent pour la possession d'une compagne.

Dès leur retour, les Rossignols signalent leur présence, durant les premières nuits, par des chants ininterrompus, pour indiquer, suivant certains naturalistes, la route aux femelles qu'ils précèdent de quelques jours. Leur nombre, dans une même localité, dépend des ressources que leur offre la contrée, pour eux et leur famille; mais plus on avance vers le midi, plus il semble se multiplier.

« En Espagne, dit Brehm, ce n'est pas exagérer que d'avancer qu'on trouve une paire de Rossignols dans chaque buisson, dans chaque haie. Une matinée de printemps passée sur le Montserrat, une promenade le soir dans les jardins de l'Alhambra, sont des choses que n'oubliera jamais quiconque a des oreilles. On entend des centaines de Rossignols chanter en même temps, de tous côtés leur voix retentit; la Sierra-Morena en entier peut être regardée comme un seul jardin peuplé de ces oiseaux. » (Brehm, t. I.)

Au repos, le Rossignol laisse pendre un peu ses ailes, dont les extrémités sont surmontées par la queue qu'il porte relevée. Il marche par saccade avec des hochements de queue. Si quelque chose attire son attention, il penche la tête de côté. Son cri d'appel peut se traduire par la syllabe *wick*, répétée plusieurs fois et suivie de celle *krr*... Dans l'inquiétude, il ne fait entendre que la dernière.

Après l'appariage, qui a lieu vers la fin d'avril ou la première quinzaine de mai, le couple se cantonne dans le petit domaine qu'il s'est choisi et n'y supporte aucun autre ménage de son espèce. Pour la construction de son nid, le Rossignol recherche comme emplacement une haie touffue, une charmille exposée au soleil levant. Il l'établit près du sol, dans des broussailles ou sur les branches basses d'un fourré. De l'herbe sèche, des feuilles de chêne en quantité pour l'extérieur, de menues racines, du crin et de la bourre pour l'intérieur, sont les matériaux employés que cet Humicolidé entrelace avec assez d'art, mais d'une façon si fragile qu'au moindre déplacement tout l'édifice s'écroule.

La ponte est de 4 à 5 œufs d'un brun verdâtre, couvés alternativement par le mâle et la femelle. L'incubation dure de dix-huit à vingt jours. C'est à ce moment que le Rossignol fait entendre, durant le jour et pendant la nuit, ces incomparables mélodies qui n'ont été surpassées par aucun autre chanteur. Beethoven, dans son admirable symphonie pastorale, a cherché à en reproduire l'accent ; mais comment rendre cette voix chaude et vibrante, passant de la tendresse aux emportements de la passion?

A l'éclosion des petits, qui s'élèvent vite, le père et la mère se partagent le soin de l'éducation. Au bout de quinze jours, le père reste seul chargé de cette mission pendant que sa compagne s'occupe d'un nouveau nid.

Le sentiment de la paternité est très prononcé chez le Rossignol. Quand il est pris avec ses petits, il leur continue ses soins en captivité. Il suffit de tenir à sa disposition des larves de fourmis, des vers de farine mêlés à du cœur de bœuf ou du veau cru finement haché.

Nourriture. — Toutes sortes d'insectes, des chenilles vertes, des mouches, des phalènes, des coléoptères, des larves de fourmis et d'autres composent sa nourriture.

Captivité. — Certains auteurs affirment qu'un Rossignol vieux de cage, c'est-à-dire captif depuis un an au moins, consent à servir de père aux jeunes qu'on place près de lui. D'autres assurent qu'il se reproduit en volière plantée d'arbustes tels que fusains, buissons ardents ou ocubas. Un amateur de ma connaissance a tenté l'expérience sans résultat avec de jeunes Rossignols élevés en cage. L'essai est-il concluant? Je ne saurais l'affirmer ; l'expérience avait peut-être besoin d'être renouvelée et continuée plusieurs années de suite.

Ce musicien incomparable paie de sa liberté, de la mort le plus souvent, le charme de la voix dont l'a gratifié la Nature. Le difficile n'est pas de le prendre, car le Rossignol donne gauchement dans tous les pièges, mais d'arriver à lui faire surmonter le chagrin de la captivité et à modifier son régime. Toutes les époques ne sont pas également favorables à cet essai. Une fois les premiers jours de mai passés, il est trop tard. Déjà il a fait choix d'une compagne et l'arracher à ses amours c'est le vouer à une mort certaine. Ce n'est donc qu'à l'arrivée en avril ou au départ en septembre qu'on puisse espérer réussir. Une fois l'oiseau pris, il faut l'enfermer dans une cage spéciale dite *cage à Rossignol*, à cloisons pleines de tous côtés, tapissée de mousse, munie de barreaux sur une seule face seulement. On fait ensuite l'obscurité dans la cage à l'aide d'une serge de couleur, dont on voile le côté ouvert, puis on donne au prisonnier des œufs de fourmis et des vers de farine. Faute de cette alimentation, l'unique qui le détermine à manger, il vaudrait mieux lui rendre la liberté si l'on ne veut pas le voir mourir. Un peu plus tard, afin de l'amener progressivement à un genre de nourriture moins échauffante, on hache menu, pour les besoins de la journée seulement, dans la crainte de la fermentation, un peu de cœur de bœuf auquel on incorpore des œufs de fourmis et des vers de farine coupés en morceaux. En cherchant dans cette pâtée les larves de fourmis et les morceaux de vers, il en mangera quelques bribes et il arrivera de la sorte à s'habituer à cet aliment qui constituera dans la suite sa nourriture de tous les jours. Les vers de farine ne seront plus qu'une friandise de circonstance. Après un mois de captivité on pourra découvrir la cage et il est rare que, dans la satisfaction de revoir la lumière, il ne se mette pas à chanter pour ne s'interrompre qu'au mois d'août, époque de la mue.

La pâtée que j'ai indiquée sert également à l'élevage des jeunes Rossignols. Certaines personnes prennent du cœur de bœuf haché très menu, y ajoutent une quantité égale de pain d'œufs, échaudé ou autre, un peu de verdure, laitue, pissenlit, coupés très menu, le tout bien pétri. On en fait des boulettes de la grosseur d'un petit pois. Deux par heure et par oiseau sont suffisantes. Il faut les faire boire une ou deux fois par jour au moyen d'un morceau de coton imbibé d'eau. Avant d'entreprendre cette éducation, il est nécessaire d'attendre que les petits soient couverts de plumes. On les place, avec le nid, dans un panier garni de mousse et trois semaines après ils seront assez forts pour être mis en cage. A cet âge déjà le mâle se fait connaître par un léger gazouillement. Il sera bon de les séparer, car le Rossignol aime à vivre isolé.

L'art chez l'oiseau, comme chez l'homme, a besoin, pour se développer, d'exercices et de leçons. Il sera donc utile, au printemps, de mettre les jeunes à même d'entendre un vieux Rossignol. Dans les champs, c'est à cette école que se forment ceux de l'année. Un bon chanteur doit compter de vingt à vingt-cinq phrases dans son répertoire.

Les Rossignols sont capricieux dans leurs goûts : les uns aiment la lumière, les autres préfèrent un peu d'obscurité. Afin d'habituer l'oiseau à se faire entendre partout où on le place, il faut profiter du temps de la mue pour le porter d'une pièce à l'autre et l'accoutumer à n'avoir pas d'endroit préféré. L'hiver, le Rossignol exige de la chaleur. Avec une température de 16 à 18 degrés, on aura la satisfaction de l'entendre chanter dès le commencement de décembre comme aux plus beaux jours du printemps.

Dès que les premières fraîcheurs de l'automne se font sentir, le Rossignol abandonne notre climat et va demander au ciel de l'Asie Mineure, de l'Afrique et de la Basse-Égypte des jours moins sombres et des nuits plus tièdes; mais pour lui ce n'est qu'une simple station. Il n'y chante pas et sans chant pas d'amour. Pour l'oiseau, là est la patrie où est le nid. Il attend donc avec impatience le retour de notre printemps pour revenir en Europe, son véritable pays.

Je termine cette longue monographie par une curieuse assertion de Bechstein que rien ne justifie, d'après mes observations personnelles et celles des divers amateurs ou oiseleurs que j'ai consultés à ce sujet :

« D'après des expériences réitérées pendant plusieurs années de suite, dit-il, je me crois autorisé à affirmer que les Rossignols nocturnes comme les diurnes forment des races particulières qui se propagent régulièrement. Car, si l'on prend dans le nid un jeune chanteur de nuit, il chantera à son tour aux mêmes heures que son père, non la première année, mais certainement les suivantes, tandis que, de son côté, le fils d'un Rossignol diurne ne chantera jamais la nuit, quand même il serait entouré de Rossignols nocturnes. »

2. **Le Rouge-Gorge.** — MOTACILA RUBECULA (fig. 48). — *Caractères.* — Qui ne connaît ce charmant Humicolidé à l'œil vif, au front, à la gorge et à la poitrine orangés, encadrés par une légère ligne bleue, au dos roux clair, aux ailes brunes, au ventre blanc argenté ! Qui ne l'a vu, l'hiver, venir dans les maisons chercher un refuge contre le froid et quêter une mie de pain pour apaiser sa faim, quand il a été assez imprudent pour s'oublier dans nos contrées septentrionales ?

Sa taille est de 15 centimètres environ, dont 7 pour la queue. Le bec, en forme d'alêne, est noirâtre ; les pieds hauts et fins sont brun de corne. Sur le sol, il se tient le corps droit, les ailes un peu pendantes, la queue horizontale.

La femelle se distingue du mâle adulte par des teintes un peu affaiblies, par moins d'orangé au front, et par la taille qui est tant soit peu plus petite. Les pattes sont brunes tirant sur le rouge. Les mâles de première année ressemblent beaucoup aux femelles. Ils n'en diffèrent que par les pieds qui sont toujours bruns.

Distribution géographique. — Le Rouge-Gorge est particulier à l'Europe. Il ne paraît pas en dépasser les limites.

Mœurs et habitudes. — Il recherche les ombrages épais et les endroits humides. C'est un habitant des bois. Aussi ne le voit-on autour des habitations qu'à son départ, en octobre, lorsque les forêts commencent à se dépouiller et à son retour, dans le courant d'avril, quand la nature reverdit. A ce moment, on le voit partout dans les haies et les buissons voletant de branche en branche. Les étapes s'effectuent la nuit dans un vol élevé. Le matin, il s'abat dans une forêt, dans un jardin, pour s'y reposer et chercher sa nourriture. Un certain nombre reste toutefois ; mais cette témérité leur devient fatale, si l'hiver est rigoureux. Les uns meurent de faim, les autres non moins misérablement en venant se faire prendre dans les granges et les greniers.

« Il n'est pas d'oiseau plus matinal, dit Buffon. Dans les bois, il est le premier éveillé ; il se fait entendre dès l'aube ; il est aussi le dernier qu'on y entende et qu'on y voie voltiger ».

Comme le Martin-Pêcheur ou le Rossignol, le Rouge-Gorge se choisit un canton et n'y supporte aucun autre de son espèce, voire même les oiseaux plus faibles que lui. En cage, si l'on en associe deux ensemble, c'est une source de combats sans fin. De guerre lasse, ils arrivent quelquefois à se partager l'espace, mais au premier empiètement de l'un sur le terrain de l'autre, la lutte recommence.

Il fait son nid dans le courant de mai. Un tronc d'arbre creux, une souche, une touffe d'herbe assez forte pour le supporter lui servent d'emplacement. La mousse, les brindilles, les petites racines, le crin et la plume lui fournissent les matériaux de l'intérieur et de l'extérieur. Si rien ne l'abrite, il lui fait un toit en ménageant une sortie du côté du levant.

La ponte est de 5 à 6 œufs d'un blanc jaunâtre, semés de points roux foncé. Le mâle aide sa femelle pendant l'incubation, qui dure quinze jours. A la sortie du nid, les petits ne tardent pas à être abandonnés. Les parents recommencent une nouvelle couvée, si le temps le permet.

Fig. 48. — Le Rouge-Gorge.

Jonathan Franklin cite un exemple charmant de l'attachement du Rouge-Gorge pour ses petits.

« Un gentleman de mon voisinage, dit-il, avait fait préparer dans une voiture des paniers d'emballage et des caisses qu'il voulait envoyer à Worthing. Son voyage fut différé de quelques jours, puis de quelques semaines; il fit placer le chariot chargé sous un hangar dans la cour. Pendant ce temps, un couple de Rouges-Gorges fit son nid entre la paille et les objets d'emballage et couva ses œufs avant que le chariot se mit en route. La mère, nullement effrayée par le mouvement de la voiture, quittait seulement son nid de temps en temps, pour voler sur la haie voisine, où elle cherchait à manger pour ses petits, leur apportait ainsi, tour à tour, la chaleur et la nourriture. Le chariot et le nid arrivèrent à Worthing; la mère et les petits retournèrent, de la même manière, sains et saufs à Wultonheath, d'où ils étaient partis. »

Le Rouge-Gorge, hors le temps de la mue, chante toute l'année, mais principalement au printemps. La femelle se fait également entendre, avec moins d'harmonie, toutefois, dans la voix.

Nourriture. — A l'état sauvage, il vit de larves de fourmis, de vers, d'insectes de toute sorte et de mouches.

Captivité. — Sa gentillesse, les agréments de son chant font du Rouge-Gorge un habitant de volière des plus charmants. Il s'habitue vite à la perte de la liberté. En peu de temps, il perd toute timidité et vient prendre à la main les vers de farine qu'on lui présente. Malheureusement ces qualités sont déparées par un esprit de taquinerie à l'égard des Becs-Fins ou des oiseaux plus faibles que lui. Un jour, j'en mis un en compagnie d'une Fauvette, d'un Rossignol du Japon *(Liothrix)* et d'un Cordon-Bleu *(Estrelda mariposa).* Tout d'abord l'harmonie alla bien; mais bientôt il s'attaqua à la Fauvette; puis vint le tour du Bengali. Malgré sa petite taille, ce charmant Astrildien était courageux; il tint si bien que ce fut au Rouge-Gorge à filer doux. Cette circonstance sauva la Fauvette des attaques de son persécuteur. En cage, il s'accommode d'un peu de tout : de viande finement hachée, de mie de pain, d'échaudé, de pain trempé de lait. Les marchands d'oiseaux et les oiseleurs le nourrissent avec la pâtée de Fauvette, c'est-à-dire de pain broyé, de chènevis écrasé, de mouron et de laitue finement hachée, le tout bien mélangé.

Les jeunes s'élèvent avec du pain blanc imbibé de lait bouilli, saupoudré d'œillette.

En captivité, il se reproduit dans les volières spacieuses. Pour le mettre à même d'élever ses petits, il faut avoir soin de lui procurer des vers de farine, des œufs de fourmis ou des asticots.

Chasse. — Durant la belle saison, aucun autre oiseau ne vient plus facilement à la pipée. En hiver, on le prend avec un appelant ou simplement avec un piège à Rossignol, amorcé d'un ver de farine et tendu dans un endroit à découvert.

3. **Le Rossignol de muraille.** — MOTACILLA PHŒNICURUS (fig. 49). — *Caractères.* — Le Rossignol de muraille, ou Rouge-Queue, est un de nos charmants chanteurs. Malgré les soins particuliers qu'il réclame et sa nature délicate, nous ne saurions le passer sous silence. Il n'est pas rare, en effet, de le voir en cage. La beauté de son plumage et la mélodie de sa voix dédommagent de la peine qu'il donne.

Il mesure 14 centimètres environ. La tête est noire, égayée par un bandeau blanc, qui couvre le front et s'unit au trait de même couleur, qui passe au-dessus des yeux. Une bavette noire encadre la gorge, le devant et les côtés du cou ; le dos et les petites couvertures sont cendrés ; les pennes des ailes noirâtres, teintées de gris, ont les barbes extérieures frangées de gris blanchâtre. Un beau roux de feu lustre la poitrine, s'éteint un peu sur les flancs pour reprendre tout son éclat dans les plumes de la queue, à l'exception des deux médianes qui sont brunes. Le ventre est blanc et les pattes noires.

La femelle très différente ressemble à celle du Rossignol. Les couleurs sont plus claires: le dessus du corps est cendré avec teinte roussâtre, la gorge blanchâtre sans tache noire, la poitrine couleur de rouille estompée de blanc.

Avant la mue, le plumage des jeunes est gris cendré, moucheté de blanc. Les jeunes mâles se distinguent au trait blanc, qui passe au dessus des yeux, et au ventre plus blanc que rouillé.

Distribution géographique. — Se rencontre en Europe et en Asie.

Mœurs et habitudes. — Il arrive en France dans les premiers jours d'avril, où il fréquente les jardins, les cours d'eau plantés de saules, les pays montagneux et boisés. Son plaisir est de se tenir perché sur un tuteur, une saillie de rocher, un toit avec cheminée, d'où il guette l'insecte qui passe ou la mouche qui vole.

Pour construire son nid, il choisit les kiosques des jardins, un creux d'arbre ou un trou de mur. Aucun art n'y préside: un peu d'herbe sèche, mêlée à du crin et à quelques plumes, c'est tout. La femelle fait deux pontes par an, de 5 à 6 œufs, chaque fois.

Le Rouge-Queue est mélancolique et solitaire sans cesser cependant d'être vif et gai. Il marque sa pétulence par un fréquent hochement de queue. Un des premiers levés, il est un des derniers endormis. Au soleil couchant, il aime à se percher sur un point isolé et à saluer de ses strophes douces et harmonieuses le déclin du jour.

Son départ s'effectue vers la fin de septembre, dans les premiers jours d'octobre au plus tard, c'est-à-dire au moment où les insectes se font rares.

Nourriture. — A sa nourriture composée exclusivement d'insectes de toute sorte, il ajoute des baies de sureau, des groseilles et quelques autres fruits de ce genre.

Les jeunes qu'on veut élever s'abecquent avec des œufs de fourmis et du pain blanc imbibé de lait bouilli, ou chargé de jaune d'œuf. Plus tard, on substitue à ce régime la pâtée de Rossignol, en y ajoutant, de temps à autre, des vers de farine et, dans la saison, des larves de fourmis.

FIG. 49. — Le Rossignol de murailles.

Chasse. — Au printemps comme à l'automne, on l'attire au filet et aux gluaux par l'appât de quelques vers de farine. Il est très sensible à la perte de la liberté ; mais avec quelques œufs de fourmis, quelques baies de sureau on arrive à l'habituer à la pâtée de Rossignol. Malheureusement, il ne vit guère en captivité au delà de quatre ans. La phtisie est généralement la maladie qui l'emporte. Très souvent encore, il succombe à une affection pédiculaire ; une fois envahi par les poux il ne tarde pas à mourir de consomption.

Le Martin-Pêcheur. — ALCEDO HISPIDA (fig. 50). — *Caractères.* — Bec droit, anguleux et robuste, hors de proportion avec sa petite taille, tête forte, allongée, ailes médiocres, pattes rouge vermillon, très courtes, tel est l'aspect général du Martin-Pêcheur ; mais à côté de ces formes en apparence peu gracieuses, la nature semble avoir répandu sur sa robe toutes les richesses de sa palette.

« Il a les nuances de l'arc-en-ciel, le brillant de l'émail et le lustre de la soie : tout le milieu de son dos ainsi que le dessus de sa queue est d'un bleu clair brillant qui, aux rayons du soleil, a le feu du saphir et l'œil de la turquoise : le vert sur ses ailes se mêle au bleu et la plupart des plumes y sont terminées et ponctuées par une teinte d'aigue-marine ; la tête et le dessus du cou sont pointillés de mêmes taches plus claires sur un fond d'azur. » (Buffon.)

Le Martin-Pêcheur ne saute ni ne marche, lors même qu'il se pose à terre ; cela tient, sans doute, à quelques particularités de son organisation, dont les naturalistes n'ont point encore pénétré les causes.

Distribution géographique. — On le rencontre dans toute l'Europe ainsi que dans la partie occidentale de l'Asie. Il s'élève, dans les Alpes, d'après Tschudi, jusqu'à 1800 mètres au-dessus du niveau de la mer.

Mœurs et habitudes. — Il est d'un naturel sauvage. Quand on l'approche, il file d'un vol rapide en rasant la surface de l'eau et en suivant les contours du rivage. Il vit

Fig. 50. — Le Martin-Pêcheur.

solitaire sur le bord des ruisseaux et des rivières aux ondes transparentes, occupé à pêcher le poisson, dont il fait sa nourriture. Une fois établi dans un canton, il ne supporte aucun de ses semblables, pas même la présence de la Bergeronnette, qui vient sur la grève, chasser les insectes aquatiques. Posé sur une branche morte ou dépouillée de son feuillage, qui surplombe le cours d'eau, ou bien encore sur une pierre qui en émerge, on le voit des heures entières, dans une immobilité absolue, guetter le poisson au passage. Aussitôt qu'il aperçoit sa proie, il fond sur elle avec la vitesse d'une flèche, plonge, le bec en avant, et la saisit de ses mandibules puissantes. Si le poisson est trop gros, il le broye contre un tronc d'arbre ou une pierre et l'avale ensuite la tête la première. En hiver, lorsqu'il est forcé par la gelée ou les eaux troublées par les crues, d'abandonner les rivières, on le voit, vers les sources d'eau vive, se rabattre sur les insectes aquatiques. Malgré la glace, le Martin-Pêcheur cherche encore à continuer ses pêches, mais cette obstination lui devient souvent fatale; car, il lui arrive de ne plus retrouver le trou par lequel il s'est précipité et de mourir asphyxié. Si les rigueurs de la saison sont par trop rudes, il se décide à émigrer.

L'époque de la nidification semble n'avoir rien de bien régulier et dépendre un peu des circonstances, du temps et de l'état des rivages. Ce qui le prouve, c'est qu'on trouve des œufs jusqu'en septembre. Quand le moment leur paraît opportun, le mâle et la femelle choisissent, le long d'un cours d'eau, une anfractuosité de rocher pour en faire le berceau de leur famille, ou bien ils creusent dans une rive abrupte, sablonneuse, sans végétation, afin d'en rendre l'accès impraticable aux rats ou à la belette, un trou de 5 à 6 centimètres de diamètre, profond de 40 à 50 centimètres, terminé par une excavation de 7 à 8 centimètres de hauteur et de 11 à 14 de largeur. C'est là que, sur un lit d'arêtes de poissons et de quelques plumes, la femelle dépose de 7 à 8 œufs, assez gros et entièrement blancs, qu'elle couve seule de 14 à 16 jours. Durant ce temps, le mâle pourvoit à sa nourriture et à la propreté de la demeure, soin qu'ils se partagent tous les deux à l'éclosion des petits. Rien n'égale l'attachement de la femelle pour son nid ou sa couvée. Vainement fait-on du bruit au-dessus de l'habitation, elle reste impassible ; il faut passer la main ou une baguette dans le trou pour la forcer à partir.

Le nid sert plusieurs années, à moins que l'entrée n'en ait été élargie par une circonstance quelconque, auquel cas, ils en construisent un autre.

Dans les premiers jours de leur naissance, le Martin-Pêcheur nourrit ses petits d'insectes aquatiques, de libellules dont il détache la tête et les ailes. Plus tard, il leur sert de petits poissons ; mais leur éducation lui demande beaucoup de peine. Lorsque la famille a quitté le nid, elle se réunit sous les racines d'un arbre déchaussées par le courant, et qui dominent le cours d'eau. Là, sous l'œil des parents et à leur exemple, elle apprend à saisir le poisson au passage.

Captivité. — Il est extrêmement difficile de conserver les Martins-Pêcheurs pris adultes, à moins de leur procurer une installation convenable, c'est-à-dire une volière spacieuse agrémentée d'un bassin dans lequel on a soin d'entretenir de petits poissons. On établit des perchoirs près de l'eau afin de leur permettre de se tenir en observation. Les jeunes s'élèvent avec des vers de farine, des œufs de fourmis, de petits poissons et de la viande coupée par petites tranches.

Chasse. — Lorsqu'on a découvert un endroit fréquenté par un Martin-Pêcheur, c'est généralement près d'un tournant d'eau, on y plante un pieu auquel on attache le piège connu sous le nom de Sauterelle, et à l'aide de cet engin il se prend assez facilement.

LES EMBÉRIZIDÉS. — *Emberizæ.*

Les Ornithologistes considèrent les Embérizidés comme la transition entre les Passereaux proprement dits et les

Alouettes. La famille est nombreuse et se divise en plusieurs genres et espèces. Le caractère le plus saillant réside dans le bec, qui est petit, court, conique, pointu, large à la base, très fortement comprimé en avant. Le palais d'un certain nombre est garni d'un tubercule osseux. Le corps est gros, la queue moyenne, échancrée ou tronquée. Ils ont les pieds courts, les doigts longs et le pouce armé, comme les Alouettes, d'une espèce d'éperon ; le plumage lâche et fourni. Les couleurs chez les mâles sont assez vives.

Distribution géographique. — A l'exception de l'Australie, les Embérizidés sont répandus sur toute la surface du globe.

Mœurs et habitudes. — Ils habitent les buissons et les roseaux ; on les rencontre également dans les champs et les prairies. Ce sont des oiseaux erratiques. Dans leurs excursions, ils se mêlent souvent aux Alouettes et aux Pinsons. Cet amour de la sociabilité les porte, hors le temps des amours, à former des bandes considérables, et même pendant la saison des amours à nicher les uns près des autres. Ils établissent leur nid sur le sol dans des touffes d'herbes ou dans les buissons. Le mâle et la femelle couvent alternativement. La ponte est de 4 à 6 œufs.

La nourriture des Embérizidés est fort variée. En été, ils vivent d'insectes, de sauterelles, de petits coléoptères, de chenilles, de larves et de mouches. En hiver, ils recherchent les graines oléagineuses. Ce sont de gros mangeurs. Leurs mouvements lourds et leur manque de vivacité en font des oiseaux peu recherchés, quoique leur reproduction en captivité ne paraisse pas douteuse.

A l'exception des deux représentants suivants, on voit peu souvent les Embérizidés en captivité : le *Bruant commun* et l'*Ortolan*.

1. Le Bruant commun. — EMBERIZA CITRINELLA — *Caractères.* — Le Bruant, que les marchands appellent le *Bouton d'or*, à cause du beau jaune doré qui orne la tête et la partie inférieure du corps, mesure 17 centimètres. A elle seule, la queue en compte 8. Chez les jeunes mâles, cette nuance safran est mélangée de brun. Variée de quelques taches olives, elle ne devient pure qu'avec l'âge. Le dessus du cou est olivâtre ; le dos gris, parsemé de noir et de roux. Les deux pennes externes de la queue, qui est noirâtre et fourchue, sont marquées d'une tache blanche et cunéiforme. Au reste, le plumage offre une grande diversité de tons, suivant les individus. La femelle est un peu plus petite et a moins de jaune, c'est à peine s'il apparaît à travers la teinte brune et roussâtre qui forme le fond de sa robe.

Au printemps de la première année, les jeunes mâles lui ressemblent, avec cette différence que le jaune, distinction du sexe, se manifeste déjà sur le sommet de la tête.

Distribution géographique. — Le Bruant est répandu dans toute l'Europe et une grande partie de l'Asie.

Mœurs et habitudes. — On le rencontre dans les lieux couverts de buissons, sur la lisière des petits bois, où il se nourrit d'insectes, particulièrement de chenilles, et de toutes sortes de petites graines. A l'automne, lorsque les couvées sont élevées, les Bruants se réunissent en bandes nombreuses et parcourent les champs en compagnie d'autres oiseaux. Lorsque l'hiver est rigoureux, ils se rapprochent des habitations ; on les voit alors sur les routes et dans les cours des fermes cherchant leur nourriture dans les pailles et sur les fumiers, mêlés aux Pinsons et aux Moineaux.

Le Bruant fait ordinairement deux pontes par an, quelquefois même une troisième. Chaque couvée est de 4 à 5 œufs, d'un blanc sale, parsemés de taches foncées. Le nid est établi près du sol, dans un buisson ou dans une touffe d'herbe. Le père et la mère couvent alternativement. Ils donnent à leurs petits, dans le premier âge, des insectes, plus tard, des graines ramollies dans leur jabot.

Son chant, composé de la même note répétée plusieurs fois, est triste et monotone.

Captivité. — Pour conserver le Bruant en captivité, il importe de varier sa nourriture. A l'avoine, qu'il recherche, il faut avoir soin d'ajouter des vers de farine et des œufs de fourmis, du millet, de l'œillette et de la verdure.

On le prend l'hiver, soit au filet, soit à l'aide d'une trappe que l'on fait tomber en tirant, par une ficelle, le petit bâton qui la soutient, au-dessus d'un trou fait en terre. Au printemps, il vient à la pipée.

2. **L'Ortolan.** — Emberiza hortulana. — *Caractères.* — L'Ortolan est élégant de forme et de plumage. Il a la taille à peu près du Bruant commun. Comme lui, il mesure 17 centimètres environ ; la queue en compte 6. La tête et le cou sont d'un cendré olivâtre ; le tour des yeux et la gorge jaune foncé ; un trait de même nuance passe au-dessus de l'œil ; la poitrine, le ventre et les flancs sont roux, teintés de brun, ainsi que les sous-caudales ; les pattes couleur de chair ; le dessus du corps varié de marron, de brun et de noir ; les pennes de l'aile noirâtres, les grandes frangées de gris ainsi que les moyennes ; les plumes de la queue noirâtres avec rebords roux, à l'exception des externes, qui sont liserées de blanc.

L'Ortolan a le palais garni d'un tubercule osseux.

Chez la femelle, le cendré domine sur la tête et le cou ; la tache jaune au dessus de l'œil fait défaut et les autres couleurs sont moins accusées.

Avant la première mue, les jeunes mâles ont la gorge d'un jaune indécis mêlé d'un peu de gris, nuance qui s'étend sur la poitrine et le ventre, lavée de roussâtre et de gris.

Distribution géographique. — « L'Ortolan, dit Brehm, habite une grande partie de l'Europe ; on le rencontre toute l'année dans les pays de la basse Elbe, dans le Brandebourg, la Sibérie, la Lusace. Il n'est pas rare dans le sud de la Norvège et en Suède, jusque dans les montagnes, au Dovrefjeld, par exemple ; il se montre en abondance dans le midi de l'Europe, surtout dans le sud de l'Italie et sur la côte orientale d'Espagne. On le trouve aussi en Hollande, en France, en Russie, dans l'Asie centrale jusqu'à l'Altaï. Il est rare dans le nord de l'Afrique ; jamais je ne l'ai vu en Egypte. » (Brehm, t. I.)

Mœurs et habitudes. — Dans les parties septentrionales de la France, l'Ortolan fait son apparition en avril, par petites bandes. A ce moment, il fréquente les vergers, les champs de trèfle, de luzerne, et les petits bois. D'après Buffon, ceux qui viennent de la Provence remontent jusqu'en Bourgogne, où on les voit, dans les vignes, chasser, sur les feuilles et les tiges, les insectes, dont ils font, en partie, leur nourriture. Au temps de la moisson, ils parcourent les champs en famille, vivant de ci de là de différentes graines ; mais, dès les premiers jours d'août, les jeunes prennent la direction du Midi, chemin que les vieux n'entreprennent qu'en septembre ou même que sur la fin de ce mois.

Le mode de nicher de l'Ortolan varie suivant les contrées où il se trouve. En Bourgogne, il place son nid sur les ceps. Dans certains endroits, il le construit sur la lisière des bois, dans les buissons ; ailleurs, comme l'alouette, il l'établit à terre, de préférence dans les blés. Des brindilles et des joncs en sont les matériaux.

La femelle fait ordinairement deux pontes par an, chacune de 4 à 5 œufs de couleur pourpre pâle, parsemés de petits points noirs.

La chair de l'Ortolan est un excellent manger. Cette particularité donne lieu, dans le Midi, à un commerce spécial. Pour procurer à ces oiseaux les qualités requises, on les engraisse. La méthode consiste à les enfermer dans une chambre obscure, éclairée, nuit et jour, par une lampe extérieure, juste assez pour leur permettre de distinguer leur boire et leur manger ainsi que les perchoirs. On leur donne du millet, de l'avoine, du panic en quantité. Huit jours de ce régime suffisent pour les amener à point. Quand on veut les retirer de la *mue* (c'est le nom qu'on donne à la chambre où ils sont renfermés), on éclaire vivement une pièce voisine, mise en communication par une porte avec la précédente. Attirés par l'éclat de la lumière, les Ortolans se précipitent du côté d'où leur paraît venir le jour. Si l'on veut n'en prendre qu'un certain nombre, on referme la porte, sans effrayer de la sorte ceux qui restent et qui, autrement, inquiétés par le sort de leurs compagnons, refuseraient de manger et perdraient ainsi leur embonpoint.

Le chant de l'Ortolan est un ramage flûté et moelleux qui le recommande plus à l'attention de l'amateur que les qualités de sa chair. A l'exemple du Rossignol, il se fait entendre quelquefois la nuit.

Captivité. — Cet Embérizidé est délicat et, pour le conserver, il faut savoir associer au régime végétal le régime animal, en ajoutant au millet, à l'avoine, au chènevis, au panic, à la graine de trèfle, des vers de farine et des œufs de fourmis. Les petits s'élèvent avec une pâtée faite de mie de pain blanc humectée d'eau ou de lait bouilli, de chènevis écrasé et de jaune d'œufs.

Chasse. — On fait la chasse aux Ortolans en avril et en août, époque des deux passages. Ils se prennent de diverses manières ; la plus usitée est celle de la nappe aux Alouettes avec appelants. On se sert également des gluaux et du trébuchet.

LES ALAUDIDÉS. — *Alaudæ.*

Les Alouettes. — ALAUDÆ. — *Caractères.* — La famille des Alouettes est nombreuse et se divise en plusieurs espèces. L'ensemble du plumage, assez terne, présente peu de variété. Le blanc, le noir et le roux, teintés parfois d'un peu de jaune, forment les dessins de la robe, plus clairs chez les unes, plus sombres chez les autres, selon qu'une de ces couleurs domine. L'habit des mâles est de nuance plus accusée. La taille et la grosseur varient selon l'espèce ; mais toutes se distinguent par la dimension de l'ongle du doigt extérieur. Cette disposition leur donne, dit-on, plus d'assiette sur la terre détrempée des champs de culture et leur permet une marche rapide ; mais, en revanche, la longueur de cet ongle devient un embarras quand elles veulent percher. Aussi les voit-on rarement posées sur les arbres, si ce n'est sur des surfaces planes et larges. Le chant est un apanage de la famille, comme la sociabilité est un de ses caractères généraux.

Distribution géographique. — Les Alaudidés ont une aire de dispersion très étendue, mais ils appartiennent surtout à l'hémisphère septentrional.

Mœurs, habitudes et régime. — Chaque espèce est liée à certaines localités : celles du Nord sont des oiseaux voyageurs. Les unes vont par grandes volées, les autres par petites troupes. Vieillot prétend qu'au commencement de l'hiver l'espèce tout entière se partage en deux bandes, celle des voyageuses et celle des sédentaires ; que les premières traversent la Méditerranée et vont se répandre en Syrie, sur les bords de la mer Rouge, en Égypte, en Nubie et en Abyssinie. Elles reviennent au retour de la belle saison.

Dans l'Europe centrale, les Alouettes font généralement deux pontes par an, l'une en mai et l'autre en juillet. Elles ne songent à une troisième couvée que dans les contrées méridionales. Le nombre des œufs varie de 4 à 5 chaque fois.

Leur régime est mi-partie végétal, mi-partie animal. Au printemps, elles se nourrissent d'insectes, de chrysalides, de vers, de chenilles, d'œufs de fourmis, de blé vert, de jeunes pousses, qui commencent à verdir. A l'automne, le blé, l'avoine et toutes sortes de petites graines remplacent les insectes devenus rares.

En cage, elles se trouvent bien du millet, de l'avoine, de l'œillette, du chènevis écrasé, de mie de pain. Il faut avoir soin d'y ajouter de la laitue, de la chicorée, du chou, comme verdure. Elles aiment également le cresson et le blé en herbe. On les régale en leur servant de temps à autre de la viande finement hachée, quelques vers de farine et des œufs de fourmis.

On élève les petits pris au nid avec la pâtée de Rossignol.

La cage destinée à l'Alouette doit être couverte d'une toile, pour éviter qu'elle ne se tue ou ne se blesse en cherchant à s'élever perpendiculairement, selon son instinct.

En raison de leur chant, qui les fait rechercher, nous donnons la description des Alouettes suivantes :

L'*Alouette des champs*, l'*Alouette cochevis*, l'*Alouette lulu*, l'*Alouette calandre*.

L'Alouette des champs. — ALAUDA ARVENSIS (fig. 51). — Cette Alouette est celle qu'on voit le plus souvent captive. L'éclat de sa voix et la variété de son chant justifient cette préférence. Qui n'a entendu, au sortir de l'hiver, alors que la nature est encore endormie, mais que les soleils de mars vont réveiller, ce charmant musicien égrenant du haut des airs ses phrases mélodieuses ? Qui ne l'a vue, quand elle veut chanter, s'élancer verticalement dans l'espace, en décrivant une spirale, s'élever par degré, en forçant sa voix au fur et à mesure qu'elle s'éloigne de terre ? L'œil ne l'aperçoit plus, mais ses accents arrivent encore à l'oreille. Après s'être ainsi maintenue longtemps dans les hautes régions, elle redescend lentement en planant toujours sans cesser de chanter. Puis, lorsqu'elle n'est plus qu'à quelques mètres du sol, elle replie les ailes et vient tomber comme un trait à côté de sa femelle.

Distribution géographique. — Elle est répandue dans toute l'Europe et une grande partie de l'Asie.

Mœurs et habitudes. — Cette Alouette fréquente les champs et les prés, de préférence les plaines.

Elle niche à terre, au milieu des semences d'été, dans les blés verts ou dans les jachères. Le nid est fait de chaume, de laine et de crins, que le mâle et la femelle construisent ensemble. Au mois d'octobre, elle part par grandes volées, pour revenir dans les premiers jours de février.

L'Alouette cochevis. — ALAUDA CRISTATA. — *Caractères*. — L'Alouette Cochevis est plus forte que la précédente ;

Fig. 51. — L'Alouette des champs.

ses formes sont plus massives, son plumage plus clair. Elle porte sur la tête une huppe formée de huit à dix plumes effilées et pointues. Celle de la femelle est moins haute.

Distribution géographique. — Outre l'Europe, où on la trouve partout, elle habite encore tout le centre et le sud de l'Asie et de l'Afrique.

Mœurs et habitudes. — L'été, le Cochevis se tient dans les champs, les vignes et les prés. Il fait son nid dans le voisinage des grands chemins. La ponte varie de 4 à 5 œufs. Les petits sont soignés avec un grand dévouement par la mère, jusqu'à ce qu'ils soient assez forts pour voler.

A l'automne, on voit cette Alouette par bandes de 10 à 15 sur les fumiers, autour des habitations ou le long des chemins, mêlée aux Moineaux et aux Bruants. Ses migrations s'étendent moins loin que celles des autres espèces.

Le chant du Cochevis ne vaut pas celui de l'Alouette des champs. La phrase est courte.

Captivité. — Il est délicat et vit peu de temps en captivité.

L'Alouette lulu. — ALAUDA ARBOREA. — *Caractères.* — Connu également sous le nom d'*Alouette des bois*, le Lulu ressemble assez à l'Alouette des champs, mais il est beaucoup plus petit. Il mesure à peine 17 centimètres.

Distribution géographique. — Cette espèce habite les mêmes contrées que la précédente.

Mœurs et habitudes. — C'est sur les coteaux couverts de thym et de bruyères, alternant avec des pâturages, dans le voisinage des bois, qu'il faut aller chercher cette Alouette. Avant son départ, en octobre, et à son retour, en mars, on la rencontre par volée de 10 à 15 dans les chaumes. Elle perche quelquefois sur les arbres.

Le Lulu niche au milieu des bruyères, sous les buissons de genevrier, dans les haies, au bord des jeunes taillis, dans une dépression qu'il s'est formée. Il tapisse cette petite cavation d'herbes, de mousse, de laine et de crin.

Captivité. — La beauté de son chant le fait rechercher par les amateurs ; mais il est délicat. Indépendamment des graines qu'il mange comme ses congénères, il faut lui donner la pâtée des Rossignols, des vers de farine et des œufs de fourmis.

La Calandre. — ALAUDA CALANDRA. — *Caractères.* — Chanter comme une Calandre est un dicton populaire, justifié par la variété de ses accents. A son chant naturel, elle mêle celui d'autres oiseaux. Son ramage n'est qu'un écho des chansons de ses compagnons des champs et des bois : airs de l'Hypolaïs, sifflement du Merle, chant de la Grive, cris de la Pie, pépiement du Moineau. La Calandre l'emporte par la taille sur les autres membres de la famille. Le mâle se distingue par son collier noir, qui est plus accentué que chez la femelle.

Distribution géographique. — Cette Alouette est une espèce méridionale qu'on ne rencontre qu'en Provence, en Espagne, en Italie et en Syrie. Elle pousse ses voyages jusqu'au centre de l'Asie et dans le nord de l'Afrique.

Mœurs et habitudes. — Elle fréquente les champs de culture sans être rare dans les plaines incultes. Comme les précédentes, elle niche à terre sous une motte de gazon bien fournie. La ponte est de 4 à 5 œufs.

Captivité. — On l'élève fréquemment dans le Midi pour jouir de son chant. Elle réclame les mêmes soins que le Lulu.

FIN

ERRATA

Page 107, ligne 21, *au lieu de :* ongles jaunes, *lisez :* angles jaunes.
Page 333, ligne 23, *au lieu de :* chaque coupe, *lisez :* chaque couple.
Page 376, ligne 10, *au lieu de :* simplement, *lisez :* amplement.

TABLE DES MATIÈRES

TABLE ALPHABÉTIQUE DES MATIÈRES

Et des noms scientifiques et populaires de chaque oiseau

Acclimatement (De l').	24
Achat (De l').	21
Æginthe.	149
Alaudidés.	423
Alouette calandre.	427
— cochevis.	426
— des champs.	424
— lulu.	427
Amadine à collier.	152
— à tête rouge.	155
— diamant.	189
— psittaculaire ou de la nouvelle Calédonie.	194
Amadinidés.	151
Amaranthe.	138
— australienne.	175
Astrild à cinq couleurs.	149
— à joues oranges.	128
— à ventre orange.	125
— gris.	116
— ondulé.	120
— papillon.	142
— soleil.	175
Astrildiens.	115
Bandelette.	183
Baya ou Nélicourvi.	202
Beau-Marquet.	147
Becs-Croisés.	262
Bec d'argent.	185
— de cire.	149
— de corail.	116
— de corail ondulé.	120
— de plomb.	188
Bengali blanc.	224
— cordon-bleu.	142
— gris-bleu.	130
— moucheté.	133
— vert.	136
Bergeronnettes.	110
Boutou d'or.	70
Bouvreuil commun.	235
— olive.	54
Bruant commandeur.	266
— commun.	419
Bulbul à joues blanches.	274
— à joues rouges.	275
Cabaret.	59
Cacatoès à huppe jaune.	337
Cacique japu.	363
Cage (de la).	19
Calfat.	251
Calliste à poitrine orange.	376
Callopsite.	343
Canari sauvage.	65
Capitaine d'Orénoque.	145
Cap-Moore.	197
Capucin à bavette.	216
— à tête blanche.	216
— à tête noire.	212
— à trois couleurs.	222
— à ventre blanc.	221
— pointillé.	217
Cardinal d'Angola.	155
— de Virginie.	243
— du Cap.	211
— gris.	258
— vert.	266
Carouge noir.	306
Chambre d'oiseaux (De la).	18
Chanteur d'Afrique.	76
— de Cuba (Grand).	55
— de Cuba (Petit).	54
Chardonneret acalanthe.	194
— commun.	77
— vert.	147
Cini.	68
Cloebé.	190
Coccothraustidés.	234
Colombe à couleur canelle.	358
— grivelée.	359
— poignardée.	362
— verte d'Australie.	360
Colombidés.	356
Combassou.	74
Cordon-bleu.	142
Cotinga cordon-bleu.	375
— des cèdres.	371
Cottingidés.	374
Cou-coupé.	152
Cul-beau-cendré.	130
Cycalis.	70
Damier.	217
Diamants.	162
— amadine.	182
— à bavette.	170
— à gouttelettes.	165
— à moustaches.	156
— à tête rouge.	165

TABLE ALPHABÉTIQUE DES MATIÈRES

Diamant aurore.	180
— de Bichenow.	177
— de Kittlitz.	163
— des montagnes australiennes.	177
Diamant mirabilis.	192
— modeste.	173
— phaéton.	175
— quadricolore.	159
Dioch.	202
Dolichonyx oryzivore.	300
Domino.	214
Donacole.	225
Embérizidés.	418
Emblème peinte.	177
Enfant du soleil.	72
Envois (Des).	21
Etourneau commandeur.	309
— commun.	294
— des sauterelles.	303
— militaire.	299
— pasteur.	303
Euphone violet.	372
Euplecte franciscain.	208
— oryx.	211
Évêque du Brésil.	249
— de la Louisiane.	250
Fauvette à tête noire.	94
— babillarde.	97
— bleue.	102
— des jardins	91
— d'hiver.	101
— du Brésil.	98
Foudi jaune.	206
— rouge.	205
Fringille leucophore.	165
Fringillidés.	39
Gendarme.	197
Gorge-Bleue.	107
Gracupica nigrocollis.	317
Graines (Des).	30
Grenadin.	145
Gris-Bleu.	130
Grive draine.	277
— litorne.	278
— mauvis.	278
— musicienne.	280
Gros-bec à poitrine rose.	254
— commun.	247
— de Java.	159
— lazuli.	250
— tacheté de Java.	217
Guiraca.	254
Guit-Guit.	396
Guttarama.	372
Hirondelle de Chine.	183
Humicolidés.	399
Huppe commune.	325
Ictéridés.	307
Ignicolore.	208
Insectes (Des).	33
Jaco.	334
Jacobin.	212
Joues-Oranges.	128
Larves (Des).	33
Lavandières.	110
Linotte bleue.	52
— commune.	81
Liothrix.	269
Loriot.	318
Loxia oryx.	211
Loxie grise.	185
Loxigelle brillante.	74
Mabian.	214
Maladies (Des)	36
Manakins.	393
Manakin à longue queue.	394
— jaune et noir.	396
— tije.	395
Mandarin.	156
Martin-Pêcheur.	414
— rose.	303
Meinate religieux.	314
Mélopsitte ondulé.	338
Merle à collier ou à plastron.	288
Merles bronzés.	291
Merle bronzé vert.	292
— commun.	285
— d'Amérique.	306
— shama.	289
— ventre doré.	293
— violet.	293
Mésange à longue queue.	383
— charbonnière.	378
— bleue.	381
Ministre.	52
Moineau d'Abyssinie.	72
— de Gould.	190
— de Guinée.	346
— du Japon.	224
— franc.	56
— doré.	71
— friquet.	58
— mandarin.	156
Monseigneur.	211
Moqueur.	280
Mozambique.	73
Munie à tête blanche.	214
Muscade blanche.	224
Nélicourvi ou Baya.	202
Nonne, Nonnette de Calcutte.	183
Nonpareil.	48
Nymphique.	343
Organiste.	372

Orite	383	Sénégali rayé		120
Ortolan	420	Serin commun		62
Oryx	211	— méridional		68
Padda	251	— de Mozambique		73
Pain au lait (Du)	36	Sincérini		54
Paléornis	352	Sitelle-torchepot		386
Pape	48	Sizerin boréal		59
— de Leclancher	51	Soffre		307
— de Nouméa	194	Spermète naine		189
— des prairies	159	Spréo à ventre doré		293
— multicolore	51	Stéganure de Paradis		229
Paridés	377	*Sturnidés*		293
Paroare	258	Sycalis flaveola		70
— dominicain	261	*Sylviadés*		90
Pâtées (Des)	28	*Tanagridés*		364
Perroquet gris ou Jaco	334	Tangara couronné		372
— vert	332	— flamboyant		368
Perruche Alexandre	352	— jaune		371
— à tête grise	347	— organiste		372
— d'Edwards	349	— rouge		367
— de Madagascar	347	— scarlate		366
— de Paradis	351	— septicolor		369
— discolore	350	— sexticolor		370
— érythroptère	348	Tapyranga		367
— inséparable	346	Tarier rubicole		106
— ondulée	338	Tarin de la Colombie		89
Pie à cou noir de Chine	317	— commun		84
Pinson alario	46	— jaune et noir		88
— à tête blanche	165	— rouge à tête noire		87
— commun	41	*Tisserins*		196
— d'Ardennes	45	Tisserin masqué		200
— rouge et bleu	145	Torchepot ou Sitelle		386
Pirole royale	325	Tourterelle à cravate noire		361
Pœphile merveilleux	192	— écaillée		359
Pouillot	98	— moineau		357
Psittacidés	330	— zébrée		360
Ptilonorhynque	321	*Turdidés*		276
Pycnonotidés	273	Traquet		166
Pyranga	367	Travailleur		202
— d'été	369	Troglodyte		389
Quéléa à bec rouge	202	Troupial à épaulettes rouges		309
Queue de vinaigre	130	— baltimore		312
Reproduction (de la)	26	— jamaïcai		307
Roitelet huppé	392	Verdier commun		242
Rossignol commun	400	— de la Louisiane		48
— d'Amérique	102	Ventre-Orange		125
— du Japon	269	Veuve à épaulettes		233
— de muraille	411	— au collier d'or		229
Rouge-gorge	407	— à quatre brins		232
Rubin d'Australie	175	— bleue		52
Saint-Hélène	120	— dominicaine		231
Sansonnet	294	— en feu		234
Sénégali à ventre orange	125	*Vidués*		228
— nain	138	Volière (De la)		14
— quinticolor	149	Worabée		207

FIN DE LA TABLE ALPHABÉTIQUE

TABLE DES MATIÈRES

Préface. 5

Introduction, 9. De la volière et son installation, 14. De la chambre d'oiseaux, 18. De la cage et des soins de propreté, 19. De l'achat et des envois, 21. De l'acclimatement, 24. De la reproduction, 26. Des pâtées et de leur préparation, 28. Des graines, 30. Des larves et des insectes, 33. Du pain au lait, 36. Des maladies, 36.

Principales espèces d'oiseaux de volière indigènes et exotiques.

Les Fringillidés, 39. Le Pinson commun, 41. Le Pinson de d'Ardennes, 45. Le Pinson Alario, 46. Le Pape, 48. Le Pape multicolore, 51. Le Pape de Leclancher, 51. Le Ministre, 52. Le petit Chanteur de Cuba, 54. Le grand Chanteur de Cuba, 55 Le Moineau franc, 56. Le Moineau friquet, 58. Le Sizerin boréal, 59. Le Serin, 62. Le Canari sauvage, 65. Le Serin méridional, 68. Le Bouton d'or, 70. Le Moineau doré, 71. Le Moineau d'Abyssinie ou Enfant du Soleil, 72. Le Serin de Mozambique, 73. Le Combassou, 74. Le Chanteur d'Afrique, 76. Le Chardonneret, 77. La Linotte, 82. Le Tarin, 84. Le Tarin rouge à tête noire, 87. Le Tarin jaune et noir, 88. Le Tarin de la Colombie, 89.

Les Sylviadés, 90. La Fauvette des jardins, 91. La Fauvette à tête noire, 94. La Fauvette babillarde, 97. La Fauvette du Brésil, 98. Le Pouillot, 98. La Fauvette d'hiver, 101. La Fauvette bleue, 102. Le Tarier rubicole, 106. La Gorge-Bleue, 107. Bergerettes, Bergeronnettes, Lavandières, 107.

Les Astrildiens, 115. L'Astrild gris, 116. L'Astrild ondulé, 120. Le Ventre-Orange, 125. L'Astrild à joues oranges; 128. Le Bengali gris-bleu, 130. Le Bengali moucheté, 133. Le Bengali vert, 136. Le Sénégali nain, 138. Le Cordon bleu, 142. Le Grenadin, 145. Le Beau-Marquet, 147. Le Bec de cire, 149.

Les Amadinidés, 151. L'Amadine à collier, 152. L'Amadine à tête rouge 155. Le Mandarin. 156. Le Pape des prairies, 159.

Les Diamants, 162. Le Diamant de Kittlitz, 163. Le Diamant à tête rouge, 165 Le Diamant à gouttelettes, 165. Le Diamant à bavette, 170. Le Diamant modeste, 173. Le Diamant phaéton, 175. L'Emblème peinte, 177. Le Diamant de Bichenow, 177. Le Diamant aurore, 180. Le Diamant amadine, 182. La Nonnette de Calcutta, 183. Le Bec d'argent, 185. Le Bec de plomb, 188. La Spermète naine, 189. Le Moineau de Gould ou le Cloebé, 190. Le Diamant mirabilis, 192. L'Amadine psittaculaire, 195.

Les Tisserin, 196. Le Cap-Moore, 197. Le Tisserin masqué, 200. Le Baya ou Nelicourvi, 102. Le Quéléa à bec rouge, 202. Le Fondi, 205. Le Fondi jaune, 206. Le Worabée, 207. L'Euplecte franciscain ou Ignicolore, 208. L'Oryx, 211. Le Capucin à tête noire, 212. La Munie à tête blanche, 214. Le Capucin à tête blanche, 216. Le Damier, 217. Le Capucin à ventre blanc, 221. Le Capucin à trois couleurs, 221. Les Moineaux du Japon, 224. Le Donacole, 225.

Les Vidués, 228. La Veuve au collier d'or, 229. La Veuve dominicaine, 231. La Veuve à quatre brins, 232. La Veuve à épaulettes, 233. La Veuve en feu, 234.

TABLE DES MATIÈRES

Les Coccothraustidés, 234. Le Bouvreuil commun, 235. Le Verdier, 242. Le Cardinal de Virginie, 243. Le Gros-Bec commun, 247. L'Evêque du Brésil, 249. Le Gros-Bec Lazuli, 250. Le Padda, 251. Le Guiraca, 254. Le Paroare, 258. Le Paroare dominicain, 261. Les Becs croisés, 262. Le Bruant commandeur, 266. Le Rossignol du Japon, 269.

Les Pycnonotidés, 273 Le Bulbul à joues blanches, 274. Le Bulbul orphée à joues rouges, 275.

Les Turdidés, 276. La Draine, 277. La Litorne, 278. La Mauvis, 278. La Grive musicienne, 280. Le Moqueur, 280. Le Merle commun, 285. Le Merle à plastron, 288. Le Merle Shama, 289.

Les Merles bronzés, 291. Le Merle bronzé vert, 292. Le Merle violet, 293. Le Spréo à ventre doré, 293.

Les Sturnidés, 293. L'Etourneau, 294. L'Etourneau militaire, 299. Le Dolichonyx oryzivore, 300. Le Martin rose, 303. Le Carouge noir, 306.

Les Ictéridés. Le Troupiale jamaicaï, 307. Le Troupiale à épaulettes rouges, 309. Le Troupiale Baltimore, 312. Le Meinate religieux, 314. La Pie à cou noir de Chine, 317. Le Loriot, 318. Le Ptilonorhynque, 321. Le Pirole royal, 325. La Huppe commune, 325.

Les Psittacidés, 330. Le Perroquet vert, 331. Le Perroquet gris ou le Jaco, 333. Le Cacatoès à huppe jaune, 336. La Perruche ondulée, 337. Le Callopsitte, 342. La Perruche inséparable, 345. La Perruche à tête grise, 346. La Perruche érythroptère, 347. La Perruche d'Edwards, 348. La Perruche discolore, 349. La Perruche du Paradis, 350. Le Paleornis ou Perruche Alexandre, 351.

Les Colombes, 355. La Tourterelle moineau, 355. La Colombe à couleur cannelle, 357. La Tourterelle écaillée, 358. La Colombe grivelée, 358. La Colombe verte d'Australie, 359. La Tourterelle zébrée, 359. La Tourterelle à cravate noire, 360. La Colombe poignardée, 362. Le Cacique Japu, 363.

Les Tanagridés, 364. Le Tangara scarlate, 366. Le Pyranga ou Tangara rouge, 367. Le Pyranga d'été, 368. Le Tangara septicolor, 369. Le Tangara sexticolor, 370. Le Tangara jaune, 371. Le Tangara couronné, 372. L'Organiste, 372.

Les Cottingidés, 374. Le Cotinga des Cèdres, 374. Le Cotinga cordon bleu, 375. Le Calliste à poitrine orange, 376.

Les Paridés, 377. La Mésange charbonnière, 378. La Mésange bleue, 381. L'Orite ou Mésange à longue queue, 383.

La Sitelle torche-pot, 386. Le Troglodyte, 389. Le Roitelet huppé, 392.

Les Manakins, 393. Le Manakin à longue queue, 394. Le Manakin Tijé, 395. Le Manakin jaune et noir, 396.

Les Humicolidés, 399. Le Rossignol, 400. Le Rouge-Gorge, 407. Le Rossignol de muraille, 411.

Le Martin-Pêcheur, 414.

Les Embérizidés, 418. Le Bruant commun, 419. L'Ortolan, 420.

Les Alaudidés, 423. L'Alouette des champs, 424. L'Alouette cochevis, 426. L'Alouette lulu, 427. La Calandre, 427.

FIN DE LA TABLE DES MATIÈRES

LYON. — IMPRIMERIE PITRAT AÎNÉ, 4, RUE GENTIL

LIBRAIRIE J.-B. BAILLIÈRE & FILS

LES OISEAUX UTILES

Quarante-quatre planches dessinées d'après nature

Par Paul ROBERT

IMPRIMÉES EN CHROMO

L' Engoulevent.	La Fauvette phragmite.
Le Martinet noir	La Lavandière grise.
Le Pic épeiche	La Lavandière jaune.
Le Pic Vert.	La Bergeronnette.
Le Torcol.	La Falouse spioncelle.
La Buse commune.	L' Alouette des champs.
La Houlotte ou Chat-Huant.	Le Pinson ordinaire.
L' Effraie commune.	Le Chardonneret Tarin.
Le Rossignol.	Le Chardonneret.
Le Rouge-Gorge.	Le Moineau commun.
Le Rouge-Queue.	L' Étourneau.
Le Rossignol des murailles.	Le Corbeau choucas.
Le Traquet motteux.	L' Hirondelle de cheminée.
Le Traquet tarier.	L' Hirondelle de fenêtre.
La Grive musicienne.	Le Gobe-Mouche gris.
Le Merle noir.	La Mésange noire.
Le Troglodyte.	La Mésange huppée.
La Fauvette à tête noire	La Mésange bleue.
La Fauvette des jardins.	La Mésange Nonnette.
La Fauvette grisette.	La Mésange à longue queue.
La Fauvette hypolaïs.	La Sitelle.
Le Pouillot fitis.	La Huppe.

Les 44 planches non montées, réunies dans un carton. . . . **25 fr.**
Les 44 planches montées sur bristol, avec texte explicatif, élégamment cartonnées. . . . . **35 fr.**
Une planche non montée, en spécimen, **25 cent.**

LYON. — IMPRIMERIE PITRAT AÎNÉ, 4, RUE GENTIL.

www.ingramcontent.com/pod-product-compliance
Lightning Source LLC
Chambersburg PA
CBHW050905230426
43666CB00010B/2028